国家自然科学基金面上项目："城市住区容积率的选用方法与参考指标研究"（编号：51378213）
华南理工大学中央高校基本科研业务费资助项目："国内城市居住空间紧凑化策略研究——以广州为例"（编号：2017MS036）

基于容积率分析的居住空间紧凑化策略研究

——以广州为例

陈昌勇　著

中国建筑工业出版社

图书在版编目（CIP）数据

基于容积率分析的居住空间紧凑化策略研究——以广州为例 / 陈昌勇著. — 北京：中国建筑工业出版社，2017.8

ISBN 978-7-112-21034-3

Ⅰ.①基… Ⅱ.①陈… Ⅲ.①居住空间—建筑设计—研究—广州 Ⅳ.① TU241

中国版本图书馆CIP数据核字（2017）第180483号

本书系统回顾了广州居住空间的演变，总结了居住空间紧凑化的相关理论，借鉴了国内外不同城市的实践经验。通过实地调研和数据分析，研究了实现居住紧凑化的有效措施和改善紧凑居住空间环境质量的策略。结合定量化的分析，改善了居住空间紧凑化的方法和手段，并提出系统的策略建议和设计导则。这些工作对于当前快速的城市住宅建设具有重要的参考意义。

本书可供建筑设计人员、城市规划人员及有关专业师生参考。

责任编辑：许顺法

责任校对：焦　乐　张　颖

基于容积率分析的居住空间紧凑化策略研究
——以广州为例

陈昌勇　著

*

中国建筑工业出版社出版、发行（北京海淀三里河路9号）

各地新华书店、建筑书店经销

北京京点图文设计有限公司制版

廊坊市海涛印刷有限公司印刷

*

开本：787×1092毫米　1/16　印张：13¾　字数：289千字

2017年8月第一版　2018年10月第二次印刷

定价：39.00元

ISBN 978-7-112-21034-3

（30668）

前　言

改革开放以来，我国经济快速增长，城市化进程不断加快。城市住宅建设蓬勃发展的同时亦面临新的挑战：一方面，随着人口的剧增，住房条件的改善，城市需要建造大量的住宅；另一方面，我国土地、能源资源相对缺乏，住宅建设必须考虑节约土地，保护农田。因此，为了实现城市的可持续发展，居住空间必须朝紧凑化方向发展。

居住空间紧凑化是一个复杂的系统问题，涉及如何评价住宅的紧凑性，如何实现居住空间的紧凑化，如何改善紧凑型住区的环境质量等问题。较为可行的途径是把各种因素统一在多层次的系统下进行分析。因此，本书建立一个系统整体的研究框架，以住宅容积率分析为基础，采用"调研－分析－建议"的分析模式，运用定量和定性相结合的研究方法，以广州为例，从宏观、中观和微观不同尺度系统研究居住空间紧凑化问题。

本书共分三篇。上篇为问题与背景：回顾了广州居住空间建设的发展历程和内在动因，结合当今我国大城市住宅建设背景，指出广州居住空间紧凑化发展的必然性，并分析了未来发展面临的挑战。中篇为理论与实践：研究了居住空间紧凑化的相关理论，总结了其他城市居住空间紧凑化的实践经验和发展模式，结合广州的情况，总结其对广州住区建设的借鉴意义。下篇为策略与建议：在城市整体的视角下，通过从城市不同尺度下居住空间的调研和分析，研究了实现居住紧凑化的有效措施和改善紧凑居住空间环境质量的策略。在宏观层面，我们对广州居住密度进行分区调查和统计，分析了广州住区的居住密度和用地规模等方面的问题，研究了其中的规律和存在的问题，提出适合广州的居住空间紧凑化的策略建议。在中观层面，通过实地调研和统计，指出住区与城市缺乏整合导致环境质量下降，提出加强城市整合，构建中介空间系统和空间驳接的改善紧凑型居住空间环境的策略建议。在微观层次，通过数学模型，探讨提高空间紧凑度的手段和增加空间多样性的方法，研究如何通过院落改善紧凑型居住环境质量。另外，本书还系统探讨居住空间紧凑化的管理和调控方法，提出相应的开发强度控制的策略建议。最后，总结全书，得出广州居住空间紧凑化的设计导则。

总之，本书系统回顾了广州居住空间的演变，总结了居住空间紧凑化的相关理论，借鉴了国内外不同城市的实践经验。通过实地调研和数据分析，研究了新的问题，结合定量化的分析，改善了居住空间紧凑化的方法和手段，提出系统的策略建议和设计导则。这些工作对于当前快速的城市住宅建设具有重要的参考意义。

目　录

上篇　问题与背景研究

中篇　理论研究与实践借鉴

下篇　策略与建议研究

绪 论

0.1 问题缘起

中国的人口数量占世界的 20%，但耕地面积只占世界的 7%，人均耕地面积为联合国粮农组织确定标准的 58.8%，人多地少是我国的基本国情。目前，中国大城市的发展仍然以粗放型为主，土地资源耗费大，许多城市建设是以牺牲农田，破坏自然为代价的。按建设部发布《2002 年城镇房屋概况统计公报》，2002 年底，全国城镇房屋建筑面积 131.78 亿 m^2，其中住宅建筑面积 81.85 亿 m^2，占房屋建筑面积的比重为 62.11%，城市住宅已是城市建设的主体部分之一。

由于土地是一种不可再生的资源，它一旦被使用就难以复原。于是，节约城市住宅用地是城市土地使用的一项重要原则。可见，适当提高住宅开发强度将是今后我国城市居住区建设的发展方向。

在整体布局上，如果以 7434km^2 的市域面积计算，广州市人口密度为 1300 多人 / km^2，并不算十分高。但广州的人口分布不均衡，越秀、东山和荔湾等老城区人口过于密集，高达 3 ~ 4 万人 /km^2。另外，在经济活动的主导下，老城区和珠江新城的开发强度越来越高，其住区平均容积率达到 5.0 ~ 6.0，部分住区超过 10.0，造成居住环境质量下降。相反，在城市化过程中，郊区出现了大量的住宅圈地活动，住宅建设出现大规模和低密度的发展倾向，导致居住空间形态不够紧凑，土地未得到充分利用。并且，郊区由于缺乏功能混合，过分依附主城区，造成区域之间交通压力加大，通勤时间加长，降低了城市效率，见图 0-1、图 0-2。

可见，住区的紧凑度不够，可能造成资源的浪费，造成不可持续发展，但过于紧凑也会破坏环境，阻碍城市的健康发展。因此，如何实现紧凑型的居住方式，如何改善紧凑型住区的环境质量，都是值得我们深入探讨的。

1980 年代以来，西方国家的城市郊区化发展造成逆城市化现象的出现。郊区过度的低密度发展，导致了土地无序扩张，造成设备管网的铺设过长，增加资源的损耗。由于城市过度依赖小汽车，使得石油耗费过大，并排放大量的废气废物，污染大气环境。西方学界深刻反思郊区蔓延的住宅建设模式，提出新城市主义、紧缩城市和精明增长等城市发展理念，倡导适度紧凑化的居住空间模式，主张发展公交，鼓励步行，提出对城市的扩张实行有效的精明管治，实现可持续发展。西方城市住宅建设所得到的经验和教训，所提出的"可

图 0-1　广州城市中心高密度的居住形态
来源：www.xinhuanet.com

图 0-2　广州郊区低密度的居住形态
来源：笔者摄影

持续社区"、"紧缩城市"、"紧凑住区"、"完全社区"和"邻里发展"的概念对我国的住宅建设具有重要的参考意义，这也启发本书对居住空间的紧凑化问题进行思考。

0.2　文献综述

"紧凑社区"并非新鲜的概念。一直以来，国内外的传统地理学、城市规划和建筑学一直在不断探索紧凑化的相关理论，其主要成果主要体现在以下几个方面。

（1）规划学科对紧凑化形态的探索

20 世纪早期的规划师和建筑师从空间形态的角度来探讨城市居住空间物质形态，聚集和分散是其主要的争论焦点。1898 年，霍华德提出"明日花园城市"，对新型的城市理论进行探索，提出融合城乡一体的概念。并在此指导下进行城市郊区建设，主要的特点是把城市和乡村作为统一整体进行协调规划。在对待城市居住密度问题上，"田园城市"具有适当分散的特点。随后，著名建筑师赖特提出"广亩城市"，主张城市回归到乡村的状态，具有反城市的情结和极端分散的思想。20 世纪早期，柯布西耶发表《光辉城市》，对未来持有强烈的自信心，张扬新建筑精神，主张在当时工业化基础上，建设高层集中式城市。他以设计方案表达其住宅建设的理念，主张高层低密度的居住模式和立交桥式的交通体系。他提出的城市居住空间具有紧凑化的特征，见图 0-3。

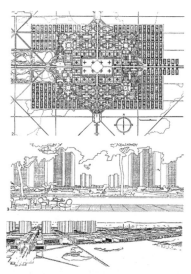

图 0-3　柯布西耶提出的"光辉城市"
来源：勒·柯布西耶全集 . 中国建筑工业出版社，2005

1942 年，沙里宁发表著作《城市：它的发展、衰败与未来》[1]，分析了城市集中与分散的问题。他采用折中主义的态度，主张城市居住空间分散式集中。他认为城市是有机生物体，其演变与构建原则同大自然规律一样，提出绿化隔离集镇的有机分散规划思想。

1960 年代后，雅各布斯的《美国大城市的死与生》强烈批判郊区低密度扩张方式和柯布西耶缺乏人性的城市规划思想。她通过详尽分析，指出城市内城区复兴的重要性和高密度所具有的优点，提出城市应保持适当高密度，并采用小路网和小尺度的人性化建设模式，主张建设高密度的城市社区。[2]

1989 年，Newman 通过数据分析石油消耗与人口密度的关系，发现随人口密度增加，人均石油量减少。1992 年，Ecotec 对密度和汽车出行问题展开深入的调查和分析后指出，较高的人口密度能抑制小汽车的使用，促进公共交通的使用。这两项研究都表明，密度与资源能耗关系密切，见图 0-4。这些结论证明居住空间紧凑化有利于实现城市可持续发展。

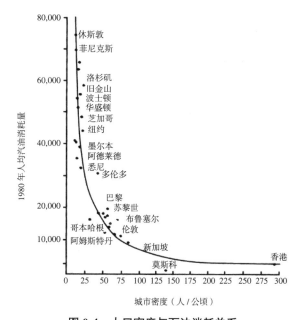

图 0-4 人口密度与石油消耗关系

来源：本书编委会 .21 世纪中国城市住宅建设 . 中国建筑工业出版社，2003：P118

迈克·詹克斯等人主编的《紧凑城市——一种可持续发展的城市形态》收集了近 10 年来对紧凑城市不同角度的研究工作，书中集合多人的智慧，收录不同的论点。其中，第一部分为紧缩城市理论，集中于密度、能耗和交通等方面。第二部分为社会和经济问题。第三部分侧重于环境和资源的研究。第四部分则是评价与检测。第六部分为实践部分。这本书对于城市紧缩化的观念并不存在统一的论点，旨在探求抑制城市蔓延的途径，无论在理念研究还是方法上对当今城市扩张和内城复兴等方面的问题都有深刻独到的见解，具有丰硕的成果[3]。在这些研究背景下，西方学者提出通过"精明增长"来抑制城市郊区的过度蔓延。与此同时，美国规划学会在完成"精明增长"的城市规划立法，并通过多个城市进行实践[4]。

在国内，一批学者也对紧凑的城市形态进行深入研究。李翅（2006年）的《走向理性之城——快速城市化进程实际情况》[5]系统研究城市空间增长问题，分析了国外新城市主义及精明增长等理论，对我国城市合理扩张提出策略建议。他研究了新区发展的土地利用模式，并对我国城市规划控制体系与新区增长调控进行分析，侧重于土地使用和开发强度控制等方面。刘健（2004年）的《基于区域整体的郊区发展——巴黎的区域实践对北京的启示》[6]通过借鉴巴黎的经验，提出通过区域整体来协调城区和郊区发展。韩冬青（2004年）从城市空间整合的角度，侧重于高密度城市空间的整合研究，通过对香港和上海等实例的分析，研究城市建筑一体化。主张通过整合的方式，改善高容积率城市的公共空间环境[7]。卢为民的《大都市郊区住区的组织与发展》[8]以上海为例，研究大都市郊区住宅建设的合理模式，针对实际问题，提出整体优化的策略。

（2）地理学科的集约化研究

地理学科围绕着土地利用集约化，进行了一系列的研究，以改变土地的粗放使用情况。地理学科的研究侧重于经济性，概念来源于经济学家李嘉图通过地租理论来研究农业用地，主要从投入和产出的角度进行分析，指出集约化就是在一定单位面积的土地，尽可能提高产出和投入的比率，以促进土地的高效使用[9]。从这个概念出发，我国的地理和规划学者，从土地集约化概念、内涵、理论、应用和评价进行了一系列研究，初步建构了系统的研究框架。其成果包括以下的内容[10]：①阐明集约化概念、内涵和外延；②运用了量化的手段，结合GIS数据库，通过实例研究了土地集约化问题；③部分地建立了土地集约化的评价指标体系；④提出了适合中国城市化的策略建议。地理学科系统分析我国土地利用各层面存在的问题，普遍认为我国城市土地必须集约化发展，提出产业置换、生态集约、市场调节机制和政府宏观调控等方面的发展手段[11]，取得了阶段性的成果。与传统的建筑学科和城市规划学科的研究比较，地理学科的集约化研究具有不同的侧重点：①以投入与产出的经济理论为研究的核心概念；②以土地为研究的核心对象；③以二维平面化的研究为主，涉及部分三维立体开发理念；④视野更为综合宏观，包含经济、社会和政治等各个层面的内容。

（3）微观规划以及建筑学科的研究

对于居住空间紧凑化，建筑师和建筑学者也针对层数、进深和空间模式等问题进行探索。欧美国家的研究者一直对紧凑型住区设计进行理论探索和实践，取得了一定的成果。1972年，L·马丁和莱昂内尔·马奇对密度与建筑形态进行分析，提出了提高密度的策略建议。1996年，新城市主义会议拟定了《新城市主义宪章》，指出美国低密度式城市扩张的负面影响，体现在过分依赖小汽车和低密度城市蔓延等，系统总结了新城市主义理论，主张适当提高住区的紧凑度，并形成一套新的住区规划原则[12]。同时，精明增长的理念也在深刻反思美国郊区化带来的弊端，主张通过对城市增长的管理和控制，以实现城市的可持续发展，并总结了 10 项住区规划设计的基本原则。1998 年，大卫·路德林的《营造 21 世纪的家园——可持续的城市邻里社区》是一部研究紧凑住区较为全面的分析著作，书中的观念明显受到新城市主义和精明增长的影响。它系统地回顾英国住宅发展的过程，详尽分析英国社区建设所面临的危机，研究如何通过可持续的邻里社区的建设来实现城市复兴，提出包括重塑社区价值、城市人口重新入住、抑制分散、改造衰败城市和利用褐色土地等建议。他主张建设生态邻里社区，通过对社区生态可持续分析，提出适合步行、使用再循环能源、注重污水处理等方面的策略建议。他也指出建设城市街区的重要性，研究社区价值和主人翁意识等，并结合实际项目，倡导居住空间紧凑化。[13]

　　近年来，荷兰青年建筑师群体 MVRDV 通过数据收集和分析，对密度进行研究，通过计算机对空间形态和密度的关系进行系统的研究，在他们的著作《FORMAX》中，对密度的极限进行探讨。他们通过实验的方式，展示他们对密度极限的理解，见图 0-5。另一位普利茨克建筑奖获得者库哈斯则在其著作《疯狂的纽约》中，通过极富个人色彩的非传统方法来研究纽约的高密度情景，并把其称为"拥挤"的文化。在福冈住宅项目中，他尝试采用满铺 + 天井的方法来实现极限密度下的居住空间，获得新的居住形态（见图 0-6），体现其对极限拥挤的独特体验[14]。他们把密度数据与自己的建筑天赋结合，创造出与众不同的建筑作品，成为当今建筑界一道与众不同的风景。

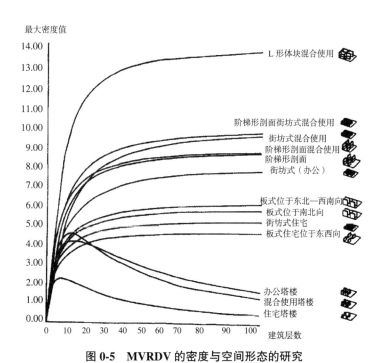

图 0-5　MVRDV 的密度与空间形态的研究

来源：李滨泉．李桂文．在可持续发展的紧缩城市中对建筑密度的追寻——阅读 MVRDV．华中建筑，2005.06

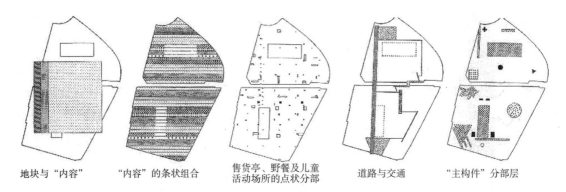

| 地块与"内容" | "内容"的条状组合 | 售货亭、野餐及儿童活动场所的点状分部 | 道路与交通 | "主构件"分部层 |

图 0-6 库哈斯的实践——福冈住宅
来源：刘珩. 密度的第二性 [J]. 时代建筑，2003（2）

在国内，许多期刊论文和专著围绕着居住空间形态进行研究。在城市空间整体层面，聂兰生等人的著作《21世纪居住形态解析中》对我国居住空间形态进行系统的剖析，提出具有现实意义的策略建议[15]。由吕俊华、彼得罗和张杰编著的《1840—2000中国现代城市住宅》，从社会学、经济学和管理学的多角度研究我国住宅建设及居住形态的变迁，是国内系统研究居住空间发展的权威著作。考虑到中国耕地情况等问题，他们认为高居住密度对中国具有重要意义，指出高居住密度可以带来规模经济和提高技术效率，对中国城市住宅是必需的[16]。北京大学教授张永和就中国式的高密度住宅进行研究，把传统的院落空间应用于高密度环境中，并体现在他的实验建筑中。香港大学陈海燕利用AHP模型，通过多层次的评价方法对广州不同容积率住宅的综合环境性能研究发现，住宅容积率越高其综合环境效果越好，分析了能源消耗和资源节约等方面的问题[17]。

在微观层面，针对居住空间和住宅设计，我国学者开展一系列的研究。《居住组团模式日照与密度的研究》一文中，通过计算机抽象出5种居住组团，通过不同日照朝向和层数的条件计算由此而产生的密度，绘制出密度与层数、朝向及日照之间的关系图，初步探索了在满足日照的情况下提高建筑密度的可能性[18]。扬松筠等的《对我国住宅合理密度的初探》对我国住宅的密度的适用范围提出建议[19]。舒平的博士论文《住宅层数的解析》研究层数与节约用地的关系，对住宅层数进行系统的研究，认为中高层数的住宅建设适合中国国情和经济发展，并系统论证我国发展中高层住宅的可行性[20]。这些研究都是微观层次的，并和居住空间紧凑化密切相关。他们取得了丰硕的阶段性成果，为本书的进一步研究打下了坚实的基础。

（4）研究评述

从上面总结可以看到，在城市建设观念上，地理学科、城市规划和建筑学的多数研究者在保持空间适当紧凑和节约土地等方面取得共识，都认为我国的城市必须朝集约化发展，但研究的对象、范畴的侧重点存在差异。地理学科的侧重点是土地的利用，视角较为综合，运用了经济学、社会学和管理学等理论进行分析，较多体现了宏观层面的集约概念。而城市规划侧重于城市空间形态分析，集中在城市空间结构方面。建筑学的研究则与住区规划和建筑设计密切相关，多为应用型的研究。尽管地理学科和规划学科侧重点不一样，但两者的研究都以综合性的城市空间为主，其中，系统地对居住空间紧凑化的研究还是十分缺乏。并且，对居住空间的分析一般依附于城市整体的研究，局部和单一尺度的研究比较多，缺乏专门多层次的策略研究。而从我国目前迅猛的城市化来看，大量住宅建设恰恰直接影响到城市的集约化发展，其中遇到的困境亟待解决。因此，有必要单独对居住空间紧凑化问题进行系统研究。

0.3　研究的视角

（1）本书的学科定位

从上文看出，尽管在研究对象、范畴和结论的侧重点上存在差异，但地理、规划和建筑等学科对紧凑化的研究内容时有交叉，并不是截然分开的，见表 0-1。结合笔者建筑学的知识背景和住区规划设计的从业经历，本书对居住空间紧凑化研究的学科定位仍然以微观层面的规划学和建筑学范畴为主。传统规划和建筑学的核心概念"空间"是本书的主要研究对象。于是，与物质性居住空间相关的内容，如容积率、层数、院落和住宅户型便成为本书的关注点。所以，本书希望通过对住宅容积率的分析，提出实现空间紧凑化的策略建议，最终的目的是指导住区规划和住宅设计的实践活动。

本书把研究的范畴回归到规划和建筑学科的基本问题——"空间"上，是为了研究更有针对性。但分析问题不拘泥于规划和建筑学理论，而是尽量应用地理、社会和经济等学科的方法，以便从多角度分析问题，达到学科交叉的目的，使得提出的居住空间紧凑化的策略能更贴近于实际。

（2）相关研究的不足

从理论上看，尽管上面综述提到的研究已经取得阶段性的成果，但仍然存在一些薄弱的地方。规划和建筑学方面的对居住空间紧凑化的研究内容比较单一，主要围绕着建筑设计相关的各种因素进行分析，多以应用为主，呈现分散和单一的特点，缺乏多角度的视角以及系统性的研究。并且，从紧凑化的观念到实际的操作，结合我国住宅建设发展所遇到的问题，提出有效的规划和设计策略还比较缺乏。

如果深入来看，居住空间紧凑化方面的研究还存在以下不足：①宏观方面，较少分析紧凑型居住空间和城市的关系，忽略城市空间结构对紧凑型居住空间的优化作用；②中观方面，比较缺乏从城市整体角度来分析紧凑化带来的问题及其改善的策略研究；③微观方面，定性化形态的研究较多，一般以项目开展研究。

显然，在规划及建筑的理论界，针对我国国情，系统研究居住空间紧凑化问题者还是比较缺乏，尚具有深入研究的空间。

各学科的居住空间紧凑化研究内容以及成果的对比 　　　　　　　　　表 0-1

学科	研究范畴	主要的内容以及成果
地理学科	（1）以投入与产出的经济理论为核心概念；（2）以土地为研究的核心对象；（3）以二维平面化为主；（4）视野更为综合宏观，包含经济、社会、政治等因素	（1）阐明集约化的概念的内涵和外延；（2）运用了量化的手段，结合 GIS 数据库，通过实例研究了土地集约化的理论；（3）部分地建立了土地集约化的评价指标体系；（4）提出了适合中国城市化的土地利用策略建议，如土地混合使用、市场调节、政府调控、内填式发展等（参考毛蒋兴等，2005）
规划学科	（1）以城市空间形态为主要内容；（2）以空间结构为目标；（3）研究规划管理和运作	（1）空间形态：1898 年霍华德提出"明日花园城市"，1920 年代，柯布西耶发表《光辉城市》，1942 年，沙里宁的有机分散理论，发表著作《城市：它的发展、衰败与未来》；（2）雅各布斯提出混合多元城市，见著作《美国大城市的死与生》；（3）1989 年 Newman 密度与能源消耗的研究；（4）1992 年，Ecotec 的密度和交通相关性研究；（5）紧缩城市；（6）精明增长；（7）国内对城市化和城市增长的研究和相应的策略
建筑学科	（1）微观层面研究住宅的节地性；（2）进深、层数、布局等与建筑空间；（3）容积率、建筑密度的确定与管理；（4）紧凑型居住空间形态研究及建筑创作	（1）柯布西耶的高密度住区；（2）1972 年，L.马丁和莱昂内尔·马奇的密度与建筑形态的研究；（3）1996 年，新城市主义会议拟定的《新城市主义宪章》；（4）MVRDV 和库哈斯的密度研究和建筑创作；（5）1998 年，大卫·路德林的《营造 21 世纪的家园——可持续的城市邻里社区》出版；（6）我国学者对住宅节地性、进深、层数、布局以及容积率的研究及其提出的策略

注：以上各学科内容的分类互有交叉，并非绝对，本表的目的是使研究文献清晰化

来源：笔者根据参考文献归纳

（3）本书的研究视角

就问题本身而言，居住空间紧凑化涉及的因素很广。一方面，居住空间紧凑化是高强度的开发模式，对城市周边的自然生态都产生较大影响。另一方面，紧凑型居住空间本身也存在很多问题，包括交通组织、采光、通风和舒适性等。如果要营造宜人紧凑化居住环境，必须从宏观的城市规划到中观城市设计、微观的建筑设计等多个层面进行分析，任何一个环节的疏忽都可能降低整体环境质量。可见，居住空间紧凑化问题是一个综合性的系统问题，如果研究局限于很小范围，难以解决整体层面的问题。

因此，本书以"整体优化"的原则，通过容积率的分析，系统研究居住空间紧凑化的问题。"整体优化"所指的就是在系统的观念下，对居住空间紧凑化相关的问题进行分层次的研究，对其中各种要素进行重组和整合，对不同模式进行比较分析，寻找出最佳的改善途径，以解决目前居住空间紧凑化存在的问题，从而提高环境质量。"整体"指的是以系统思想为出发点，即把居住空间紧凑化看成一个系统，每个环节都是密切相关的。"优化"指的是以容积率分析为基础，运用比较的研究方法，对采用的手段和模式进行比较和排序，找出最有效的策略方法。主要的检验标准为：①是否改善了居住环境；②是否实现了综合环境效益的最大化；③是否具有实施的可行性。

针对目前研究的现状和不足，本书建立一个整体式的系统框架对广州的居住空间进行研究。这时，系统理论为我们提供有效的分析方法。系统是由一定要素组成的，具有一定层次和结构的整体。居住空间是一个复杂的系统，在城市不同尺度下存在。鉴于城

市复杂的现状，我们把其分成不同的等级层次的空间形态进行研究，以便界定每个层次的研究范围和对象，提高了工作效率。基于此，我们在研究居住空间时，把其划分为由大到小的宏观、中观和微观三个尺度展开分析，构成系统中的等级递推关系。

1）在宏观层次，主要研究和解决住宅容积率的空间分布和居住空间结构问题。当前，我国多数大城市还是以同心圆结构为主，多数的高容积率住宅集中在生态景观好或中心区的城市敏感区域，缺乏良好的空间布局，造成某些地区交通堵塞，生活质量下降，影响整个城市环境。紧凑型的住宅作为城市的一部分，依附于更上层次的城市空间体系，城市的空间结构合理与否，直接影响居住空间的外部环境质量。反过来，居住空间紧凑化也给城市带来大的人口流量、密集化的城市空间和复杂的交通体系，对城市的环境产生重要的影响。因此，居住空间只有和城市其他的空间整合，形成有机的整体，才能营造良好的外部空间，降低紧凑化带来的压力。所以，在宏观层面，本研究从居住空间和城市空间之间的互动关系入手，分析城市空间结构和居住密度分布等问题，以找寻合适的紧凑化策略。

2）在中观层次，主要研究紧凑型居住空间和城市其他空间的整合问题，以寻求改善环境质量和提高住区紧凑度的方法。目前，居住空间紧凑化存在脱离城市的问题，由于缺乏互相之间协调、互动和有效的整合，住区建设很少考虑和周边建筑的关系，产生重复建设、空间狭小和户外用地不足等问题。因此，在中观层次，主要研究居住空间和城市的整合方法，以实现建筑城市的一体化，从而化解紧凑化带来的环境压力。

3）在微观层次，主要通过对住宅容积率建立数学模型、计算排序等方法开展研究。分析居住空间要素，如进深、层数、空间模式和院落等对居住环境的影响，针对广州的情况提出相应的紧凑化策略建议。

居住空间的紧凑化离不开城市规划管理的监控和调节。本书研究与紧凑化相关的居住密度和住宅容积率管理机制，并提出适合广州的改良建议。

0.4　研究目标与意义

0.4.1　研究目标

本研究总体目标是通过理论的分析和实践的借鉴，结合广州的实际问题，论证广州居住空间紧凑化发展的必然性，并提出有效的居住空间紧凑化的策略建议，子目标包括：

（1）建立多学科的研究框架，分析和总结居住空间紧凑化的相关理论，思考其对本研究的启示。

（2）回顾和总结广州居住空间的发展历程，论证居住空间紧凑化发展的必然性，总结其他城市居住空间紧凑化的经验和教训，思考其对本研究的启示。

（3）通过对广州的实地调研，在掌握大量一手材料的前提下，研究广州居住空间紧凑化现存的问题。

（4）采用定量和定性的分析方法，以住宅容积率为关键点，分析和总结紧凑化的有效的策略建议。

0.4.2 研究意义

在理论方面，目前结合我国城市的特殊性来系统进行居住空间紧凑化的研究还比较缺乏。本书在一个多尺度和多层次的系统框架里研究居住空间紧凑化的现状、内在机制和应对策略，拓展了紧凑城市和紧凑住区的理论空间，具有一定理论意义。第一，通过实地调研和分析，探索城市层面的居住区的紧凑化问题，发现其中蕴含的规律，为进一步研究紧缩城市提供理论基础。第二，通过实地调研和实证分析，提出居住空间紧凑化的规划设计方法，对学科发展具有一定的应用意义。

在实践方面，我国人口多、土地少，住宅建设应该朝节约土地、减少能耗和保护自然环境方向发展，以构建新型的城市集约社区。本研究以此为基础，基于广州的实际情况，进行了系统的居住空间紧凑化研究，所提出的一系列策略和设计导则，能优化当前的住区规划和设计方法，可以直接地运用于住宅建设中，具有一定的实践应用前景。这对于我国当前快速的城市住宅建设具有重要的实践参考作用。

0.5 研究创新点

与现有的文献相比，本书的创新之处包括以下三方面。

（1）本书围绕着紧凑化的相关问题，以城市整体的视角，通过对广州现状的调研和分析，借鉴现有的理论和其他城市的实践经验，通过多层次的系统研究，提出广州居住空间紧凑化的策略和设计导则。这些成果对国内城市住宅建设具有重要的参考意义，具有一定的创新性。

（2）通过数学模型，定量化地研究提高居住空间紧凑度的方法，提出有效的改善措施，建立了相关应用模型。这些成果具有较广泛的应用前景，具有一定的创新性。

（3）通过注重实效的"调研－分析－建议"方法，对居住空间的紧凑化问题进行调研，以大量第一手资料为基础，通过统计分析，研究了新问题，提出了相应的解决方法，这具有一定的创新性。

0.6 研究框架与内容

本书共有三篇，篇章结构采用"提出问题－分析问题－解决问题"的传统科学论著的篇章结构模式。上篇为问题与背景研究，中篇为理论研究与实践借鉴，下篇为策略和建议，是本书的主体部分。本书的研究框架如图0-7所示，主要内容如下。

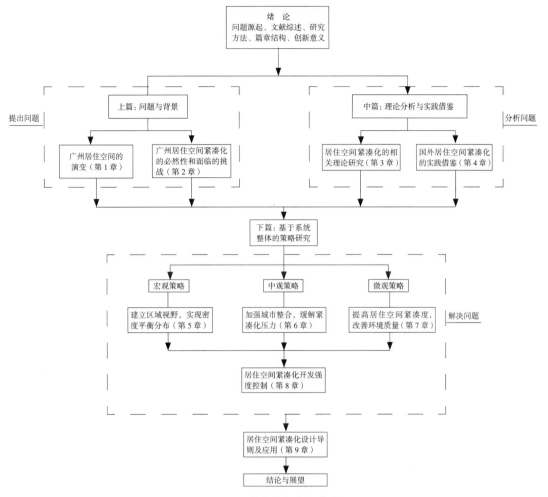

图 0-7　本书的框架与内容

绪论主要对研究的问题进行分析，说明问题的缘起，界定概念的范围。包含研究背景、文献综述、研究方法和内容框架等内容，还说明了本书所采用的数据的来源，是全书的一个总领性的阐述。

（1）上篇为问题与背景研究，包括第1、2章。

第1章研究广州居住空间的演变，总结广州居住空间的发展历程和特征及其内在动力机制。

第2章研究广州居住空间面临的背景，论证紧凑化发展的必然性，分析广州居住空间紧凑化面临的问题与挑战。

（2）中篇为理论研究与实践借鉴，包括第3、4章。

第3章回顾了居住空间紧凑化的相关理论，综述了相关研究文献，比较了不同时期的研究方向和侧重点，并结合广州实际情况进行理论思考。

第4章总结其他城市居住空间紧凑化实践的经验和教训，思考其对广州的借鉴意义。

（3）下篇为策略和建议，包括第 5～9 章，是本书的主体内容。本篇运用系统的研究方法，从宏观、中观和微观三个尺度对紧凑型的居住空间紧凑化问题进行整体性的研究，也分析了紧凑化开发强度的控制方法。最后总结出系统的居住空间紧凑化策略和导则，并通过概念方案进行进一步的探讨。其简要内容如下：

第 5 章从城市整体的视角，从宏观层面研究如何实现居住空间紧凑化。居住密度是本章的研究重点。通过实地的分区调研，运用量化的工具分析居住密度的分布特征，并针对广州的实际情况提出具体的应对策略。

第 6 章仍然以城市的空间整合为视角，从中观层面研究实现紧凑化的方法，指出要实现居住空间的紧凑化，关键在于居住空间和城市其他功能的整合。本章通过大量的调研分析，研究了住区和城市的整合方法，提出构建中介空间系统和实施空间驳接的策略建议。

第 7 章主要从城市的微观角度研究如何提高居住空间的紧凑度，包括四项内容：通过建立数学模型，量化地比较提高空间紧凑度的各种手段；通过数学模型的方法，探讨居住空间多样化的实现方法；通过对比的方法，探讨广州居住空间模式的选用原则；通过广州住宅建设的实践总结，提出改善紧凑型居住空间环境的建筑设计的手法。

第 8 章分析居住空间紧凑化的控制和管理方法，提出一些紧凑化开发强度的控制和管理的改良策略。

第 9 章根据全书的分析，总结出广州居住空间紧凑化的设计导则，并以概念设计进一步阐述本书的观点，同时结合紧凑化导则对广州的住区实例进行评价。

最后为结论部分，包含本研究的主要结论，并指出进一步的研究方向。

0.7 研究方法

居住空间紧凑化为一个横跨多学科的课题，涉及较多研究领域，传统的科学研究方法告诉我们，只有采用合适的研究方法，才能对其进行深入剖析。居住空间紧凑化的分析是一个定量的问题，因为，所有关于这方面的研究都会归结到容积率、人口密度等数值问题。所以，对容积率数据的获取和分析是不可避免的。于是，适当建立数学模型对研究的准确性有利。同时，居住空间的紧凑化也是定性问题，因为密度的合理量值不仅和人口、土地等方面密切相关，地域文化和价值取向也直接影响人们对居住密度的选择。因此，本书采用定性和定量结合的研究方法，主要包括以下内容。

（1）调查、收集和分析资料的方法。

（2）计算机模拟和定量分析（函数、统计）的方法。通过计算机和相关的软件，对相关情况进行定量的数据分析，尽量做到客观真实。

（3）比较的方法。

（4）分析和综合的方法。

（5）数学模型的分析方法。本书建立一些数学模型，分析居住空间紧凑化相关问题。

0.8　概念界定与数据来源

0.8.1　概念界定

（1）紧凑化

"居住空间紧凑化"是指通过某种方法使居住空间变得更加紧凑。很多时候，人们把高密度的居住空间视为紧凑型的居住空间，实际上并非如此。从词义上看，高密度一般作为"中性词"使用，是一种衡量指标，不带有褒义和贬义的色彩。但"紧凑"一词使用时偏向褒义，它不仅含有居住空间以较高的容积率存在，也指出这种开发强度是合理的，具有良好的空间结构，是具有可持续性的居住形态。比如，香港是一个高密度的城市，但如果密度过高，环境质量大幅下降，以致不可持续发展，显然就不能用紧凑来形容。因此，合理的高密度是紧凑化必备的特征条件之一。所以本书讨论的紧凑化是指合理和适当地提高居住空间开发强度，以便达到住区可持续发展的目的。

（2）密度与容积率

居住空间紧凑化的相关研究中，密度是一个重要的概念。密度本身是容易定义的，可以简单地认为是指单位体积（面积）内某种元素的多少。根据《城市规划原理》，"居住密度"是指居住密集程度，包含三方面的含义：人口密度、人均用地面积、建筑密度和建筑面积密度的综合概念[21]，含义比较广。但由于缺乏统一的标准，在城市和建筑研究的文献里使用时却会产生很多的歧义，在实际使用时存在一定的混淆。比如，"高密度"，城市地理学科的研究一般是指高的人口密度，而建筑学方面的研究可能指高的建筑密度，也可能是指高的容积率。又如，建筑设计常见的"低层高密度"、"高层高密度"、"低层低密度"所指的是建筑密度，而"市区高密度发展"、"郊区低密度别墅"中的密度指的是容积率（实际上，别墅实现的是高建筑密度）。

在很多文献中，"密度"一词都含有容积率和开发强度的意义，由于本书要对这些文献进行综述，所以沿用这个习惯。因此，在本书中，用专有名词"建筑密度"来表示是二维的"建筑基地面积/建筑总用地面积"。一般情况下，"密度"一词含有容积率或开发强度的意思。

由于本研究对象居住空间具有三维的特征。而容积率是一个综合衡量的指标，考虑了立体的三维空间关系，表达了用地的开发强度，被世界很多国家作为主要的控制指标。因此，本书围绕住宅容积率展开居住空间紧凑化的研究。

（3）紧凑度的高与低

密度高低的界定和当地资源条件密切相关，不同国家有不同标准。比如，香港普通居住区容积率在"非典"前可达 7.5 左右，其后调整为 6.5 左右。在欧洲部分城市，超过 300 人 /ha 便可称作高密度，按每人 50m² 住宅面积的计算，容积率在 1.5 左右。因此，在阐述紧凑化时，不同城市的居住空间紧凑化含义存在区别，所指的容积率也不一样。

0.8.2　数据来源

本书在研究的过程中使用了一些数据，来源于以下几个方面：

（1）实地调研和统计获得的数据。

（2）通过数学模型获得的数据。

（3）通过文献资料获得的数据：规划局提供的数据；统计年鉴，如广州城市统计年鉴（1990—2004）、中国城市统计年鉴等；资料书籍，如房地产方面的作品集，《广州特色楼盘》3 册、《时代楼盘》杂志等；期刊和报纸，主要是 1994 年以来统计源期刊发表的文献，广州各大报纸的住房版。

0.9　本章小结

本章为绪论。内容包括研究问题的缘起和意义、文献综述、目标、方法以及本研究的创新点。本章对整个研究流程、篇章结构和主要内容进行简要的说明。

注释：

[1]　（美）伊利尔·沙里宁. 城市：它的发展、衰败与未来. 中国建筑工业出版社，1986.

[2]　简·雅各布斯著，金衡山译. 美国大城市的死与生 [M]. 南京：译林出版社，2005.

[3]　迈克·詹克斯，伊丽莎白·伯顿，凯蒂·威廉姆斯编著，周玉鹏等译. 紧缩城市——一种可持续的城市形态 [M]. 北京：中国建筑工业出版社，2004：80-88.

[4]　邵晓梅，刘庆，张衍毓. 土地集约利用的研究进展及展望. 地理科学进展，2006（2）.

[5]　李翅. 走向理性之城——快速城市化进程中的城市新区发展与增长调控 [M]. 中国建筑工业出版社，2006.

[6]　刘健. 基于区域整体的郊区发展——巴黎的区域实践对北京的启示 [M]. 东南大学出版社，2004.

[7]　韩冬青，冯金龙等编. 城市·建筑一体化设计 [M]. 东南大学出版社. 2004.04.

[8]　卢为民. 大都市郊区住区的组织与发展——以上海为例 [M]，东南大学出版社，2002.

[9]　同注释 [4].

[10]　毛蒋兴等. 20 世纪 90 年代以来我国城市土地集约利用研究述评 [J]. 地理与地理信息科学，2005（2）.

[11]　同上.

[12]　张京详编著 . 西方城市规划史纲 [M]. 东南大学出版社 .2005：261-263.

[13]　大卫·路德林，尼古拉斯·福克著 . 王健，单燕华等译 . 营造 21 世纪的家园——可持续的城市邻里社区 [M]. 北京：中国建筑工业出版社，2005.

[14]　李滨泉，李桂文 . 在可持续发展的紧缩城市中对建筑密度的追寻——阅读 MVRDV. 华中建筑，2005（06）.

[15]　聂兰生，邹颖，舒平等 . 21 世纪中国大城市居住形态解析 [M]. 天津大学出版社，2004.

[16]　吕俊华等编著 .1840-2000 中国现代城市住宅 . 清华大学出版社 [M]，2003.

[17]　陈海燕，贾倍思，S 加内桑 . "紧凑居住"：中国未来城郊住宅可持续发展方向 .[J]. 建筑师 [J]，2004（107）.

[18]　韩晓晖等 . 居住组团模式日照与密度的研究 [J]. 住宅科技，1999（9）

[19]　杨松筠，陈韦 . 对我国住宅合理密度的初探 [J]. 城市规划，2005（3）.

[20]　舒平 . 中国城市住宅层数解析 . 天津大学博士论文 [D]，2003.

[21]　周俭编著 . 城市居住区规划原理 [M]. 同济大学出版社，1999：35.

上篇　问题与背景研究

第1章 广州居住空间的演变

1.1 广州居住空间的发展历程

广州是中国南方门户城市，位于珠江三角洲的核心，北面为越秀山和白云山，南面为珠江，东南为出海河道。广州拥有大港口，淡水供应足够，具有充足的平原地带，具备建设大城市的各种条件。广州是千年不衰的繁华商都，中国南方核心城市。据考证，广州老城区两千多年从未变过，一直位于当今中山纪念堂、中山四路及北京路附近。广州居住空间形态随着城市发展不断演变，呈现一定的阶段性，大致划分为以下几个阶段。

1.1.1 （近代—1949）近代：低层高密度为主

两千多年来从未改变的城市位置，使广州居住文化得以延续。时至今日，广州居住形态仍然保留着浓厚的岭南文化特色。但也正由于此，城市发展局限于旧城区，居住建筑不断更替，年代久远的住宅基本不复存在，除了一些古建筑，已难以看到明清以前的住宅建筑。目前，在城区存在并使用的传统住宅，多为清末和近代时期的，主要有西关大屋、竹筒屋、骑楼住宅和东山区小别墅等。这些近代住宅仍存在一定的数量，依然对城市空间和居住形态产生影响。

自清中期以来，广州作为中国政府的唯一通商港口，一直延续至鸦片战争。这种特殊的地位使广州在中西文化的碰撞中逐步形成具有独特文化景观的商贸城市。大量商人在广州办公和居住，不断建设新式住宅，推进了广州近代居住形态的演进。19世纪末到20世纪初，十三行的兴起，在西关聚集了大量商人和政治精英等上层人士。他们买地建房，较多采用商住混合的棋盘式布局，大街宽一般在 4 ~ 8m 左右，小巷则在 1 ~ 4m 不等，城市空间极为紧凑。到了20世纪初，广州城市经济进一步发展，人口持续增加，为了节省用地，住宅采用窄面宽、深进深的方法，形成大量的"竹筒楼"式的城市住宅。这时期筒子楼，一般占地 100 ~ 300m² 不等，面积 200 ~ 500m² 不等，多为 2 ~ 3 层的建筑。沿街住宅低层一般作为商铺，2 ~ 3 层作为居住用房，建筑密度较高。整体形态是典型的低层高建筑密度，建筑后面和左右住宅紧邻，进深可达 20 多米，通过天井来解决通风问题，采光不佳。按形态特征分类有联排式、独户式和私园式等。这些传统城市住宅依附于街巷系统，居住密度与当时经济技术和交通工具相适应。

1918 年，广州市市政公所决定拆旧城墙，建新马路，共有 4000 间铺面拆迁，拆除明城墙和 13 城门，新修的马路宽 25 ~ 33m，长 10km。这是广州城市空间向外扩展的重要举措，居住空间开始突破城墙向郊区发展。到了 20 世纪 20 年代，近代工业得到发展，广州开始建设工人住宅，多在工厂附近，如芳村、茶窖等。一部分为独立住宅区，多建于风景优美的地段，并扩充至白云山、河南、车陂及芳村等地，居住空间进一步向郊区扩张，见图 1-1[11]。1910 ~ 1930 年，房地产也初步在广州兴起，如美洲华侨黄蔡石、杨远荣和杨远蔼等人在城郊买下土地经营房地产生意。1915 年前后，在广州东部的东山区购地兴建房屋，开发的地段包括共和村和龟岗一带。当时东山区的住宅以别墅为主体，多为独户独立式的，带有厨房和卫生间，布局和建筑形式都受到西方建筑影响[2]。这些居住区已突破传统的上居下铺的模式，初步按照社区模式进行设计，开始考虑公建配套问题，配有小学、图书馆、社区服务和体育设施等。住宅层数多为 2 ~ 3 层，包含多种面积不等的住宅类型。这些住宅多为富裕人士使用，并非大众化的住宅类型，东山区亦因此而成为高档住宅区域。

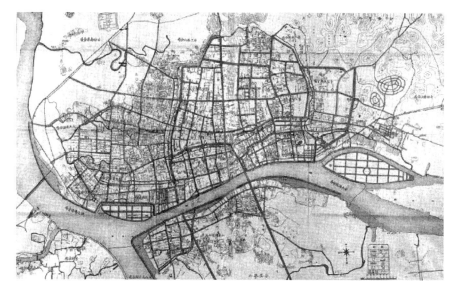

图 1-1　广州 1937 年交通地图

来源：姚燕华、陈清 . 近代广州城市形态特征及其演化机制 [J]. 现代城市研究，2005（07）

近代，传统的竹筒屋逐渐向骑楼演变。首先，住宅由单独式演变成分户式，由于新马路投入使用或扩建，竹筒屋向人行道扩展，形成覆盖步行道的骑楼建筑，并逐步演变成长条性的街区，成为适应亚热带气候的骑楼街。20 世纪二三十年代，骑楼结合马路的建设，在城市内迅速发展，成为广州旧城最富特色的空间形态，大多分布在旧城主要街道，如上下九路、一德路、人民路和六二三路附近，形成新的城市空间形态体系，见图 1-2。骑楼空间不大，临街宽多为 4 ~ 8m，层数为 4 ~ 5 层[3]。

1.1.2 （1949—1979）新中国成立初期：多层高密度为主

新中国成立初期，百废待兴，中央为恢复生产和恢复国力，提出变消费城市为生产城市的建设方针。广州根据自身条件，也确立在长时间内优先发展工业生产的建设目标。但长期以来，广州主要以对外贸易、服务和商业等功能为主，此时不得不面临新的转型。这时期，住宅建设让位于工业建设，住宅多依附于工厂。比如，在旧城边缘地带结合工厂兴建了工人新村，包括邮电新村、和平新村、晓港新村、民主新村和南石头新村等。在"二五"期间，随着生产能力得到提高，住宅的建设量也在提高，住宅从分散走向集中，形成规模较大的工人居住区。随着经济进一步发展，广州开始兴建档次较高的低密度住宅区，比如华侨住宅区，见图1-3。"文化大革命"期间，在极左思潮下，旧城区进行破"四旧"的活动，建筑"见缝插针"建设。住宅建设滞后，数量增长较慢，并存在较严重的环境问题。比如，1975年的全国的住宅面积比1965年仅增加160.75万 m²，年增长为1.5%。又如，1949年前，人均居住面积为4.5m²，到1978年却为3.82m²。"文革"结束后，住宅建设开始恢复，仅1976 ~ 1978年的建设量就相当于"文革"期间建设量的总和，达到160.65万 m²。[4]

图1-2 广州旧城区近代居住空间
来源：google 软件截图

图1-3 新中国成立初期广州建设的华侨新村
来源：google 软件截图

这时期的城市人口逐步增加。1949年，广州人口为103.9万，1957年为168.9万人，1961 ~ 1978年维持在160万左右，1978年增长至168万。城市用地规模也不断扩张，1949年，广州城市向东南发展，由36 km²逐步发展至1954年的56.2 km²。1958 ~ 1965年，城市向东和北发展，1962年城市建成区面积为76万 m²。1965 ~ 1975年，由于"大跃进"，城市用地没有进一步扩张，保持在76 km²。显然，1949 ~ 1968年，城市扩展与人口增长同时进行，住宅建设处于发展期。其后的1968 ~ 1976年，建设和人口增长较慢，住宅建设处于停滞时期。[5]

住区规划受苏联建设模式影响，小区规划采用邻里单元的功能分区的方法。1952年，广州市人民政府成立工人福利失业建设委员会，专门进行工人新村计划。工人新村一般位于旧城边缘，采用"村-住宅群"的二级结构，采用街坊和单元模式，面积标准较低，配套不全。比如，1951 年，旧城区东部的建设新村，处于黄华路，用地 20 万 m²，由 12 个大小不同的组团形成，每组住宅 4 ～ 12 栋，用地在 0.4 ～ 1.1 万 m² 之间，采用行列式布局，间隔为 7m，每座为 28 户，每户居住面积为 20m²。60 ～ 80 年代，广州提出限定于旧城的改造式发展。由于土地以行政拨划的方式进行转让，机关单位、事业单位及中小企业均可申请征地建房。多数单位集体自建宿舍，见缝插针，形成规模较大、分布较广的大院式居住形态。到了改革开放初期，广州开始在城市边缘开发大量住宅区，包括：（1）大型的住宅区，如景泰新村、桥东新村和江南新村等；（2）引入外资建设的晓港城、元村和极乐村；（3）与工业用地结合的住宅区，如广园新村和赤岗新村等。这些住宅一般在工作地点附近，周边建有围墙，内为生活及办公的混合区，也有一些公共配套。这种混合居住模式有利于就近就业，形成良好的邻里氛围，安全性也较高。但由于统一的规划，多采用封闭式的发展模式，造成城市空间混乱，出现功能布局不合理等问题。[6]

总之，这是一个特殊的时期，在解决居住问题上，我国大城市进行了一些有益的尝试，为后来的住宅建设提供了经验和教训。当然，政府主导的发展模式为当时提供了大量的住房，在特定的时期做出了巨大贡献，但由于忽视了市场的调节能力和土地级差地租的调配作用，并没反映土地利用的差异性，造成了居住密度空间分布的平均化，居住空间布局比较混乱，土地使用效率不高。

1.1.3 （1980 至今）改革开放后：高低强度的共存与分化

1980 年代以来，广州城市化加快，人口进一步向城市集中，从整体上提高了住区密度。1986 年，国家开展住宅小区试点，规划主要采用组团的空间布局，户数在 100 ～ 500 之间，户平均居住面积达到 55 ～ 65m²。1991 年的住宅竞赛中，31 个方案中有 10 个高层的方案，1994 年以来开展的"2000 年小康型城乡住宅科技产业工程"建成 30 多个试点小区，采用多层和高层结合的模式，反映新时期人们对小康居住的认识[7]。此时，高层住宅已经初步出现，高强度的开发模式已逐步成为大城市住宅发展的主体，而低层高密度模式则在中小城市得到进一步发展。

1990 年代后，高层建筑节约用地的优点初步显露，成为大城市住宅的主要形式。比如，北京、上海和广州等地的住宅层数由 6 层增加到 12 层，再增加到 32 层，住宅层数不断提高。广州的住宅户型也从一梯两户到六户八户甚至为十多户，每栋单元面积由 200 多 m² 发展到 800 多 m²，见图 1-4。广州老城区、天河北和沿江地段开发了大量 32 层的住宅，容积率超过 6.0，甚至可以达到 10.0 以上，人口密度超过了 1200 人 /ha，见图 1-5。这些都说明，以高层住宅为主的高强度开发模式已经成为大城市住宅建设的主流。1990 年代末，一些开发商通过提高开发强度获取更多的利润，但却缺乏对高密度居住环境的适居性研究，造成居住密度迅速提高，环境质量下降，带来新的问题。

图 1-4　广州 1980 年代建设的六运新村
来源：google 软件截图

图 1-5　广州 1990 年代建设的天河北住宅
来源：google 软件截图

图 1-6　广州 1990 年代末至今的郊区住宅
来源：google 软件截图

从城市空间角度来看，1979～1990年期间，广州城市空间扩张圈层发展，具有"摊大饼"特征。居住空间围绕旧城区，不断向外扩张。同时，旧城边缘的过度发展反过来增加旧城的压力。这种"摊大饼"式的空间模式进一步推动广州同心圆式发展，城市压力进一步加大，土地扩张也进一步加快。如1989年，广州城市建成区面积为182.23km²，1995年发展成为259.1 km²，增长达到38.3%[8]。2000年后，城市大规模扩张，郊区住宅成为新的发展趋势。郊区住宅开始向外拓展，多分布在番禺、东圃、芳村和白云区一带，包含别墅、多层和高层住宅等多种住宅类型，面积一般比内城的要大，在100～200m²不等，建筑密度较低，居住环境较好，但出现土地利用低效率的现象，见图1-6。

1.2　广州居住空间演变特征

1.2.1　平均容积率的持续上升

从近代到现代，我国大城市的居住密度（容积率）实际上是一个持续提高的过程。而我国城市人口密度也是如此，1990年，我国城市的平均人口密度为279人/km²，1995年为322人，2000年为442人，2001为588人，2002年为754人，逐步增长[9]。改革开放20多年来，广州的城市人口不断增长，这种持续的增长并不是局部和单一的，而是全局性的，体现在老城区、新城区和郊区等三个不同层次的区域。比如，广州2003年的人口迁移净增率除白云区为负数外，其余区为正数[10]。广州1995～1999年和2000～2004年城市人口密度都是轻微的直线增加（1999、2000年可能由于统计口径变化造成突然下降），如图1-7所示。同时，广州人均居住面积从1949年的3.93m²逐步增加到2003年的17.23m²，近10年增长最快，如图1-8

所示 [11]。结合人均居住面积和人口密度的两方面因素，广州城市居住密度（用容积率衡量）增加程度较快。因此，在总人口不断增长的背景下，广州的聚集力仍然大于分散力，城市中心的住宅开发强度进一步加强，城市内高楼林立，外部空间更加拥挤。

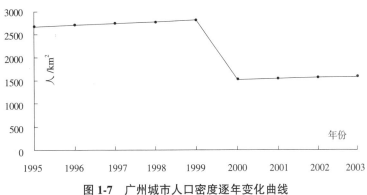

图 1-7　广州城市人口密度逐年变化曲线

来源: 广州市统计年鉴 1996—2004

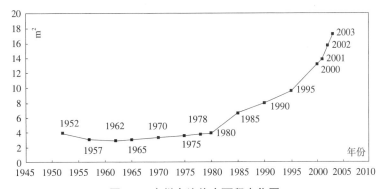

图 1-8　广州人均住房面积变化图

来源: 广州市统计年鉴 1996—2004

1.2.2　居住空间的紧凑化发展

广州居住空间的演变具有紧凑化的特征。在近代的居住空间中，住宅采用非常紧凑的布局，这是当时背景条件所决定的。一方面，城墙限制了城市的大规模扩展，尽管后来突破了城墙，但旧城仍然是建设的重点。另一方面，建造技术落后，道路和排水等基础设施也支撑不了低强度的居住模式。在住宅类型上，独立花园式仍是少数，联排是普遍的方式。街道一般在 50 ~ 200m 才设隔断。街巷宽仅在 2 ~ 4m，住宅的面宽 2 ~ 6m，进深可达 10 ~ 20m，利用天井进行通风采光，形成上居下铺的垂直分布方式，充分利用骑楼上面的空间作为住宅。为了节约用地，道路与骑楼较少考虑种植绿化。可见，无论是采用这种窄面宽、深进深的方法，还是上居下铺的骑楼，广州近代住宅发展都是基于当时技术对土地进行非常高效率的利用，住宅布局相当紧凑。当然，这种对土地的利用模式并不是广州所特有的，在北京、上海和武汉等中国城市亦然。欧洲的城市，比如巴黎、罗马和威尼斯等，也到处可以见到这种低层高密度的居住形态。

1949～1979年，为了实现超英赶美，这时期的住宅设计采用"先生产后生活"的政策，以重工业发展为中心，政府严格控制住宅建设标准，把生产资料投入到工业积累上去，城市居住环境质量得不到有效的提高。1954年6月，全国城市建设委员会定下的建设标准为：远期规划人均9m²，人用地31.4m²，公共建筑12m²，广场15m²，绿地17m²。可见，当时的标准十分低。在此期间还提出"合理设计，不合理使用"的原则，建设了面积较大的户型。但是，在日常生活中，多户共用一套住宅，存在诸多不便。后来又提倡小户型设计，尺寸以最基本的要求来设计，起居室和餐厅合二为一，使用公共厕所，空间十分狭小。由于住宅建设长期投入不足，直至1978年，人均居住面积比新中国成立初期还要低，居住空间的局促可想而知。[12]

之所以出现这种过度紧凑的居住方式，有三方面的原因。第一，我国底子薄，生产力落后，物质水平较低，造成住房标准较低，这既有历史的因素，也和当时经济政策失误有关。第二，把生产放在第一位，生活放在第二位，主观上造成住房建设的投入不足，居住质量得不到有效提高。由于过多地把生产资料投入到工业上，缺乏改善居民物质生活的必要举措，社会失去了循环发展的动力。第三，由于人口增长的错误政策，导致全国人口的剧增，使得人均居住面积的不断下降[13]。总之，由于各种原因，这个时期住宅基本采用紧凑化的策略，但居住空间的紧凑度已突破最基本需求，造成相互干扰、缺乏独立厕所和厨房等功能问题，这些现象直到90年代才基本解决。

另外，从住宅层数方面分析，也可以看到广州居住空间演变具有紧凑的特征。新中国成立以来，前半段时间的住宅开发以多层住宅建筑为主流，进入90年代后，高层住宅开始成为住宅建设的主流。目前，广州城区已是18～32层住宅占主体，并开始逐步向郊区扩散。

总之，从外部空间、户型特征和住宅层数来看，广州居住空间的演变都体现了紧凑化的特点，这在内城区最为明显。

1.2.3 居住空间的多元化发展

在朝代更替和历史变换中，广州的居住地并未发生大变化，在有限的空间内，新建筑不断替换旧建筑，呈现出新旧混合的特点。在旧城区，尽管明朝以前的住宅不复存在，但清末及近代的住宅，包括西关大屋、竹筒屋和骑楼住宅等，作为城市一部分，仍发挥着城市居住功能。新中国成立后，这些西关大屋仍然被使用，但分配给多户人家合用。由于通风采光条件不佳，以及多年缺乏维修，并且多户公用卫生间和天井，实际的环境欠佳，居住条件并不理想。尽管这些住宅在当时仍能接受，但站在今天的角度，并不能满足当代人的要求，于是不少骑楼住宅多被闲置，等待着改造。因此，旧城改建，尤其对居住建筑的保护与更新成为今天迫切需要解决的问题。综合来看，广州近代住宅不仅在居住文化上前后传承，更重要的是，它仍发挥着城市居住功能，成为多元居住文化的最具地域特色的"一元"。

1990年代以来，新建的住宅类型更趋向多样化。比如，旧城区的住宅多精心考虑如何充分利用土地，增加总建筑面积，户型多为精而小。而在郊区，居住空间结构一般较为松散，别墅和多层建筑等较多，居住密度较低，出现别墅、联排住宅、多层住宅、高层住宅和酒店公寓等多种住宅类型。而城中村也成为新时期的特殊的住宅类型。城中村主要是城市迅速扩张包围了城市周边村庄，包括圆村、石牌村和林和村等。城中村的建筑物一般是由村民自行建设的，未经过规划和设计，村内容积率很高，建筑密度十分大，可达到90%，出现"一线天"的现象，建筑层数多在4～7层，采光通风欠佳。消防通道和消防设施十分缺乏，卫生和消防隐患较多。目前，城中村成为流动人口的主要集聚点，治安问题十分严重，成为城市发展一大障碍，因此，需要进行改造，以适应城市发展的需求。

可见，广州居住空间发展经历多个历史时期，其居住空间形态是延续和多元的。目前仍在使用的住宅包括竹筒屋、西关大屋、骑楼住宅、工人新村、城中村、商住楼、新建高层住宅和郊区低密度住宅等多种类型，具有多样化的特征。

1.2.4 传统邻里关系的瓦解

传统住区采用低强度开发模式，深受交通工具、建筑材料以及手工制造技术的影响，它反映一种以种族、血缘为中心，注重邻里关系的聚居思想。广州近代居住形态体现了传统的聚居文化，居住区中央一般设有祠堂、神庙或舞台等公共设施。住宅一般逐户而建，间距不大，密密麻麻。住区居民共同防卫，共同生活，守助相望，具有良好的邻里气氛。

新中国成立后到80年代末期，在新文化的推动下，传统邻里关系逐步瓦解。由于城市管治以及福利分房政策的影响，产生了以单位大院和居委会为主的邻里模式。由于以单位作为联系枢纽，居民相互熟悉，具有共同的语言，社会治安良好，邻里氛围良好。这种机关大院的模式是特殊时期的一种产物，在某种意义上也是传统居住文化的一种延伸，只是维系邻里关系不再是原来的血缘、亲属和朋友，转变为"阶级兄弟"和单位同事。

1990年代以来，随着市场的逐步开放，机关大院模式逐步式微。随着城市规模扩大，流动人口增加，传统邻里关系不复存在。于是，市场再次重组城市住区的邻里关系。由于社会人员的流动性加大，社会治安的进一步恶化，人与人之间缺乏信任，邻里关系变得越加冷漠。同时，高层住宅存在自身不可避免的缺陷，比如，儿童失去自由活动的天地，老年人生活孤独，这些也开始转化成为社会问题。在注重效率而忽视公平的现实下，贫富两极分化开始出现，富裕阶层占有好地段和好景观的住区，穷人则居住在环境较差的小区，如城中村等，居住阶层化开始明显。

社区是以社会价值为核心的，当社区以财富作为标准分离不同人群，不能维系一种健康社区价值时，我们就应该反思这种建设方式。概括地说，传统邻里关系消解而新邻里关系还未建立起来，应该是目前住宅快速建设面临的主要问题之一。

1.3　广州居住空间演变的内在动力

从开发强度的角度来看，居住密度持续提高的演变过程是多合力作用的结果，只有关注内在的动力，才能准确把握广州居住空间演变的规律。从19世纪末到新中国成立前，居住密度的提高主要建立在技术革新的基础上，技术是主导因素。到了1949～1979年，技术的革新仍然是居住密度提高的主要因素，如混凝土技术对建筑层数的提高，工业化对建筑的影响，这些因素促进居住区容积率的提高。但计划的模式忽略了级差地租，促成了城市单一、均质的密度空间分布形态。改革开放以来，住宅技术相对成熟，计划经济逐步转变为市场经济主导，市场对住宅的巨大需求推动居住密度的持续提高。这时期开发了不同密度的住宅，提高了居住环境质量，但也引起了居住密度分布两极分化的问题。近年来，可持续发展和能源短缺成为住宅建设面临的挑战，主导居住密度演变从市场的推动力逐步转变成为资源和人口的限制力。可见，在不同时期，推动广州居住空间演变的动力都在不断变化。

1.3.1　新技术的影响

交通和建造技术的进步是推动广州居住空间演变的一个重要因素。在古代，马车的尺寸成为了街巷的标准，进而限制了住宅的间距。近代，临主干道住宅间距以机动车尺寸为标准，次要街巷则以人的通行尺寸为依据。此时，建筑材料采用木材和砖，结构为砖混或木结构，这种建造技术限制了住宅的开发强度。木材和砖的长度、硬度等物理性能限制了建筑的尺度。交通方式和工具限制住宅的间距。于是，居住空间的整体形态就确立下来。尽管此时混凝土结构也得到初步应用，公寓式公共住宅萌芽，人口进一步聚集，但对居住密度的影响还是比较轻微的。因此，传统居住密度的变化是相对稳定的，空间分布是均质的。

新中国成立后，西方居住文化逐步传入中国，住宅工业技术取得了一定程度的发展，钢筋混凝土技术得到广泛应用，工业化的建造方式在北方一些地方得到了快速发展，于是，现代主义和实用主义影响广泛。20世纪初，医学认识到人体健康和自然光照有密切的联系，传统住宅建筑密度过高、住宅间距过窄，易引起瘟疫的流行。因此，日照间距变成了住宅限制性的技术指标。而且，为了适应当时的建筑技术和经济水平，住宅采用钢筋混凝土或砖混结构，层数从两三层发展到六七层。由于日照间距和层数的限制，此时住区为多（低）层中建筑密度，一般人口密度在300～800人/ha。比如，广州的华侨新村，以2～3层和6～7层为主。又如，建于1953年的北京百万庄住宅区和1951年的上海曹阳新村都是2～3层为主的大规模住区。1962年，上海藩瓜弄棚户区的改造，采用了低层高密度的形式，容积率为1.69[14]。这种多层中密度的方式一直应用到1980年代，如广州天河区的六运新村以六七层为主。这些多层住宅采用组团式布局，具有明显的边界和管理范围，组团中心一般设有绿化、配套医疗、商业和学校等设施，种类较为齐全。住宅类型亦趋多元化，包括排列式、点式、井式、丫字式和异型等多种类型。1970 年代末期，高层住宅开始在大城市出现，新居住模式也逐步产生。1990 年代后，住宅的建造技术不断成熟，新的加工工艺不断出现，电梯广泛应用于住宅，住宅层数不断提高，11 层左右的小高层和 18 ~ 32 层的高层住宅在广州大量出现。

回顾我国的住宅发展，从传统的砖瓦材料到钢筋混凝土，从简单的手工建造到复杂的现代施工体系，从以人力、马力为主的交通工具到现代化的汽车、火车和地铁，从步行楼梯到电梯，这些技术的发展都在推动着我国城市居住空间的演变，也为实现更高的住宅开发强度提供了可能。

1.3.2 人口持续增加的影响

城市人口的持续增加一直推动着住宅发展。广州近现代住宅采用比较紧凑的模式，这和人口压力有密切关系。城市化率的提高意味更多人口聚集到城市里面，造成城市空间进一步拥挤，这从城市人口变化可以看出。1920 ~ 1930 年，广州人口增长较快，1932 年为 112.3 万人，比 1928 年 81.2 万人增长 31 万人，增长率达 38%[15]。20 世纪 50 年代增加了 91.75 万人，60 年代增加了 13.18 万人，70 年代增加了 50.37 万人，80 年代增加了 54.35 万人，90 年代增加了 45.55 万人[16]。改革开放后，广州人口一直保持较快增长。1980 ~ 1990 年代，市区人口增加比较快，年增加率达到 1.5%。从广州人口数据的逐年变化可知，早期城市人口主要集中在旧城区，人口密度较高。比如，1982 年，人口密度在 10 万 ~ 15 万 /km² 的街镇达到 15 个，1990 年达到 16 个。进入 90 年代后，高密集街镇增加开始缓慢，并向郊区扩散。到了 2000 年，这种高密集街镇数目已递减为零。从区域来看，1987 ~ 1992 年广州人口迁移表现为老城及边缘区向新区迁移，并在新区形成密集型居住点。根据 1992 ~ 1995 年领取商品房建设许可证的统计，新区占 50%，其中天河区与白云区占 42.37%[17]。广州人口变动率与市内迁移率相关程度较高，人口的迁移受工作距离的远近的限制，迁移模式为内城往新城迁移，郊区往新城市中心的迁移，造成城市边缘的城镇密度不断提高。城市空间集中与分散同时演进，人口波浪式的向外扩散，具有蔓延式和短距离的特征。[18]

需要指出的是，人口密度的下降并不意味着开发强度的降低，主要是由于过去住宅户型面积比较小，套内居住的人数比较多，造成人口密度过高，而随着经济的发展，人均建筑面积在不断增大，户内人数在不断减少。比如，最近规范对每户人口计算时，已由原来的 3.5 人 / 每户下降到 3.2 人 / 每户。因此，广州出现了人口密度降低和住宅开发强度增强的现象。

在人口密度和住宅开发强度较高的情况下，广州内城采用紧凑式的发展模式。比如，城市空间十分拥挤，导致住宅的容积率和建筑密度过高，这些都能反映在居住空间形态上，如户型面积小、卫生条件差、采光不足和视线干扰等等。

由于人口按梯度由内到外迁移，也造成城市新中心和边缘地区的住宅容积率的增加。

比如，新城市中心天河区形成非常密集的住宅群，甚至超越旧城区，成为平均容积率最高的区域。根据笔者对容积率的分布统计，天河北的平均容积率在 6.5 左右，比旧城区的 5.5 还要高出 1.0 左右。而边缘地区，比如天河区的东圃、海珠区等等，住宅的容积率也在不断提高，达到 4.0 左右。

城市人口的变化，推动了居住空间的演变。由于城区土地有限，住宅只能往更高更密发展。在城市边缘，由于搬迁的人口增加，开发强度逐步提高。但是，随着经济的发展，交通工具的改善，住宅开始出现分散式的郊区化发展。城市居住空间的演变开始趋向复杂化。

1.3.3 住房与土地政策的影响

改革开放以前，我国对生产资料实行高度统一的分配政策。城市住房作为福利品，主要依靠国家来调配。行政单位成为建房主体，他们通过向国家申请土地和资金自建房子，因此住宅类型比较少，标准不高。经过"文革"时期的停顿，住宅建设面临着巨大缺口。鉴于此，我国开展了一系列的政策改革，以促进住宅建设。

改革开放初期，住房政策比较谨慎，主要利用试点的方式进行市场化的试探。1982年，沙市和郑州等城市试点实行政府和个人共同负担的售房方式，但由于市场化的不彻底，造成国家财产的流失，很快就被停止了；1986年，烟台进行提高房租的试点，通过发住房券改变福利分房方式，到 1989 年，共三个小区建成，到 1997 年共建有 137 个[19]。1990 年代，国家提出解决低收入人群的廉租房等问题，通过试点，开发了一些安居工程和经济适用房等，但由于分配体制的问题，很多经济适用房被高收入者获得。并且，设计和选址也存在很多问题，比如户型面积过大，位置偏僻。广州经济适用房由于选址的不当，很多低收入者不愿意入住，在前几年终止了经济适用房的开发。

在土地使用和住房管理方面，我国也逐步向规范化发展。由于体制的原因，1990 年代以前，城市用地主要通过行政划拨的协议方式进行。由于缺乏公开的竞争，很多地块以低于市场价成交，为转手炒地皮提供了便利，造成 1992～1993 年房地产开发过热。随着政府的调控，海南和北海等地方房地产泡沫破灭，产生的不良后果一直持续至今。随后，中央政府一再强调要引入拍卖的土地转让方式，但是收效甚微。直到国家颁布了《土地法》，把土地使用权的转让方法以法律的形式规定下来，才改变这种情况。土地的拍卖也成为一种新的划地方法，这对我国的城市住宅土地使用方式是一次新的突破，也是住房走向市场化的先兆。1998 年，国务院颁布了《关于进一步深化住房制度改革及加快住房建设的通知》（23 号文件），提出在 1999 年终止福利分房的住房政策，这标志着我国住房政策进入新的阶段。2002 年的 11 号文件《招标拍卖挂牌出让国有土地使用权的规定》，要求住房开发的土地必须经过拍卖的形式进行划拨，土地供应市场逐步正规化。于是，经过 20 多年的房地产开发，房地产市场逐步成熟。1999 年，政府取消福利分房，住宅主要由市场供应，成为住房走向市场化的一个标志。以拍卖代替行政拨划的用地方式，规范了土地利用方式。此时，土地的级差地租的决定性因素初步显现，改变了城市土地匀质和粗放使用状态，提高了土地综合利用强度。城市居住密度的分布开始发生变化，出现了中心密集过度和边缘密度过低的现象。

近年来，单一的市场化供应使得低收入者难以承担过高的价格，住房问题引起社会的关注。21 世纪初，随着住房市场化，极大地刺激了房地产的发展，导致新一轮的房地产热。2005 年，北京、上海和杭州等地区投机炒房等活动频繁，造成房价的虚高，北京和上海等城市的住宅售价达到 1 ~ 2 万元 /m²，大大超过了居民的承受能力。中央七部委联合采取各种措施对房地产炒卖活动进行打击。一些地方也开始采取新的调节措施。比如，广州在近期内恢复经济适用房的建设，增加拍卖方式转让的土地等。实际上，由于缺乏像香港和新加坡的公屋政策，仅通过市场来解决低收入者的居住问题，还面临着巨大的挑战，这也是近期房屋政策的关注点。

住房问题直接关系整个社会稳定。在发展住宅产业的同时，应注意保护弱势群体的利益。即使在较为发达的地区，也通过廉租房解决中低收入者的居住问题。比如，欧美发达国家房地产的市场化是建立在健全社会保障体系的基础上。又如，我国的香港特区，就有超过 40% 的居民居住在廉租房内。目前，我国的住房政策把所有的住房问题都交给市场处理，由原来的绝对计划式变成过分市场化，从一个极端走向另一个极端，这必然会带来很多问题。于是，2005 到 2006 年间，房地产出现涨价潮，住房价格大大超出了居民的可承受能力。可见，绝对的市场化不一定是解决住房问题的良方，应该在市场和调控之间寻找平衡，最终的目的还是实现"居者有其屋"。实际上，政府也开始意识到这样的问题，为了限制低容积率住宅的建设，防止土地的粗放使用，2005 年，国家七部委的联合声明中指出享受国家政策的住房容积率必须大于 1.0，户型面积超过 142m² 的住宅需增加税收。而 2006 年的措施进一步限制低容积率住宅土地的供给，最近国家还出台"国六条"的措施保证新建的项目中 90m² 以下户型占总数比例不得少于 70%。这些政策的出台，目的是保证住宅建设能有序开展，也有保护弱势群体的意义。

可见，土地和住房政策是推动城市居住空间演变的主要因素，但同时也是造成城市住宅问题的源头之一。

1.3.4　城市总体规划的影响

居住建筑作为城市空间的主体之一，深受城市空间结构影响。城市规划作为城市未来发展的计划，不同程度地影响居民的搬迁方向，对居住空间的发展起到导向性的作用。简单地回顾，新中国成立以来，广州的城市空间结构的发展历程可分以下几个阶段：

第一阶段，1949 ~ 1979 年，广州城市空间限制式发展，以旧城为主要区域，初步探索建立新的城市空间格局，但由于缺乏先进的城市规划理念，城市发展主要集中在内城区。比如，新中国成立初期由消费城市向生产城市转型中，考虑工业化的发展，控制城市扩展，初步提出了"三团""两线"的向东南发展的组团空间结构发展方式[20]，见图1-9、图1-10。由于体制上的因素，工业优先发展，城市出现扩大生产、压缩住宅建设的现象。住宅多采用结合厂区布局方式，工业与居住相混合。从紧凑化角度来看，居住空间以满足最根本需求设计，空间被压缩到极度紧凑化，空间质量甚至不考虑，属于生存型而并非生活型的空间模式。尽管存在诸多不足，但这也是中国人现代住宅从无到有，开展住宅工业化的第一步，也是获得生存的第一步。新中国成立初期的财富和经验的积累为我们这代实现新的居住方式提供了极其宝贵的经验和原始物质条件。

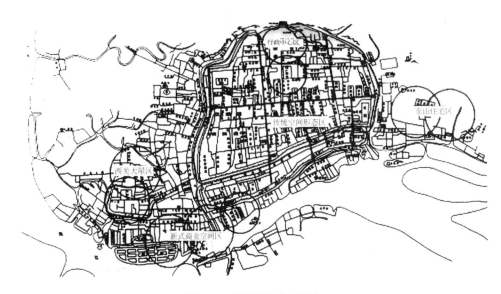

图 1-9　广州近代城市形态

资料来源：周霞.广州城市形态演进 [M]. 中国建筑工业出版社，2005

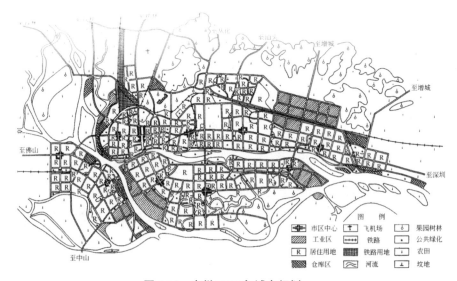

图 1-10　广州 1954 年城市规划

第二阶段，1980～2000年，城市空间发展的探索阶段。广州作为改革开放的前沿城市之一，无论从经济或观念上都充当先行者的角色。经济快速发展，城市迅速膨胀，由于预见性不足和经验缺乏，在城市空间发展问题上出现徘徊不前，甚至失误的现象。在1980年代的建设中，多集中于旧城区和边缘新区的建设，城市空间在"外溢—回波"的模式下不断蔓延，造成城市空间不合理，过度拥挤。1996年，提出城市空间结合新机场向北部发展，见图1-11。由于行政区划的原因，在提交国务院时却未获通过。因为，广州北部一直是以生态和农业为主，为广州提供重要的供水保证，的确不适宜大规模高强度的新城建设，国务院的批复也说明了这一点[21]。这时期，广州在城市发展方向不断探索，尽管走过一些弯路，但也为以后的发展提供了很好的经验教训。

第三阶段，城市空间发展方向目标明确。2000年，广州行政区调整后，番禺和花都撤市设区，城市规划开始形成向南拓展的思路。2005年，南沙和开发区设行政区，再次通过行政区域的调整强化这种思维，使城市进一步向东部和南部发展，城市空间发展方向开始明确，见图1-12。而当时曾考虑作为发展方向的北部地区，在新的规划下，作为生态保护区限制发展。于是，广州由原来的内河城市变成"内河+沿海"城市，呈现出新的发展趋势。近年来，广州城市基础配套明显倾向于选址南部或东部地区。比如，新火车站选址于番禺大石，形成珠三角的客流集聚地；大学城和生物岛也选址在广州南部；

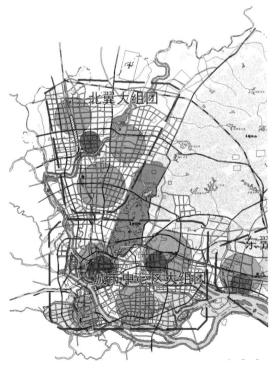

图1-11　广州城市规划（1996年）

资料来源：广州规划局

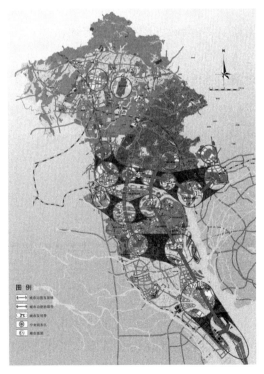

图1-12　广州城市规划（2005年）

地铁建设优先发展东南线路，2 号线、3 号线和 4 号线都是以东南组团为导向的。广州通过这种拉大距离的方式，改变传统限于老城区的"摊大饼"发展模式，优化城市空间结构，实现城市空间跨越发展。[22]

此时，居住空间的分布也是随着城市格局而变化。广州在这种东南方向发展的强势预期下，西部和北部的聚集能力已经相对减弱，东南组团已成为广州人口迁移的新区域。在大规模和多组团的城市空间结构调整下，广州地铁率先向南部的南沙和东部的罗岗发展。这将进一步拉开居住空间的布局，但也有可能造成郊区住宅的进一步分散。因此，在缓解老城压力和疏散城市功能的同时，也要考虑土地的集约利用。于是，广州住宅建设应该适当提高居住密度，防止郊区过度蔓延。

1.4　本章小结

本章对广州居住空间形态的演变进行了回顾，围绕居住空间紧凑化的主题，进行多角度的分析，力图剖析广州居住空间的演变历程、特征和动力机制，以便对研究对象进行深入剖析。

首先，根据资料的整理和分析，本章把广州居住空间演变历程分为低层高密度、多层中密度、高强度和低强度两极分化等三个发展阶段，并对其发展的历程进行总结分析。

其次，概括广州居住空间演变特征，包括：住宅容积率的不断上升，居住空间利用紧凑化，住宅类型的多样化，传统邻里关系瓦解等特征。

最后，本章通过多因子的分析，从建筑技术的发展、城市人口的增长、住房和土地政策的变化以及城市总体规划的影响等多方面研究广州居住空间演变的内在动因。

注释：

[1]　周霞 . 广州城市形态演进 [M]. 中国建筑工业出版社，2005：91.

[2]　同上：1-136.

[3]　同上：84.

[4]　同上：1-136.

[5]　数据根据周霞的《广州城市形态演进》和罗彦，周春山的《50 年来广州人口分布与城市规划的互动分析》等相关资料整理而成 .

[6]　来自周霞，同注释 [1]：1-136，本处进行综合分析 .

[7]　聂兰生，邹颖，舒平等 . 21 世纪中国大城市居住形态解析 [M]. 天津大学出版社，2004.

[8]　赵燕青 . 广州总体发展概念规划研究文本 . 中国城市规划研究院，2000—2001.

[9] 李强，张海辉 . 中国城市布局与人口高密度社会 [J]. 战略与管理，2004（3）.

[10] 资料来自广州统计年鉴，1996—2004：67.

[11] 同上 .

[12] 关于新中国成立后的住宅建设情况，详见吕俊华等编著 .1840—2000 中国现代城市住宅 [M]. 清华大学出版社，2003.

[13] 吕俊华等编著 .1840—2000 中国现代城市住宅 [M]. 清华大学出版社，2003.

[14] 同上 .

[15] 来自周霞，同注释 [1]：75.

[16] 罗彦，周春山 .50 年来广州人口分布与城市规划的互动分析 [J]. 城市规划，2006（7）.

[17] 阎小培，郑莉 . 广州城市地域结构与规划研究 [J]. 城市规划，1998（01）.

[18] 魏清泉，周春山 . 广州市区人口分布演变与城市规划 [J]. 城市规划汇刊，1995（10）.

[19] 聂兰生，邹颖，舒平 .21 世纪中国大城市居住形态解析 [M]. 天津大学出版社，2004.

[20] 阎小培，郑莉 . 广州城市地域结构与规划研究 [J]. 城市规划，1998（01）.

[21] 赵燕青 . 广州总体发展概念规划研究文本 . 中国城市规划研究院，2000—2001.

[22] 同上 .

第2章 广州居住空间紧凑化的必然性和面临的挑战

2.1 广州住宅发展所处的宏观背景

改革开放以来，广州城市人口不断增加。随着经济发展，我国城市化加快，在不久的将来，将有更多外来人口迁入广州。从区域整体角度来看，广州是中国重要城市，也是南方区域中心，具有重要的战略意义。因此，广州的城市发展，包括住宅建设，都不能孤立地考虑，必须结合整个国家和广州两者自身所面临的挑战和背景来思考。出于这样的目的，本书从宏观角度来思考广州居住空间发展所面临的问题，探索其未来发展的方向。

2.1.1 巨大的住宅需求量

中国人均GDP已经实现三步走的前两步目标，根据全国第一次经济普查，2005年，我国的人均GDP已经达到了1490美元，世界排位升至第107位[1]，部分地区的GDP已经超过5000美元。如2004年，长三角人均地区生产总值为35040元，珠三角人均地区生产总值为54639元，两地近年的城市经济增长率在10%~18%之间[2]，经济发展已经进入小康阶段，人们对居住条件的改善要求日益增加，住宅的建设亦呈现出蓬勃的发展趋势。

从纵向来看，中国的住宅建设规模在不断扩大。按建设部发布《2002年城镇房屋概况统计公报》，2002年底，全国城镇房屋建筑面积131.78亿 m^2，其中住宅建筑面积81.85亿 m^2，占房屋建筑面积的比重为62.11%。全国城镇人均住宅建筑面积22.79m^2，其中东部地区24.42m^2，中部地区20.59m^2，西部地区22.29m^2[3]。根据相关测算，从2000~2010年我国需要城镇住宅33.5亿 m^2，而单是北京就要100多万 m^2[4]。国家统计局对全国人均居住面积的统计表明，当前平均居住面积在25m^2左右，离每套80m^2仍然有很大的提高空间[5]。宋春华也指出，到2010年，我国人均建筑面积可达25m^2/每人，每户建筑面积可达79~80m^2[6]，面积仍然偏小。可见，我国目前的住宅要满足舒适要求，还存在巨大的数量缺口。因此，住宅建设蓬勃发展的势头将会持续较长的一段时间。

从横向来看，我国人均居住面积及户均居住面积与发达国家仍有一定距离。如1997年，美国人均居住建筑面积为60m^2，日本为31m^2，英法德在37~38m^2之间。2000年，我国城镇人均居住面积达 20m²，农村为 25m²，按城市户均人口 3.16 人计划，户均住宅建筑面积 63.2m²[7]，数值并不高。随着经济进一步增长，城市恩格尔系数进一步优化，人均居住面积会进一步提高，这将会加速中国住宅建设的发展。

在这种宏观背景下，广州也需要建设较大数量的住宅。按广州 2006～2010 年住房规划，到 2010 年，将建设各类住房 56.24 万套，总建筑面积 5350 万 m²。包括供应廉租房 60 万 m²，新社区住房 540 万 m²，经济适用房 300 万 m²，商品住房 4450 万 m²，其中含盘活存量土地建设住房 1200 万 m² 和城中村改造新增商品住房 500 万 m²[8]，见表 2-1、表 2-2。可见，广州还需要建设大量的住宅，尤其是中低收入家庭的住宅才能满足市场的需求。

广州规划建设住宅量的空间分布　　　　表 2-1

区域	用地面积（万 m²）	建筑面积（万 m²）	容积率
中心区	740	1872.5	2.53
番禺区	370	936	2.53
花都区	380	963	2.53
萝岗区	340	856	2.52
南沙区	285	722.3	2.53
总计	2115	5350	2.53

资料来源：广州住房规划（2006—2010），广州市规划局

广州住房分期建设　　　　表 2-2

年份	用地面积（万 m²）	建筑面积（万 m²）	容积率
2006	391	850	2.17
2007	501	1300	2.6
2008	463	1200	2.6
2009	384	1000	2.6
2010	376	1000	2.7
总计	2115	5350	2.53

资料来源：广州住房规划（2006—2010），广州市规划局

2.1.2　迅猛的城市化

我国实施计划生育政策，为实现居住小康提供有力的保障。目前，人口数量处于国家的调控范围内，人口自然增长并不快。但城市化所产生的人口迁移却对城市住宅建设产生重要影响，体现在城市化加快和城镇人口持续增加。

按城市化普遍规律，城市化进程呈现出"S 形"的特征，即在工业化初期，城市化比较缓慢，人均 GDP 达到中等水平（约 3000 美元）后，城市化开始加快，经历高增长后，进入城市化缓慢发展阶段。由于我国的特殊情况，城市化程度远远低于工业化程度。

1980 年代以前，我国城市化处于较低的水平，发展缓慢。1978 年仅 17.92%，平均城市化率仅为 0.1 ~ 0.2 个百分点。1995 年城镇化水平达到 30%，目前已经达到 41% 左右（见图 2-1）。相关研究指出，至 2003 年底，中国城市化水平仍然比世界平均低 10 个百分点，比世界发达国家平均水平低 30 个百分点[9]。另外，按照发达国家的城市化经验，城市化率往往是超过工业化率的，但我国城市化明显滞后于工业化，与经济社会发展不相称。政府也意识到，工业化必须和城市化结合起来。在这种背景下，推动城市化发展是城市经济工作的一个重点。按照政府的规划，至 2030 年，我国每年城镇化率为 1% ~ 1.3%，每年约 1200 ~ 1500 人口进入城市，人口迁移总数达 5 亿之巨[10]。

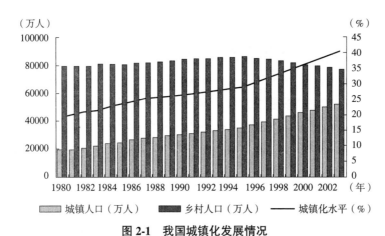

图 2-1　我国城镇化发展情况

资料来源：仇保兴，推行绿色建筑加快资源节约型社会建设，中国建筑金属结构，2005（10）

在 21 世纪中，中国人口数量将会达到 16 亿。今后 20 年，将有数目巨大的居民进入城镇，人口数量将会超出土地所能承受的强度。这种人口迁移在发达地区更为明显。根据胡序威、周一星等人的研究，在改革开放以来，我国沿海地区的城市，迁入人口大于迁出人口，其中北京、上海和广州在 1991 ~ 1995 年间，人口迁入超过 20 万，这还未包括来当地工作的流动人口[11]。如果参照日本和美国的都市连绵带的区域空间模式，我国的长江三角洲、环渤海地区和珠江三角洲将会各自形成人口超过 1 亿的都市连绵区[12]。这么巨大的人口迁入，直接影响到未来居住空间模式的选择。本来就拥挤不堪的中国大城市将会面临巨大的人口压力，广州作为珠江三角洲的中心城市之一，也不例外。

近 20 年来，广州国内生产总值从 1980 年 57.55 亿至 1999 年 2056 亿，年均增长达 21%，发展较快[13]。1980 年，广州人口约为 280 万，至 1999 年已达到 337 万。2005 年的人口普查表明，人口已达到 970 万人，其中城镇人口 825 万人[14]。对于广州未来的城市发展，有学者认为广州人口分布理想情况是，从 2010 至 2020 年，广州市区面积扩大到 3700km² 以上，占总面积 50% 左右，人口平均密度达到 5000 人 /km² 以上，城市常住人口达 1900 万人[15]。当然，这数据只是一个参考。但不可否认的是，广州市人口规模已迈入超大城市系列。按国务院最新批复规划,到2020年,广州人口将控制在1200万人左右,建设成为最适宜创业发展和居住生活的国际性区域中心。为了解决大量普通居民的居住需求,城市住宅容积率应适当提高。因此,居住空间紧凑化是未来广州城市发展的必然趋势。

2.1.3 人均短缺的土地资源

中国以不到7%的耕地面积养活了22%的人口,这固然是个了不起的成绩,但这只是非常基本的满足。在我国工业化的初步阶段,这个"世界工厂"是以土地粗放使用为基础的,各大城市科技园、大学园和大型住宅区进行圈地运动,侵占农田的事情频频发生,不利于整个国家的可持续发展。

当前,中国大城市发展仍然以粗放型为主,土地资源耗费大,许多城市建设是以牺牲农田和破坏自然为代价的。中国各大城市土地使用逐年增长,从1986年到1994年,城市建成区面积增长2.47倍,其中广州的城市建设用地在10年内增长了107%[16]。北京市发改委提供的2005年土地背景资料显示,1999年以来,北京土地资源消耗平均增长远远超出同期经济增长的速度,其中有37%用于住宅建设。按目前占地量和增长速度计算,北京未利用的土地为18万ha,不到30年将被耗尽[17]。而深圳城市规划部门也预测余下的土地只够10年开发。广州住宅建设也出现土地消耗过快的现象。按1979~1983年的广州第十四版总规划的数据,1978年城市建成区面积80km²,1999年达279km²,年均增长率达到5.9%[18]。可见,土地资源的消耗过快已成为我国大城市土地利用的主要特征,这不仅在广州是这样,其他城市亦然。因此,对待居住密度,我国城市不能照搬西方郊区化模式,而应根据国情,走和自己资源条件相应的集约化道路。

在土地供应方面,为了配合城市拉大布局的要求,广州1996—2000年的住房规划提出在金沙洲地区、番禺北部地区、白云北部地区、员村地区、萝岗中心区、南沙中心区、广州新城和轨道交通站点周边地区等地方增加住房用地。规划期内,中心城区供应住房建设用地740ha,番禺区供应住房建设用地370ha,花都区供应住房建设用地380ha,萝岗区供应住房建设用地34ha,南沙区供应住房建设用地285ha。在规划期内,住房用地供应总量为2115ha,其中,政府保障型住房用地供应总量为450ha,商品住房用地供应总量为1665ha,其中盘活存量用地667ha[19]。本次规划也特别提出要高效、集约利用土地,适当提高住宅的容积率[20]。

因此,广州的发展必须要改变土地的使用方式,由粗放利用转为集约化利用。住宅开发应在保持环境质量的前提下,适当提高开发强度,建设紧凑型的城市住区。

2.1.4 严峻的可持续发展背景

我国经济高速发展,城市环境污染形势比较严峻。一般来说,人们已经注意工业化带来的污染问题,却容易忽视住宅建设造成的环境污染。其实,住宅建设也直接或间接影响环境。比如,住宅低容积率发展,会使得管网铺设过长,引起资源的浪费。同时,低密度的郊区住宅也鼓励居民使用小汽车，使得城市交通堵塞更加严重，排出的废气增加，污染空气。况且，小汽车过多使用汽油也不利于能源的节约。实际上，北美城市出现了郊区蔓延，面临着严峻的环保问题，当地政府希望能通过紧缩城市的发展模式来遏制无序的郊区扩张，其目的在于保护环境多于保护耕地。

可持续发展的观念指出经济发展不应仅仅追求数量，更应看重经济增长的质量。我国政府提出建设和谐社会的构想，其中重要的一点就是建设节约型社会。在城市住宅建设方面，国务院办公厅转发的《关于推进住宅产业现代化提高住宅质量的若干意见》（国办发（1999）72号）明确要求："推进住宅产业现代化要坚持可持续发展战略，新建住宅要贯彻节约用地、节省能源的方针。"[21]宋春华也指出，"节能省地"作为住宅建设的一种理念，与国家有关推进住宅产业现代化文件的指导思想是一致的[22]。因此，节约用地已经成为我国住宅建设的一项重要指导方针政策。

节约用地就意味着提高城市用地的开发强度，最终目的是实现居住空间的紧凑化和土地利用的集约化。考虑中国人口和土地资源的实际情况，多数居民不得不居住在高密度的城市环境。实际上，珠江三角洲的产业和人口的聚集推动社会和经济的迅速发展，紧凑的居住模式已经得到广泛的应用，逐步发展成为主流的模式。但是，居住空间高密度发展毁誉参半，一方面，紧凑化具有提高土地的混合使用、增强城市的运行效率、抑制私人汽车和减少大气的污染等优点；另一方面，高密度造成整个社会高风险运行，引发健康、交通、环境质量和社区活力等方面问题。这值得我们深入研究和细致辨析，提出相应的改善措施。

总之，我国城市住宅发展面临着保护耕地和维持居住环境质量的双重压力，居住空间适度紧凑化发展几乎是唯一的可行途径。

2.1.5 居住空间持续郊区化

随着经济发展和人口持续增加，我国大城市出现居住郊区化现象。1990年代，郊区化已经成为我国大城市住宅开发的重要特征。很多学者根据最近几次人口普查资料对我国城市的郊区化进行研究，结果表明，上海、北京、广州和杭州等大城市出现了内城人口减少，郊区人口增长的现象。广州的住宅郊区化也比较明显，在人口分布上，1980～1989年中心区的职工人数下降了30%，郊区增加了36.8%[23]。

郊区的人口迁移以中低收入者和拆迁户为主，这明显同西方郊区化的中产阶级主动迁出不一样。实际上，中国大城市发展仍以集中为主，郊区化的程度还是比较低，远未达到美国的郊区化程度。从实效来看，北京、上海和广州等大城市的郊区化有效疏散部分人口，起到积极的作用，但由于缺乏有效控制和引导，出现低密度的"摊大饼"式扩张，降低了城市增长的效率，反过来也增加旧城区的压力，引发新的城市问题。

广州的人口郊区化一方面来自于旧城区改造所搬迁的人口，另一方面来自于外来的迁移人口。广州郊区已经集聚越来越多的人口，房地产开发十分活跃，从早期的华南板块，到后来东圃、白云区、广园东和芳村等区域，开发了不少住宅小区，有效缓解了广州中心区的压力，疏散了人口，改善了居住环境质量。从西方的城市建设经验来看，居住空间的郊区化可能造成内城的空洞化，促进城市"摊大饼"式蔓延。如果没有一定的宏观调控措施，我国大城市的郊区住宅也将向低层化和低密度方向发展。

在郊区化的初步阶段，广州的居住空间出现集中和分散两种现象。居住空间集中化主要体现在内城建设高层和超高层的住宅，集中过多的户数，变相减少日照间距等，造成户外空间的过度拥挤。郊区居住空间的松散化主要表现在居住密度过低，城市空间无序扩张和住宅户型过大等特征。因此，郊区化的同时，应采用适当的策略，保证居住空间维持一定的紧凑度。

2.2　居住空间发展的必然选择：紧凑化

2.2.1　居住空间紧凑化是可持续发展的必然选择

可持续原则提出了需求和限制的对立统一的观点。对于城市住区建设，需求是根本动力，没有了需求就没有城市住宅的开发。人们的居住理想是不断改善自己的生活质量和环境质量以达到适居的目标。但这种需求和理想并不可以无限制扩张，它受到地球资源和经济技术的限制。显然，未来中国住区发展的动力是居住条件的改善和迅速的城市化，限制因素则来自有限的土地资源和人们对长远发展的认识，即可持续发展的思想。当前的处境使人们重新思考自己的发展模式，"既能满足当代人需要又能满足下一代人需要"的可持续思想已在全世界取得了共识，无节制的消费终会导致整个城市生态的崩溃。从无限到有限是人类对自身生态系统的更深认识。20多年中国住区建设更多体现了粗放发展的特征，在能源危机的今天，我们应该更加意识到可持续的重要性。如何节约资源和减少消耗将是今后城市住区发展的趋势。以往，人们不断追求的物质化、高能耗和高消费的观念必须改变，适度消费和适度节约的建设观念更符合我国国情。

低密度的居住方式固然可以获得较高的自然环境质量，但这是建立在较高能源消耗和人均占有资源的基础上，其负面影响也十分明显。在实际的建设中，西方郊区化模式已经产生很多环境和社会问题。如何减少城市开发活动对自然生态的影响和提高内城区的活力已成为西方住区开发面临的重要问题。像美国这样土地多、人口少的国家都难以应付这样的居住方式，对比起来，我国面临的问题更加严峻。按照城市化发展规律，国内城市将会增加数以亿计的人口，居住集约化是我们不得不走的道路。

如果从容积率的定义来分析，$城市住宅平均容积率 = \dfrac{P（城市人口）\times R（人均居住面积）}{S1（城市住宅用地面积）}$。
按照以上的分析，随着城市化的加剧，P（城市人口）将会持续增加。从经济发展考虑，人均 GDP 会逐步提高，居民需要不断改善居住的条件，于是，R（人均居住面积）也会不断提高。这两个因素的变化是可以准确预测的。因此，城市住宅平均容积率的发展趋势主要取决于土地的供应情况。根据国情，我国耕地在逐年减少，国家不可能牺牲农田来满足城市低密度住宅的奢华消费，政府也在不同场合强调建设节约型社会的重要性。基于这种背景，住区容积率将会在总体上不断提高，居住空间也会进一步紧凑化。

2.2.2 紧凑化同时要防止强度过高

城市社区的综合环境不仅仅是物质环境，还包括人文和社会环境等。就居住质量而言，并非容积率越低越好。无论在洪荒远古的时代，还是当今科技迅猛发展的社会，人类聚群而居乃是天性。由于人的聚居而产生社会，才会产生城市，才能使得人类避免孤独，获得心灵满足。实践也证明，过低的密度导致人气不足，社会结构松散，难以形成良好的社区形态，其综合的环境质量反而变差。因此，可以推断，在紧凑度较低的阶段，随着密度的增加，其综合环境质量亦随之上升。但达到一定值域后，其带来的负面作用大于正面作用，于是环境质量随之下降。因此，在一定的背景条件下，应存在一个较为合理的值域，可以均衡两者的需求。

当然，必须认识到，密度的适度提高亦要兼顾居住环境的舒适性，不可能无限度提高开发强度导致城市生态遭受破坏，导致环境质量下降。就环境质量而言，居住空间的紧凑化是基于城市整体而言，并非绝对化的。紧凑化也并非所有城市区域提高紧凑度，而是分地段区别对待。因此，实现合理的居住空间紧凑化，应把视野放在合理的居住空间结构，从大广州的区域视野出发，把近郊和远郊的居住空间一同考察。

居住紧凑度存在合理的数值。本书倡导适当提高住区紧凑度，是建立在一定环境质量的保障的前提下，并不是容积率越高越好。进一步说明，紧凑化亦并非主张在旧城区内增加密度。相反，应该在提高郊区密度的前提下，有效减少内城密度，保证居住环境质量。因此，像广州这样拥挤的城市，应从区域整体视野出发，内城减少紧凑度，郊区加大开发强度，使两者接近合理的数值，以实现整体层面的紧凑化。

2.3 广州居住空间紧凑化面临的挑战

2.3.1 郊区蔓延造成局部低密度发展

土地利用低效率和住区功能单一是广州郊区化的一个特征。广州的郊区蔓延先沿着交通干线方向进行，如连接旧城区与番禺区的主干道、连接广东与东莞的广园东路、中山大道等城市道路等。住宅容积率分布依照离中心由近及远的递减规律。郊区分布较多容积率较小的住宅，其开发强度较低、层数较小。住宅布局紧凑度不高，组织呈松散状。住宅包括小高层、多层、别墅和联排住宅。住区功能设置单一，土地缺乏混合使用，利用率较低。比如，在广州和番禺之间的祈福新村、碧桂园及广园东路的凤凰城，都是依托于高速公路，以别墅为主。另外一些住宅也具有低强度的特征，如雅居乐和南国奥园等住宅小区都是以多层为主。

郊区蔓延的另外一个重要表现是住宅缺乏有机的组织，并未形成良好的社区结构。多数住宅项目为房产商自发的商业活动，如早期的华南板块就是房地产商看中其靠近广州旧城而零星开发成的。政府作为公共利益的代表，在社区协商力度明显不足。首先，这些住宅区成为广州老城的"卧城"。市场定位主要考虑广州城区或香港方面的顾客，住宅产品体现与内城的差异性和舒适度较高。大绿化和低密度成为主要特点，缺乏空间整合。其次，住区缺乏城市功能和完善配套。在郊区住宅开发过程中，政府把属于自己责任的公共设施配套建设推给开发商。于是，各小区的公建配套具有明显的功利色彩，也存在大量功能重复、资源过分消耗等不良现象。比如，由于公交的缺乏，每个小区都开设连接旧城的直通巴士，但实际使用效率不高。又如，城市层面的公共设施十分缺乏，未形成住区级的社区中心，造成社区进一步依赖旧城。再如，政府较少考虑就业配套，不能形成就近就业，大量的人群往返于郊区与旧城之间。总之，广州郊区住宅建设缺乏统一管理，存在缺乏社区中心、就业机会不足、缺乏功能混合和重复配套等问题。

郊区住宅采用大地块模式也对城市的发展不利。比如在新规划的路网上，一般在300～500m 的间距，用地一般在 10～20ha，明显过大，对交通的穿越不利，难以形成尺度宜人的街道空间。在内城区，一些单位大院和城中村的存在，造成道路过疏的问题，一些地区甚至 1km 多都没道路横穿。比如，五山高校区，暨南大学、华南师范大学和石牌村一带，道路密度过疏已经引起交通堵塞问题。

另外，侵占农田的现象也比较严重。根据梁书民的研究，广州与佛山之间的用地以填充式为主，与番禺之间的城镇发展以散点组团式为主，与增城新塘镇之间则以成片发展为主。在近 10 年中，广州城市扩张的扩展占用大量基塘，为了保证基塘面积，不断侵占稻田，造成稻田的减少。

2.3.2 内城过高密度导致环境质量下降

内城高层住宅的部分住户采光率低，尤其在层数较低的起居室、厨房和处于凹部位的房间，难以满足采光要求。大量的"井"字形高层住宅由于户数过多，造成夹角房间采光不足。

城市高密集区形成热岛效应。城区人口密集，其排放的热量比郊区要大。同时，大气污染所带来的废物浓度大，胶微粒多，起到保温作用，形成热岛效应。广州缺乏适当规划绿化隔离带，同时较少保留水体，空气污染比较严重，这些因素也加强了城市的热岛效应。2005 年 4 月 19 日，南方网的报道指出，广东霾日数创新高，广州空气质量不达标，空气的污染物较多，专家提醒需要戴面罩上街，避免引起呼吸道的疾病。可见，目前广州城区密度过高、绿化缺乏和城市空间不合理造成居住环境质量的下降。

2.3.3 脱离城市的居住模式产生新问题

广州改革开放先行一步，吸引了大量的外资，带来了巨大的流动人口，治安形势比较严峻。出于防卫目的，小区采用封闭的管理模式，希望形成安全的居住环境。但实际效果并不如愿，尽管居民在小区内能获得一定的安全保障，但在围墙之外的街道，由于缺乏居民活动，却成为治安事故多发点。另外，这种封闭管理模式的缺陷也很明显，它割裂了城市肌理，破坏了城市整体性。这些大型的住宅区成为了城中之城，对传统街道空间的延续和交通的顺畅起到阻碍作用。还有，小区的过度封闭减少居民和外界交流的可能，于是，居民成为被圈养在围墙内的"动物"，造成城市邻里生活质量的下降。另外，封闭的居住空间由于缺乏城市公共空间的生活气息，居民不愿意在其内逗留，难以形成良好的社区文化。

随着市场化的发展，广州居住阶层化开始出现。通过级差地租对地段进行划分，广州形成不同档次的住宅分类，造成同一阶层人群聚居的空间形态，加剧了社会的阶层分化。比如，广州的富人居住在二沙岛、珠江新城等地区，平民则居住在东圃和芳村等，贫民居住在城中村。这种分类的聚居形态加剧了社会阶级的对立，在贫富分化日益加大的情况下，可能会造成新的社会矛盾。

上述这些问题，归根到底还是居住空间脱离了城市，住宅建设缺乏综合化的整合观念。要改善这些不足，广州居住空间紧凑化应该建立居住空间和城市空间一体化发展的观念。

2.4　本章小结

本章主要研究广州住宅发展的宏观背景，侧重于居住空间紧凑化相关方面的研究，论证了广州居住空间紧凑化发展的必然性，并指出当前居住空间紧凑化面临的挑战。

广州的居住空间紧凑化的必然性主要体现在:（1）城市化进程不断加快，住宅数量缺口巨大;（2）大量的人口拥向城市，城市人口持续增加，城市人口压力加大;（3）居住空间的盲目扩张、土地的低效率使用引发诸多城市问题;（4）城市住宅过快发展，引起的环境问题越来越严重;（5）居住空间郊区化导致低密度的城市蔓延。

基于可持续观念，本章指出我国的住宅建设必须走"节约型"的可持续道路，认为住宅建设应该朝节约土地、减少能耗、减少污染和环境舒适的方向发展，避免大规模的低密度蔓延，以建设集约化新住区。

未来，广州的居住空间紧凑化发展也面临着多方面的挑战，包括:（1）郊区过低密度带来的资源浪费;（2）内城过高密度导致环境质量下降;（3）居住空间脱离城市，缺乏有效的整合。

注释:

[1]　来自国家统计局 2006 年的信息.

[2]　杨京英等 . 2005 年长江和珠江三角洲经济发展研究 . 中国统计信息网，2005：12-16.

[3]　资料来自建设部综合财务司、住宅与房地产业司发表的统计资料，2003.

[4]　吴观张 . 城镇住宅建设与设计问题 [A]// 杨永生编 . 建筑百家评论集 [C]. 中国建筑工业出版社，2000.

[5]　梁小青 . 推进住宅产业现代化，加快住宅发展 [A]// 21 世纪中国城市住宅建设——内地·香港 21 世纪中国城市住宅建设调研论文集 [C]. 北京：中国建筑工业出版社，2003：40–50.

[6]　宋春华 . 小康社会初期的中国住宅建设 [J]. 建筑学报，2002，（1）.

[7]　宋春华 . 小康社会初期的中国住宅建设 [A]//21 世纪中国城市住宅建设——内地·香港 21 世纪中国城市住宅建设调研论文集 [C]. 北京：中国建筑工业出版社 .2003.

[8]　广州市住房建设规划（2006–2010），来自广州规划局网站 .

[9]　中国市长协会，《中国城市发展报告》编委会 . 中国城市发展报告（2003–2004）. 北京：电子工业出版社，2005.

[10]　仇保兴 . 推行绿色建筑加快资源节约型社会建设 . 中国建筑金属结构，2005（10）.

[11]　胡序威等 . 中国沿海地区城镇密集地区空间聚集与扩散研究 . 科学出版社，2000：86–90.

[12]　周一星 . 城城联手构筑国际城市 . 中国城市经济，2003（1）：19-19.

[13]　赵兵等 . 北抑南拓，东移西调 [J]. 城市规划，2001.

[14]　资料来自广州统计局 .

[15]　资料来自《华南新闻》2004 年 5 月 11 日第一版 .

[16]　施梁 . 城市居住用地发展研究 . 东南大学博士学位论文，2000：3.

[17]　资料来自《新京报》关于"北京土地资源消耗速度过快，未用地最多能用 30 年"的报道，2005.05.29.

[18]　赵民等 . 广州总体规划概念设计 [J]. 城市规划，2001.

[19]　资料来自广州市住房建设规划（2006–2010），见广州规划局网站 www.upo.gov.cn.

[20]　资料来自广州市住房建设规划（2006–2010），来源同上 .

[21]　宋春华 . 关于发展"节能省地型"住宅的思考 . 中国建设报 . http：//www.0731fdc.com，2005 年 3 月 16 日 .

[22]　宋春华 . 观念·技术·政策——关于发展"节能省地型"住宅的思考 [J]. 建筑学报，2005（4）.

[23]　陈文娟，蔡人群 . 广州城市郊区化的进程及动力机制 [J]. 热带地理，1996（2）.

中篇　理论研究与实践借鉴

第3章 居住空间紧凑化的理论借鉴

3.1 与本课题密切相关的理论探索

自 20 世纪初，人们对居住空间的认识经历了一些变化。20 年代，现代主义提出的功能主义对住宅设计影响深远，全球建造了一大批国际式住宅。到 70 ~ 80 年代，设计师开始关注场所和文化，重新认识社区的价值。90 年代以来，环境和能源问题不断困扰着城市，可持续理念广泛和深入地影响住宅规划和设计。基于此，居住空间紧凑化的理论探索从物质形态、文化与场所和可持续发展三种重要观念展开研究。

3.1.1 基于物质形态的探索

近代工业化大发展，引致现代功能主义在世界广泛传播。1933 年，在雅典举行的现代建筑国际会议制定了《雅典宪章》，提出了功能理性的城市规划思想。这一部由建筑师为主体制定的宪章，把城市划分为居住、工作、游憩和交通等四大功能，通过理性的方法进行城市规划。基于这些主张，居住空间紧凑化的研究在物质形态层面展开一系列的研究。

（1）住区空间组织理论

20 世纪初，随着工业技术的发展，规划师和建筑师对物质性的城市和居住空间模式进行探索，基于当时城市问题，提出了各种各样的城市空间模式，主要围绕集中、分散和有机分散三种形态展开探索。

分散化的城市空间形态以 1898 年霍华德提出的"明日的花园城市"最为著名。霍华德结合当时背景，提出"融合城乡一体"的概念，提出田园城市的构想，主要的特点是把城市和乡村作为统一整体进行协调规划。霍华德提出通过建立卫星小镇来疏散人口，解决困境。他主张建设的新城镇可容纳 32000 人，人口密度为 1 英亩 25 ~ 30 人。霍华德的花园城市具有分散化思想特征。

功能集中的城市空间形态以 1922 年柯布西耶"明日的城市"研究为代表。他提出以城市化和工业化为背景的现代大城市建设理论，主张城市高度集中，住宅采用高层高密度的建设模式。他在《光辉的城市》等论著指出集中式高层住宅能充分利用土地，可以容纳更多的人口，并和现代技术的发展相适应。柯布西耶的高层高密度的居住空间模式对日后的城市住宅建设影响很大，推动社会和城市的发展。"二战"后，很多的大城市都采用这种发展策略，这具有进步的意义。但产生的问题也受到批评，如缺乏人性化、交通堵塞、缺乏交往空间和维护费用过高等。

实际上，极端的分散和集中都难以解决城市日益膨胀带来的各种问题，折中主义开始寻求新的解决途径。1942年，伊利尔·沙里宁通过著作《城市，它的生长、衰退和将来》提出介于集中和分散之间的"有机疏散"的城市空间结构。他认为城市是个有机整体，存在着和生命类似的内部秩序和结构。城市的合理空间结构应该既满足人们的聚居要求，也要保持与大自然亲密接触，兼顾城市和乡村两者的优点。他提出城市保持适当集中的同时，应对密集区域进行分割，形成多中心的组团结构，并且，集镇和集镇之间采用绿化带进行隔离，形成有机整体的城市空间结构。他的思想对后来欧美新城建设起到重要的影响。在具体的实践中，他主张通过卫星城的建设减少城市的压力，如赫尔辛基城的规划实践。

显然，在对待集中与分散的问题上，集中式的宏大叙事忽略了人性化的需求，而过分分散化纵容了人类的自私欲望。新的住区发展应从中吸取教训，在城市的集中与分散问题上，不应是非此即彼的，折中的路线更加适合国内大城市住宅建设。因为，集中发展无法避免过度拥挤带来的种种问题，而分散模式也不能有效遏制城市土地的粗放利用。因此，广州的住宅建设应从实际出发，吸取两者的优点，在保持城市整体适当的高密度的情况下，形成紧凑的居住空间组团，采用绿化带隔离，并保持适度分散，以形成多中心的城市空间结构。

（2）柯布西耶的集中住宅构想

20世纪初，由于新技术和新材料的大量应用，城市发展呈现出前所未有的蓬勃局面。这时期的建筑师对工业化和城市发展持有乐观的态度，不断探索标准化的住宅设计。这些成果深刻地影响到后来的住宅设计，其中以柯布西耶的集中式住宅为代表。

柯布西耶是个城市居住集中的乌托邦理想主义者。他的城市规划充满对现代技术的迷恋，热衷于超大型的城市巨构计划。他十分关注密度和层数的分析。在城市和住宅方面，他进行一系列的分析。1922年，柯布西耶展出其300万人口的城市计划，大胆构思未来城市形态。他认为20世纪的城市人口密度应该是800～2000人/ha，绿化率为95%，摩天楼的间距为250m，每套公寓配有400～600m²的大花园。又如，1925年，他为巴黎市区重建计划提供一个"乌托邦"城市设想，即巴黎"瓦赞规划"。他认为城市中心的低密度意味着惊人的代价，现代技术应建设60层的房了而不是6层。他建议在巴黎西部开发一条23km长的大道，极力鼓吹高层低密度的方式。他主张把建筑密度降到5%～10%，实现比当时高3～4倍容积率，并在屋顶建设200m高的摩天花园。1929年，他为南美的城市化研究，展开了新城市的构思，他主张通过高速交通体系来整合城市空间，建立一种超大尺度的建筑模式，在阿尔及利亚两个端头郊区，规划了海拔100m高的高速公路，设有60～90m高的钢筋混凝土支撑，公路下安排18万人居住其中，这是一个大胆及近乎疯狂的构思，见图3-1。[1]

经过多个城市个案的研究后，1935 ~ 1937 年，他提出"光辉城市"，认为当时城市的高建筑密度带来令人难以忍受的空间狭隘，主张通过大尺度、整齐和连续的住宅建筑获得开阔、良好的户外空间秩序，见图 3-2。他认为巴黎不需要 70km 直径和 3800km² 的用地，仅 80km² 已经足够。"光辉城市"的人口密度达到 1000 人 /ha，土地 100% 归行人所有，并设有 50m 高的空中花园，设置有带状的沙滩。在居住空间形态上，他提出的进退式公寓，占地面积可减至原来的一半，首层架空 5.5m，作为公共服务用。[2]

图 3-1　柯布西耶的阿尔及尔城市总体规划方案

资料来源:《勒 . 柯布西耶全集》第 2 卷，p124，中国建筑工业出版社，2005

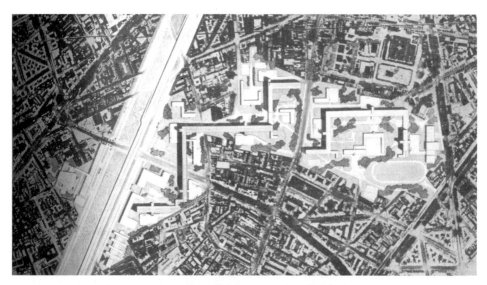

图 3-2　柯布西耶住宅 6 号方案鸟瞰

资料来源: 资料来源:《勒 . 柯布西耶全集》第 3 卷，p43，中国建筑工业出版社，2005

柯布西耶对全球的城市建设影响深远。但经历战后大规模重建以及人们对高层住宅的重新认识，欧美国家已很少开发高层住宅。在亚洲新兴国家和地区，城市化急剧发展，住宅建设量巨大，普遍仍采用这样的模式。比如，香港、新加坡以及广州的居住模式和他提出的设想高度相似。香港普通住区人口密度在 1200 ~ 2000 人 /ha，新加坡在

800 人 /ha 左右，广州在 800 ~ 1200 人 /ha，这些都符合他对 20 世纪城市人口密度方面的建议，即 1000 人 /ha 的数值。从居住空间形态来看，这些城市的高层集合住宅占主体，呈现出高层化和立体化的特征，这也符合他对未来居住形态的设想。但建筑密度并没有他提出来的那么低，绿化率也并非像他所估计的那么乐观。比如，广州的建筑密度仅为 25% ~ 35% 左右，比他所想象的数值小得多，内城区具有不断加密的倾向。香港的建筑更加稠密，并未形成所谓的低建筑密度的花园城市。

实际上，柯布西耶提出的是高容积率低建筑密度居住空间模式。他的住宅建设思想符合工业化及现代技术的发展方向，具有一定的积极意义。但由于缺乏对人性化、多样化和文脉历史等方面的回应，产生了片面性和绝对性，遭受部分后来者的强烈批评。尤其他在印度昌加迪尔的规划所出现的空间机械化、缺乏生活气息和不尊重地域文化等问题，饱受责难。

（3）其他建筑师对密度与形态的研究

除了柯布西耶之外，其他一些著名的建筑师也在不断地探索密度与建筑形态的关系，其中以格罗皮乌斯的容积率研究、L·马丁和莱昂内尔·马奇的密度研究以及建筑师群体 MVRDV 的相关研究为代表。

1930 年，格罗皮乌斯于布鲁塞尔现代建筑第三次国际会议上探讨了建筑物的高度、密度、间距和日照、朝向之间的关系，对住宅的层数及密度问题作量化研究，对不同布局的建筑进行对比分析，寻求既合适又能大规模建设的住宅开发模式，见图 3-3。他通过不同层数的行列式组合，结合日照要求进行节地性研究，他认为城市中 10 ~ 13 层住宅较有优势，具有一定节地性，能满足良好的日照和通风要求，并拥有较大的外部开阔空间。[3]

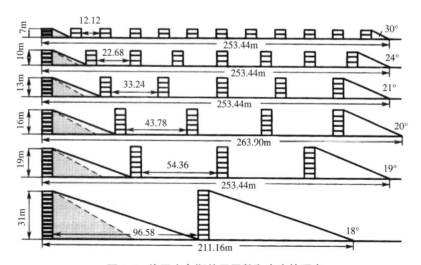

图 3-3 格罗皮乌斯关于层数和密度的研究

资料来源：《21 世纪中国大城市居住形态的解析》p139

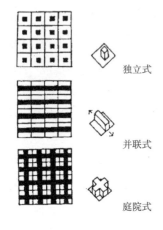

独立式

并联式

庭院式

图 3-4　布局与密度

图 3-5　周边式的布局

此图利用视觉原理。实际上，周边的黑色的面积与中间空白的面积是一样的，因此，研究者认为，周边布局更具有环境优势。

上两图是 L. 马丁和莱昂内尔·马奇对欧洲住区密度与形态的研究。来自，肖诚. 欧美对居住密度与住宅形式关系的探讨. 南方建筑，1998，（3）。

1960 年代，剑桥大学的 L·马丁和莱昂内尔·马奇通过几何形体比较与数据模型的方法研究高密度的居住问题，研究了不同层数下的居住密度。通过数据的分析和比较，他们推荐多层高密度的居住空间形态，倡导建设小天井式的高密度院落。1972 年，其成果发表于《都市空间与建筑》杂志中，提出利用定量化的数学模式方法研究密度与形式的关系，提倡通过低层高密度来实现高住宅容积率，其中能有效地实现高密度的建筑形式包括庭院式、周边式及天井式，见图 3-4、图 3-5[4]：（1）庭院式。他们从实际数据及建筑形态的比较中证明了多层建筑也能实现与高层住宅相同的容积率，他们认为庭院式比点式或连排式能实现更高的开发强度。在同等条件下，庭院式容积率比点式高 5 倍，比连排式高 1.67 倍。假如把这种模式推广至纽约，则中心区域建筑的层数只需 7 层多，比当时的住宅平均 21 层更少得多。（2）周边式。他们通过数据研究，结合视觉原理进行分析，指出利用周边的布局方式能获得更大的开阔空间，可减少层数，增加容积率。比如，20 英亩的土地上（500 人使用），用 4 层的住宅，采用连排式，基本需要占满用地，户外空间零碎。如果采用周边式，可留出 16.5 英亩空地来设置球场等开阔空间。他们认为，周边式的意义在于把零碎的空地集中在一起，增加了围合。（3）天井式。他们推荐联排住宅，并通过天井进行采光和通风。这种住宅模式在中国人口密度地区也有使用。如汕头澄海区的城镇住宅，由于人口过于密集，住宅采用窄面宽、深进深的内天井模式，面宽 3 ~ 4m，进深可达 12 ~ 15m，每块地 30 ~ 40m²，2 ~ 3 层，一般设置 1.5m×1.5m 的内天井。由于面宽过于窄小，在功能组织上存在混合使用现象，采光和通风的确存在一定的问题，这也是低层高密度住宅普遍存在的问题。（4）退台式。为了能获得更好的采光和通风，采用退台的模式，减少对南边日照的遮挡[5]。我国的建筑师也深入探讨在住宅顶部逐层退缩的大阳台模式，比如，建筑师鲍家声设计的无锡无支撑体住宅，就采用这样的模式，效果不错。

1990 年代以来，荷兰年轻建筑师群体 MVRDV 重新考虑密度和建筑形态的关系。MVRDV 更加侧重于数据的研究和对现实住宅建筑的理性分析，在其著作《Formax》中，系统研究住宅密度增加的可能性，并寻求高密度的实现途径，见图 3-6 和图 3-7。MDRDV 认为在极端的状态下，许多不可预见的形态显现出来，使建筑形态具有一种不可预见性。他们的研究地域涉及荷兰、日本和中国香港等地。MVDRV 的研究侧重于实用主义的数据分析与收集，被称作"数据景观"[6]。他们通过理性分析和科学研究，提出了"3D 城市"和"网络的叠加"的空间概念。

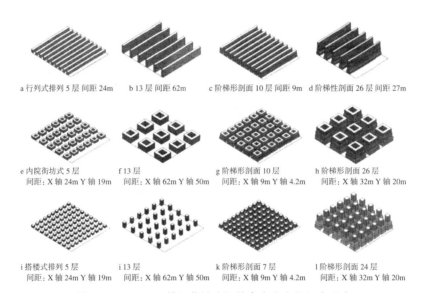

a 行列式排列 5 层 间距 24m　　b 13 层 间距 62m　　c 阶梯形剖面 10 层 间距 9m　　d 阶梯性剖面 26 层 间距 27m

e 内院街坊式 5 层
间距：X 轴 24m Y 轴 19m

f 13 层
间距：X 轴 62m Y 轴 50m

g 阶梯形剖面 10 层
间距：X 轴 9m Y 轴 4.2m

h 阶梯形剖面 26 层
间距：X 轴 32m Y 轴 20m

i 搭楼式排列 5 层
间距：X 轴 24m Y 轴 19m

j 13 层
间距：X 轴 62m Y 轴 50m

k 阶梯形剖面 7 层
间距：X 轴 9m Y 轴 4.2m

l 阶梯形剖面 24 层
间距：X 轴 32m Y 轴 20m

图 3-6　MVRDV 基于荷兰法规的高密度空间组合研究
来源：李滨泉，李桂文.在可持续发展的紧缩城市中对建筑密度的追寻——阅读 MVRDV. 华中建筑，2005，05

MVRDV 通过对住宅参数研究，建立起数学模型，通过计算机进行图片转换，比较不同条件下居住密度的情况，并研究不同容积率的建筑空间形态，为实现更高的居住密度提出不同策略。他们主张通过对建筑内部功能的有效整合来实现高密度的居住方式，把办公和居住等人们较常活动的空间设置在采光、通风或朝向较好位置，而设备和停车等辅助用房可安排在偏角地方，以获得空间最大化利用。他们分析认为，混合后的建筑具有较高的容积率，可达到为当年西欧平均建筑密度值的 3 ~ 4 倍[7]。另外，MVRDV 对高密度建筑形态进行多方面的探讨。比如，通过天井、内庭式和空中平台等形式使居住空间获得较好的通风采光条件。他们也采用一些建筑手法来实现

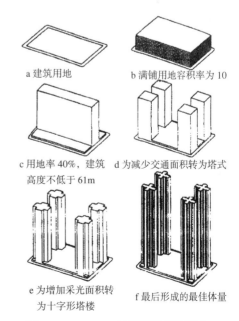

a 建筑用地　　　　b 满铺用地容积率为 10

c 用地率 40%，建筑　　d 为减少交通面积转为塔式
高度不低于 61m

e 为增加采光面积转　　f 最后形成的最佳体量
为十字形塔楼

图 3-7　MVRDV 的高密度居住形态
来源：同图 3-6

高密度居住要求。比如，老人公寓"V020C0"项目共包括100套公寓，法规要求不超过9层，按照要求只能建设87套老人公寓，还有13套公寓无法安排。为了解决这个问题，他们大胆采用悬挑的方法，以不规则的方式，把13套公寓散布于南立面，形态夸张但又富于表情，获得一种意想不到的艺术视觉效果。[8]

这些以物质性居住空间为基础的密度与形态的研究多以建筑师为主体，由于这些建筑师长期工作在实践的第一线，所提出的问题以及研究方法都是针对建筑设计存在的相关问题，具有实践意义。但由于缺乏更广泛的社会、经济和人文的综合分析，一些住宅设计过分注重空间的物质性，忽略对社会和文化的回应，也受到其他一些研究者的批评。

3.1.2 基于文化、社会与未来主义的探索

以功能主义为主导的城市规划与住区规划经过了多年的发展，产生了分区明确、千篇一律和无视地域文化等问题，开始面临着新的挑战。1977年，国际建协在马丘比丘制定了《马丘比丘宪章》，系统地反思《雅典宪章》的不足。它首先肯定了《雅典宪章》对现代城市发展的积极作用，指出《马丘比丘宪章》只是《雅典宪章》的延续和修正。并进一步提出，城市是一个复杂的综合体，并不是功能主义和理性主义能完全概括的。因而，城市规划和住区设计应该考虑文化、社会和场所的因素，从单一的思维走向系统综合的动态思维[9]。在这时期，住区的规划设计已经关注地域文化，开始对社区的文化和场所进行探索。对于早期的规划和建设的缺陷，部分规划师采用较为传统的批判方式，如雅各布斯的批评；有的则通过乌托邦的构想对现实进行批判，如库哈斯和城市未来主义者。

1961年，雅各布斯在大量的社会调研基础上，强烈批判柯布西耶和霍华德的功能主义城市建设思想，指出城市多样性和复杂性的重要，对现代主义规划设计原则进行有力的挑战，影响深远。她的《美国大城市的死与生》一书系统研究高密度住区的人性化问题。她通过实地观察和思考，指出传统的高密度住区并非一无是处，并认为它具备良好的邻里关系，充满生活气息，更加具有安全性。她也关注小尺度的城市空间和传统的街道系统，提倡建立具有活力的人性化居住场所。她主张"主要用途混合之必要性"，鼓励城市高密度发展，并提倡城市朝多样化发展。同时，她关注城市软环境的运作制度，提倡建立面向居民的公众参与规划方法。[10]

1978年，库哈斯通过对纽约的研究，在《疯狂的纽约》一书提出密度的第二性，他把这种由拥挤的都市所产生的文化称为"拥挤文化"。他认为当代摩天大楼的内外带有不同的性质，但重点在于内部丰富的内容。同时，他的作品"缩影的城市"中对试验田、科学的自我生长进行概念描述[11]。库哈斯认同城市中密度的重要性。他以城市目光考察建筑空间，在福冈住宅项目中，他创造了一个零距离的高密度居住环境。这项工程共有24栋住宅，层数仅为三层。他采用基地满铺的方法，以每户紧密相邻的模式，利用天井和中庭进行通风和采光，采用波浪形的屋顶建筑元素。这种空间方式使居民能体验高密

度带来的独特情景，产生类似传统庭院的私密性和内向性，对高密度的居住方式进行一种极限式的尝试。他这种注重高密度传统庭院的研究和实践被称作对密度的一种实验。[12]

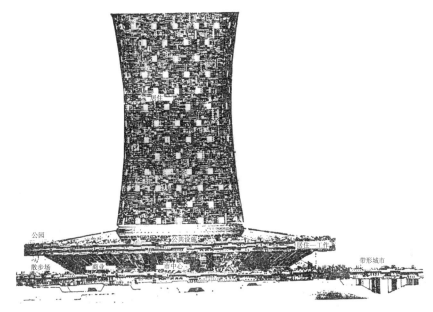

图 3-8　索莱利 Babel II 的生态城市
来自：《外国城市建设史》，中国建筑工业出版社，1993：278-285

　　1970 年代，少数建筑师和社会学家憧憬未来，希望创造前所未有的形式来改变当时城市的各种弊端。部分建筑师采用极端的集中，如柯布西耶的"光明城"，希伯尔顿的"高层城市"等等。索莱利 Babel II 的"生态城市"具有城市巨构的密集形态，见图 3-8。富勒则提出了海上密集型的城市，见图 3-9。柯克（Peter Cook）提出"插入城市"，把建筑和城市的供给后勤功能集中于同一结构中，居住空间如同零件一样直接插入，形成巨构整体，见图 3-10。赫隆提出"行走城市"，把城市功能集中在一个巨大的空间中，并装上机械化的支撑物，通过控制操作在城市中行走，见图 3-11。超社（Super Studio）提出"持续的纪念物"，设置一条无穷延伸的建筑巨构。1980 年后，伍茨把城市的社区功能置于多中心的空间网络结构中，表现在漂浮、不确定和零碎的特征，提出空中巴黎、独屋和自由区等概念城市。在 1950 年代后期，为了缓解人口密度过高，日本建筑师提出新陈代谢的货舱式城市，提出一种"插入"式的巨型居住结构，具有不断的伸张和适应的能力。比如，1971 年，黑川纪章建于东京银座的中银舱体塔楼，把居住比喻成细胞，建成预制品，依附于主体结构。丹齐克（Dantzig）和萨蒂（Sasaty）也是集中派，他们提出一个可以容纳25 万人居住的 3 英里宽，8 层高建筑，外面为圆锥形。这些乌托邦的构想都具有共同特征，包括：人口的高密度、形式巨构、规模宏大和极端性。他们反对传统，自由想象，把某些观念进行放大，企图建立理想的社会，提出许多夸张的构想。但由于独行独断，脱离社会现实，疯狂的构思缺乏现实性，往往只能停留于纸面，它更多地表达了建筑对未来密集城市的一种憧憬和对现实的批判。[13]

图 3-9 富勒的海上城市

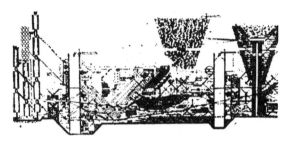

图 3-10 柯克的插入城市

图 3-11 赫隆的行走城市

此 3 图来自：《外国城市建设史》，中国建筑工业出版社，1993：278-285

3.1.3 基于可持续观念的探索

在研究者以文化和社会的角度对住宅设计过度强调物质性的反思之后，一种新的观念开始影响着住区的规划和设计，这就是应对生态危机的可持续发展观。于是，住区规划重新整合社会、文化等方面的批评，结合当前的生态危机，产生了新城市主义、紧缩城市和精明增长等新的思想。

（1）可持续观念对住区规划的影响

"可持续发展"的思想最早出现于 1987 年挪威学者布郎特兰特（Groharlem Brundtland）的《我们共同的未来》的调查报告，他指出"可持续"的含义是"在满足我们这代人的需求，同时也满足子孙后代的需求。其两个重要的概念是"需要"与"限制"[14]。"需求"是指要满足人们的基本需要。需求是社会发展的根本动力。城市住宅是人们日常生活必需品，随着人们生活水平的提高，对居住品质的要求也在提高。"限制"指的是自然界的资源存在有限性，人类不能过度地消费而破坏自然界的生态平衡。在城市住宅方面，主要体现在应用适度技术，注重生态和节约资源。"需求"与"限制"是两个对立统一的概念，可持续发展的目的就是在两者之间寻求平衡点，使得城市既能保持较高环境质量，但又能进行适度限制，并为未来的发展预留一定资源。

可持续发展的"需求"与"限制"观念给居住空间紧凑化提供了重要的理论依据。"需求"主要体现在人们大量的住宅数量需求。由于中国城市化的快速发展，城市人口快速增长，目前的住宅数量缺口巨大。而"限制"所体现的是住宅发展要适度消耗和节约资源。住宅建设应尽量减少土地占用，集成发展。因为，居住空间"紧凑化"比"分散化"更具生态的优点。首先，紧凑型的住宅开发强度较高，能容纳较多人口，满足大量住宅需求。其次，紧凑型住宅是一种节约土地的居住形态，能满足目前城市发展对土地"限制"的要求。再次，居住空间紧凑化具有节约资源的优点，如节约土地、水、电及管网铺设等方面的优点。

（2）精明增长、紧缩城市和新城市主义的出现

在可持续观念的影响下，西方国家的理论界主要集中在精明增长、紧缩城市和新城市主义等方面进行探索。从整体来看，精明增长侧重于城市空间增长管理的研究，提出了建立边界的空间增长模式。紧缩城市侧重于城市空间形态和资源节约等方面的分析。新城市主义主要是针对住区方面的问题进行分析。三种提法都针对郊区过度蔓延带来的问题，分析了类似的内容，也提出了类似的策略建议，这些都是发展中的理论，互有交叉和重叠之处，尚未有定论。

1980 年代，新城市主义在美国出现，一直影响至今。1996 年，在美国的南卡罗莱纳州查尔斯顿，新城市主义会议拟定了《新城市主义宪章》，对新城市主义进行阶段性的总结，提出住区发展的公共政策和开发原则的主张[15]。同时，新城市主义提出了"传统邻里发展模式"（Traditional Neighborhood Development，TND）和"公交主导发展模式"（Transit-Oriented Development，TOD），其主要的思想是以公共交通主导，围绕着公共设施建立可持续的社区，其内容包括：1）住区边缘到中心的距离大约是 5 ~ 10 分钟的路程，约 400 ~ 600m；2）社区活动集中于中心，围绕着公共汽车布置；3）住宅开发采用适当高密度的模式，建造多层的无电梯公寓；4）距离公共汽车 1 英里处有公共用地和受保护的自然村[16]。显然，新城市主义提倡的居住形态具有紧凑化的特征。

精明增长是为了应对郊区蔓延所带来的种种问题而提出的，主张划定一定的增长边界，通过提高土地的使用强度，遏制城市的无序扩张，保护农田，实现可持续发展。住宅开发主要通过对居住密度的调整，增加空间的紧凑度，并通过适当功能混合来改善郊区社区活力不足的问题。在"精明增长网"中，提出的精明增长的设计原则包括：增加住房式样的选择；鼓励步行小区；鼓励公众参与；创造个性和富有吸引力的"场所感"；坚持政府开放决定的公平、预知和效应；混合利用土地；保留空地、农地、风景区和生态敏感地；增加交通选择；加强利用建成区内未利用的土地。这些内容和新城市主义大致一样，只是第五条"坚持政府开放决定的公平、预知和效应"和新城市主义不一样[17]。可见，精明

增长比新城市主义更侧重于政府层面的城市增长的控制管理。

紧缩城市也提出类似的规划观念。1990 年，欧共体（CEC）的《城市环境绿皮书》关注的内容包括废弃工业区、城市外围部分、城市环境、公共开阔绿地、北欧和南欧的城市污染等相关议题。英国政府通过紧缩来遏制城市的无序扩张，发布了《英国可持续发展战略》（1994）、《规划政策指导》（PPG13，交通部及环境部，1994）；同时，政府委托 EOCOTEC 研究交通问题，其报告倡导高密度发展，主张遏制私人交通和提高公共交通网络，支持紧缩城市的发展[18]。1994 年的《英国可持续发展战略》提出一些关于紧缩城市的概念，指出城市密集形态十分重要，可以节约土地资源。通过提高密度，现有城区建设将有可能促进可持续发展[19]。它关于密度方面的阐述并不存在很明确的系统概念和做法，但它开始引起人们对城市紧缩理论的关注。总之，紧缩城市理论认为，适当提高城市密度可增加城市的可持续性，其政策包括以下几项内容：1）通过提高内城密度，提高公共设施的使用效率；2）新项目通过提高中高密度住宅的开发量来缩短新水管电线及公路长度；3）提高密度促使更多人使用公共交通，减少汽车排出的尾气对空气的污染；4）通过提高密度减少私人交通及运输行程[20]。欧美国家的紧缩城市计划的目的是让人重新回到城市高密度住区居住，实际上会遇到不少阻力。因为，民主国家一般不愿意采用违背民众意愿的策略。不少居民已经习惯了以小汽车为主的生活方式。因此，紧凑化政策在推行上仍存在不少障碍。

（3）精明增长、紧缩城市和新城市主义的新观念

精明增长、紧缩城市、新城市主义这些理论还在不断深入研究。因此，很多概念和结论还没得到学界的认可。但总的来说，这些理论的以下几方面的立场比较鲜明。

1）强调适当集中，主张提高住区紧凑度

紧缩城市的研究重新讨论了城市的集中和分散问题。折中的观点一般主张集中与分散相结合，主张通过提高密度抑制城市扩张，提出郊区建设分散城镇，完善基础设施。1971 年，法国 Civ Lia（沃夫勒）的《城市化》中提出一种极其激进的基本化思想，并认为"多中心城市"更适合城市发展，较早地提出遏制城市扩张的方法，主张城市提高密度[21]。尽管有争议，强调适当的集中仍然是紧缩城市的主要主张。

为了保护环境、减少污染、改善郊区居住空间过于松散和人气不足的情况，这些理论都提出了建设"紧凑住区"的构想。雅各布斯认为许多高密度的环境具有自身的优点，比如，在历史街区，高密度不会让人感到压抑和拥挤，因为，同样的密度可以采用许多不同的方式进行建造。在英国，几个不同研究机构给出不同密度标准，如能够维持公交运行的最低密度为 100 人 /ha，能维持电车运行的最低密度为 240 人 /ha，可持续的城市密度为 175 人 /ha，中心区可达到的城市密度为 370 人 /ha。1970 年，新加坡的居住密度为 1000 人 /ha，香港九龙的实际密度可达 5000 人 /ha[22]。可见，不同的研究者对合理密度数值估算的差异比较大，甚至有几倍的差异。在这方面，合理数值应该根据地域情况而定，

是一个弹性的、相对的数值。无论如何，多数研究者认为，目前城市郊区的居住密度过低，需要适当地提高开发强度。大卫·路德林等人的《可持续的邻里社区》对社区可持续的探讨，提出以下建议：①注重邻里关系，塑造人性尺度；②建立步行为主的空间系统，并功能混合，强调适当高密度；③提倡街坊模式，使用较密路网，一般在 70 ~ 100m；④采用适当规模，以 5 分钟步行距离作为社区半径；⑤居住空间应具有高密度、宜人尺度、人性化、多样化和适当混合等特点[23]。大卫·路德林倡导的高密度混合的可持续社区令我们能更加直观地了解到这种主张，见图 3-12。

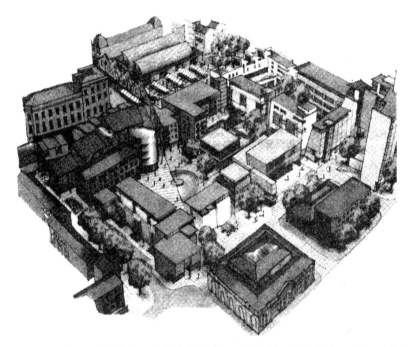

图 3-12 大卫·路德林倡导的高密度混合的可持续社区（密度为 60 人 / 英亩）

资料来源：大卫·路德林，尼古拉斯·福克著. 王健，单燕华等译. 营造 21 世纪的家园——可持续的城市邻里社区 [M]. 北京：中国建筑工业出版社，2005，p 252.

2）强调环境保护

1980 年代以来，城市的环境可持续问题引起了理论界的关注。辛克雷尔（Sinclair）认为郊区化蔓延破坏农村生态，他指出，在 1961 ~ 1991 年期间，英格兰及威尔士人口增长 5%，但城市建成面积增加 25% ~ 40%。英国环境部的调查也指出，1984 ~ 1990 年，英国建筑用地每年以 130km² 增长，从 16100km² 增加至 16900km²；1978 ~ 1990 年期间，英国物种减少，牧场和耕地物种分别减少 14% 和 19%；1984 ~ 1990 年期间，英国 23% 灌木篱墙长达 7600 英里消失[24]。正是基于这种严峻的生态背景，人们开始研究如何通过居住空间紧凑化来保护日益恶化的生态环境。于是，紧缩城市、精明增长和新城市主义逐步得到学界和政府的重视。

3）强调节约资源

澳大利亚学者纽曼（Newman，1992）和肯沃西（Kenworthya，1989）围绕着建筑密度及其他变量的关系进行一系列研究。他们通过对石油消耗与建筑密度之间相关性的分析，通过对排序发现，随着城市密度增加，人均消耗的能源不断减少，两者成反比曲线关系。纽曼和肯沃西认为，以密度为中心的城市规划的调整能有效调节城市能耗问题，比通过经济方式和价格机制更加有利。他们进一步指出（1989 年）城市内部结构是能源消耗的关键因素，高密度城市比低密度城市能节约能源。其内部结构关键因素包括：密度、集中性、道路设施和停车场容量[25]。香港大学陈海燕利用"多目标决策"的 AHP 评价方法对不同容积率住宅的综合环境进行评价和排序，把小区的环境因素分为 4 个部分：居室环境、小区环境、周边环境和资源能源消耗等因素，然后分解成若干个更细指标，并通过问卷调查和专家咨询确定其权重。她对广州三个不同密集住宅进行 AHP 评价，研究结论认为"随着密度的增加，小区的综合环境得分呈现递增的趋势"[26]。总之，紧凑城市的目标是节约能源，提高资源的利用率，实现可持续发展。

4）强调公共交通和步行系统

为了解决大城市存在的交通堵塞问题，以上三个理论都主张公交体系优先发展，抑制私人交通，营造人性化的步行系统。英国政府委托 ECOTEC（1993）进行交通方面的研究，结果表明，人口密度和交通方式存在密切的关系，随着人口密度的增加，人均交通总路程会随着下降，两者成负相关的关系；研究指出，在人口密度低的地方，人们使用私人交通是密度最高时的两倍；研究进一步认为，高密度能有效地遏制私人交通的泛滥[27]。另外，对伦敦交通的统计表明，1971 年，只有 10% 是私人交通，但却带来 70% 的高峰期交通堵塞，研究建议平衡交通和土地利用之间的关系，并提出减少私人交通使用率的措施[28]。新城市主义则重于社区的分析，提出了"公交主导发展模式"，建议社区的发展围绕着公交系统展开，并鼓励建立宜人的步行系统。这些主张都可以看到他们对公共交通和步行体系的重视。

3.2 影响本课题的其他相关学科的探索

本小节将讨论一些其他学科的研究，尽管和本课题没直接的关系，但它们却间接地影响到紧凑化的一些观念。况且，其他学科的一些成果对于我们多角度和全面地看待居住空间紧凑化问题大有裨益。因此，本节对这些内容进行了系统的梳理。

3.2.1 经济学的研究

与规划学的研究角度不一样，经济学的研究从资本的投入与产出的角度分析土地稀缺性造成的城市地价的差异性，进而分析住宅在城市中的空间分布。

经济学的级差地租理论表达了地价与城市结构之间的关系，认为地价的分布直接影响住宅在城市中布局，也影响到自身的建设模式，包括层高、密度及容积率等。根据阿隆索（1964 年）的研究，城市规模的扩大促使城市地价变动，进而产生土地的置换。于是，工业用地置换成城市中心，居住用地不断被向外排挤。于是，城市中心一般留给商贸和服务业等能支付高租金的建筑。一些公共设施的改变也引起地价的变动，使城市的扩张方向发生改变，如大型公共设施的投入，城市交通要道的变化。按土地的稀缺性分析，中心的土地价高，边缘的低，形成重心向外递减的趋势，造成城市密度、容积率和住宅层数向外递减分布，这就是同心圆城市空间结构形成的原因，见图 3-13 [29]。总之，在地价的影响下，住宅容积率在城市的分布出现内高外低的现象。

3.2.2　社会学的研究

除了规划师和建筑师，社会学者开始注意城市高密度发展带来的种种问题。一些公共机构长期关注密度对城市居民的各种影响。这些内容并不是本书研究的对象，但他们的研究结论，提出的一些观念，使我们能从更广阔的视野来看待居住空间的紧凑化问题。这些研究的内容和结论包括以下几个方面。

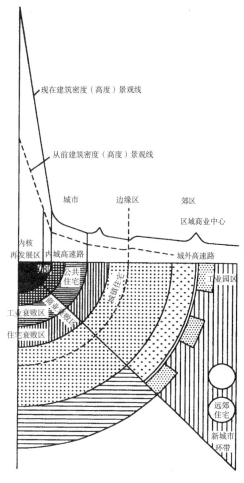

图 3-13　同心圆城市空间结构示意
资料来源：聂兰生，邹颖，舒平等 . 21 世纪中国大城市居住形态解析 [M]. 天津大学出版社，2004.

（1）居住密度与各种疾病

从 20 世纪到现在，城市高密度带来了疾病的流行，引发诸多健康卫生问题。19 世纪，工厂和劳动力的快速聚集造就了现代的工业城市，这些城市的工业生产环境恶劣，人口密集，缺乏干净的饮水和排污设施，导致城市病的流行，大量的居民在瘟疫中死去，带来了灾难性的后果，高密度一度成为罪恶的代名词。1830 年，霍乱入侵欧洲城市，引起死亡和恐慌，人们开始认识到城市建设和居民健康之间是存在一定的关系的。19 世纪 40 年代的曼彻斯特是世界非常先进的工业城市，但其市民的平均寿命仅为 24 岁 [30]。20 世纪 20 年代，医学确定了自然光源对居民的生理和心理健康的重要性。于是，日照间距成为主导城市建设的重要因素，城市住宅由于要适应新的健康和日照法规，放弃了盲目的高密度形式。

进入 21 世纪，高密度引起的城市卫生问题再次引起全球性的关注。2003 年的"非典"

使城市重新审视高密度发展的问题。根据当年资料，广州的发病总人数占全省85%，而其中85%又集中于老城区。在全球范围来看，情况严重的城市一般都是密度高且拥挤的城市，如广州、北京、香港及多伦多。在这场危机中，东亚城市在应对疾病的流行时显得束手无策，暴露出高密度城市所存在的问题。比如，广州的旧城区原有住宅建筑密度过高，根据广州的相关城市规划管理条例，基本的健康要求的间距在0.7H左右，但在实际建设中，部分可达0.5H，间距明显不足，存在很多贴面楼、筒楼和握手楼等住宅，出现城中村一线天现象。另外，新建住宅采用多户的单元设计方法，一梯10户、一梯12户普遍存在。这些因素造成居住空间的采光不足，不能有效杀死细菌，通风不良，易滋生细菌；室内人数过多，空间过于拥挤也利于疾病、细菌的传播。[31]

除了突发性的疾病之外，一些研究针对慢性疾病和密度之间关系进行研究。俄罗斯及日本相关人员通过对住宅层数和健康关系的研究，认为高层建筑会影响儿童和孕妇的健康，使其患贫血症的概率加大，东方大学儿科研究所研究表明，高层建筑影响儿童智力发育；国内相关研究表明，高层建筑缺乏交流的空间，对培养学生的交流和表达能力不利；部分心理学家认为小孩不适宜居住在六楼以上的楼层，因为小孩面对四面砖墙，减少了通过窗口与外界交流的机会。[32]

在精神和心理等方面，科学家针对密度与相关疾病的关系进行了一系列的研究。Robert Smihmit以室内空间的密度作为对象，研究单位房间的人数与多种疾病的关系，如性病、死亡率和精神病等方面。结论认为，室内密度同社会某些疾病存在密切的关系，单位房间人数是重要的环境衡量指标；室内密度过大，可能引起暴躁和压抑，甚至心血管方面的问题。[33]

概括起来，高密度产生的社会健康问题主要包括几个方面：1）人的健康受到影响，如心跳加快、心理压抑和行为失控，产生精神病；2）增加疾病的传播，以空气为媒介的传染病更容易扩散，如流感和非典等；3）带来高的犯罪率；4）行为异化，如回避交往、工作效率减低、不努力争取和攻击性加强等等。

（2）居住密度和室内外空间环境

对于室外环境，环境心理学认为拥挤是指密度与其他情况因素和某些个人特征相互影响，通过人的直觉-认知机制，使人产生一种有压力的状态[34]。一般情况下，高密度的环境会造成拥挤。但使用一些辅助的措施也可减少拥挤感。香港不少人居住在高密度环境下仍觉舒适，在于相关的环境因素处理得较好。反之，如果处理不当，居民在低密度的户外空间环境下也可能感到拥挤。可见，通过合理的手段，可减少高密度的负面影响，如完善的公共配套、快捷的交通体系和人性化的户外环境都可以减少拥挤感。

对于室内环境，社会学家认为居民花大部分时间在其中，其对人心理影响更大。从住区规划的角度来看，室内密度与室外密度同等重要。这些研究考虑人们对空间的感受，认为室内密度的大小对居民的影响更加直接，主张提高室内空间的舒适性，提倡住宅设计营造较宽敞的室内环境，安排一些有趣味的空间，如空中平台和空中花园等，以减少城市外部空间拥挤带来的负面影响。

（3）居住密度和社区认同

传统观念认为，高密度不利于形成良好社区。但近期研究表明，高密度与邻里质量不存在必然关系，高密度并不意味着邻里质量下降（表3-1）。

美国一些大城市不同居住密度居住区比较　　　　　　　　　　　表 3-1

城市	居住净密度（户/公顷）	
	受欢迎的居住区	贫民窟
纽约	185 ~ 432 Brooklyn Height	111 ~ 185 Brooklyn Gray
旧金山	198 ~ 306 N. Bee-tele. Hill	136 ~ 148 West Addition
费城	198 ~ 247 Ritten House Sq.	74 ~ 99 N. Phiadeiphin
波士顿	680 North End	49 ~ 99 Roxbury

来自：聂兰生，邹颖，舒平等．21世纪中国大城市居住形态解析 [M]．天津大学出版社，2004.

首先，文化可能是一个重要的影响因素。一般来说，东方的文化背景更能接受居住空间紧凑化。以色列学者的调查表明高层和多层住户对居住空间及环境的满意度差异不大，主要因为文化背景的影响，同时，高层住宅为私人拥有也是主要因素之一 [35]。香港大学建筑系都市设计研究中心针对香港 1930 ~ 1940 年代兴建的 30 ~ 40 层住宅进行一项调查，通过问卷和数据统计评价居民对高容积率住宅的满意度。在本次调查中，98% 的人认为高层未对儿童的成长产生影响，2% 的人担心孩子存在交流的问题。对高层住宅是否存在缺点，64% 认为没有。其他选项的比例为：担心火灾逃生占 36%，担心电梯故障 20%，认为缺乏娱乐场地 4%。13% 的人希望住在低层，77% 的人则选择高层住宅 [36]。可见，很少居民去质疑高层住宅带来的社会问题。另外，雅各布斯指出高密度居住受到大众欢迎，并给出一些不同密度住区的满意度比较，指出在纽约和波士顿等城市的受欢迎居住区的密度要比贫民窟更高，见表3-1。国外学者 Amos Rapaport 也指出，不同文化背景对密度的评价标准不同，例如曼哈顿中心区人口密度为 1500 人/ha，而香港密集区的人口密度可达 1500 ~ 3000 人/ha，香港居民仍感舒适，所以，不同人群对密度的看法亦不一致 [37]。这些案例表明，文化背景影响居民对密度的看法，东方文化比西方文化更能接受高密度的居住环境。

其次，居住时间的长短也是一项重要影响因素。一般来说，居住时间越长则居民满意度越高。比如，北爱尔兰的研究报告（Melaugh，1992）表明，10 ~ 20 年居住经历的居民总体满意者有 88%，不满意者占 7%；2 年以下居住者满意者为 82%，不满意者 13% [38]。香港大学的调查统计也表面，香港约有 77% 的居民喜欢居住在高层住宅，喜欢独立住宅和低层住宅者只占少数部分。作为一个侧面，这些结果的确反映了当地居民并不像人们想象的那样排斥高密度的居住方式。相反，居民经过了数年生活的适应，可以形成和高密度相适应的生活形态。因此，传统的居住习惯应该是部分居民能接受高密度住区的原因之一。

最后，公共设施和物业管理也是一个重要的影响因素。徐磊青对上海居住环境的调查也显示，高层住宅也能获得良好的邻里关系和较好的私密性，他们把原因归结于高层住宅户内较大的套面积和完善的配套及物业管理[39]。

3.3 上述理论对本研究的启示

城市规划建筑学科的发展，学科的交叉，新视角的引入，大大拓展了居住空间紧凑化的研究视野。但也必须清醒认识到，尽管全球多数城市都面临着城市蔓延的压力，但由于所处的经济、人口、社会和发展阶段不一样，所采取的策略不尽相同，任何思想和方法都应针对自身的特点提出有效的策略建议。对于急速城市化的国内城市，这点尤为关键。对于高密度和紧凑化问题，上述这些研究结论给予住区规划设计新的启发，包括以下几个方面内容。

3.3.1 建立了宏观整体的可持续发展观念

无论是早期的集中和分散，还是后来的折中城市空间形态研究，还是最近的新城市主义、紧缩城市和精明增长等理论，都致力把居住空间和城市形态紧密结合，关注如何在城市整体层面对居住空间进行调控，以实现良好的居住环境质量。所以，这些理论对广州居住空间紧凑化的最大启发在于建立一个宏观的城市整体视野，并以可持续发展为原则，通过多层次的系统方法来实现所需目标。

欧美国家学者对密度和城市宏观层面的能耗的可持续研究，证明了密度和能耗的关系。其中，密度和石油消耗之间、密度和交通出行之间的相关性都为我国居住紧凑化提供直接的支撑证据。同时，居住空间适度紧凑符合"多方共赢"的决策原则，具有以下优点：能实现一定的经济循环；能满足我国巨大住宅量的建设要求；能节约用地；能实现较高的环境质量；能获得较大的利润。所以，适当提高城市居住密度（容积率）可以实现居住空间集约化，抑制能源浪费。站在这个角度，国内城市郊区住宅建设不应采用目前流行的大绿化和低密度的开发模式，而应对我国的资源条件有充分认识，建立宏观整体的可持续观念，适当提高居住密度，推进居住空间的集约化发展。

1990年代以来，在可持续观念的影响下，新城市主义、精明增长和紧缩城市等理论探讨居住空间紧凑化问题，期望通过对城市整体层面的调整，避免当前住宅开发的不足，改善存在的各种问题。这些理论从城市整体出发，提出了郊区紧缩化、公交优先、空间多样化、节约资源、营造邻里社区、基础设施先行等观点。这正是目前中国大规模、快速的住宅建设所缺乏的。因此，广州的住宅建设可以适当地吸收其合理的成分。

3.3.2 注重住区的人性化与多样化

目前，国内城市化进程迅速，城市住宅数量缺口较大。不少居民仍然居住在比较差的居住环境，存在缺乏采光、通风不良、居住面积狭小和交通不便利等等问题。在这种情况下，住宅建设必然优先考虑居住空间物理性能，注重提高容积率，降低地价成本，使更多居民获得充足的居住面积。站在这个角度，功能主义仍然不失为解决大量住宅建设的有效办法。所以，欧美国家城市建设在工业化时期积累的经验和教训，尤其对容积率和建筑形态的分析方法，对今天中国的住宅建设仍然具有启发意义。但这并不代表功能至上。相反，目前的居住区的设计过分强调市场化和功能化使得我国住宅建设千篇一律，这亟需改变。

目前，国内城市不同程度重复着西方城市建设的老路。比如，存在过分强调分区、注重数量而忽略质量、居住形态千篇一律等问题。早在 1960 年代后，《雅典宪章》所强调的功能主义受到不同程度的批评，集中在缺乏人性化和忽略地域文化等方面。此时，新的思潮涌现，《马丘比丘宪章》指出了城市的复杂性和多样性的重要意义，指出城市是个复杂的系统体，设计者不能用单一和孤立的目光来思考城市问题。在此基础上，一些城市研究者指出住区建设应该注重人性尺度，实现功能适当混合，关注社区文化和满足居住者心理需求。这些理念并不是完全颠覆现代主义，而是秉承其精髓，并对其进行局部修正，是一次扬弃和升华。

所以，上述研究对于中国住宅建设有两方面启示。第一，面对中国目前住宅量的巨大需求，通过住宅的产业化、适当运用功能主义的原则来建造住宅，可以最大程度改善居住环境质量，满足市场的需求，功能主义仍然未过时。第二，在住宅迅速建造的同时，必须结合社会现实和地域文化，建设人性化的"社区"，而不是功能单一的"住区"。

3.3.3 注重微观层面密度与空间形态关系

要实现良好的紧凑型居住环境，仅仅宏观的研究是远不够的。任何规划和建筑的思想必须在微观的物质层面上实现。一直以来，建筑和规划研究者都密切关注密度与空间形态的相关性，并把相关研究成果应用到住宅建筑设计中。

由于微观的策略措施直接影响到人对居住空间环境的感受，影响到最终的环境质量。于是，欧美建筑师执着于密度与空间形态的研究，并以此创造出大量的优秀住宅作品。比如，MVRDV 对密度与住宅形态的探讨。又如，柯布西耶的高容积率住宅的分析等等。再如，香港建筑师对空间利用力求完美，充分发挥每一寸土地的效能，考虑了微观层面的每一个细节，维持了良好的居住环境质量。所以，关于居住空间紧凑化的策略研究，必须充分考虑层数、户型、空间布局等微观因素，才具有指导实践的作用。

由于地理位置和气候差异，每个城市对这些微观因素的要求和利用方法都不一样。所以，我们的分析必须回到广州这个特殊的城市生态环境。因此，我们可以借鉴上述的研究方法，综合分析广州的日照间距、实际户型和住宅层数等情况，通过数学模型或者调查分析的方法，进行系统的研究，从密度与空间形态的分析中寻求具体的改善策略。这些内容将会在本书第 7 章中进行集中讨论。

3.3.4 强调保持合理居住空间紧凑度

上文总结了社会学、经济学和行为心理学关于密度的研究成果。正如前文指出，尽管这些理论和本研究的范畴不一样，也非直接相关，但他们的一些研究结论使我们能多角度地看待紧凑化问题，避免研究单一化和片面化。其中，最重要的启发就是居住空间的紧凑化必须维持在合理的值域之内，避免由于开发强度过高而产生社会和疾病等方面的问题。

从经济学的角度来看，容积率的制定无疑关系到投资和回报之间的平衡，如果仅考虑住宅的经济属性，期望从中获得最大利润，结果就是中心区住宅容积率不断上升，郊区则不断下降，最终造成土地无序扩张，这并不符合土地集约使用的原则，也不能创造最优的城市居住环境。从卫生的角度来看，过高的紧凑度无疑对居民的健康产生负面影响，增加流行病和心理病的发病率。从安全角度来看，过高的密度增加突发事件的可能性，增加城市的不安全性。这些不同角度的分析的共同点是提醒我们在居住空间紧凑化的同时，居住密度应保持在合理范围内，防止住宅开发强度过高。

3.4 本章小结

本章主要总结不同领域对居住空间紧凑化的理论研究成果，然后结合国内的实际情况，深入思考其对本课题研究的启示。

本章从建筑学和城市规划学科相关理论总结中指出，从现代主义的 1920 年代对居住空间的物质功能的关注，到 1970 ~ 1980 年代后现代主义对场所、文化和社会的关注，再到 1990 年代以来的可持续理念，居住区规划设计思想发生了转变。目前，可持续思想深刻地影响着我国城市住宅的建设。

本章系统地总结与居住空间紧凑化相关的理论和观念，回顾了关于居住空间紧凑化的理论研究历程，分析了目前影响广泛的新城市主义、精明增长和紧缩城市的新理念，系统总结社会学、行为心理学和城市经济等其他领域在密度方面的研究成果。这些研究方法和丰富成果使我们能从多角度来思考居住空间紧凑化问题，给予本书新的启发，开拓了本研究的视野。

最后，本章围绕主题，总结上述理论对本课题研究的启示，包括：

（1）建立宏观整体的可持续发展观念；

（2）注重住区的人性化与多样化；

（3）注重微观层面密度与空间形态关系；

（4）强调保持合理居住空间紧凑度，防止开发强度过高。

注释：

[1]　本段对柯布西耶对居住建筑的研究进行综述，所用的资料来自：W. 博奥席耶编著 . 牛燕芳、程超译 . 柯布西耶全集第 1–3 卷，中国建筑工业出版社，2005.

[2]　来自柯布西耶 . 来源同上 .

[3]　聂兰生，邹颖，舒平等 . 21 世纪中国大城市居住形态解析 [M]. 天津大学出版社，2004：139.

[4]　肖诚 . 欧美对居住密度与住宅形式关系的探讨 . 南方建筑，1998，（3）.

[5]　资料来自肖诚 . 来源同上 .

[6]　王群 . 密度的实验 . 时代建筑，2000（2）.

[7]　李滨泉，李桂文 . 在可持续发展的紧缩城市中对建筑密度的追寻——阅读 MVRDV[J]. 华中建筑，2005（05）.

[8]　王群 . 密度的实验 [J]. 时代建筑，2000（02）.

[9]　张京详编著 . 西方城市规划史纲 [M]. 东南大学出版社，2005：261-263.

[10]　简·雅各布斯著，金衡山译 . 美国大城市的死与生 [M]. 南京：译林出版社，2005：167.

[11]　刘珩 . 密度的第二性 [J]. 时代建筑，2003（2）.

[12]　大师系列丛书编辑部 . 瑞姆·库哈斯的作品与思想 [M]. 中国电力出版社，2004.

[13]　沈克宁 . 城市建筑乌托邦 [J]. 建筑师 2005（8）.

[14]　陈易编著 . 城市建设中的可持续发展理论 [M]. 同济大学出版社 .2004：15-18.

[15]　张京详编著 . 西方城市规划史纲 [M]. 东南大学出版社，2005：261-263.

[16]　王彦辉 . 走向新社区——城市居住社区整体营造理论与方法 . 东南大学出版社，2003：194-195.

[17]　梁鹤年 . 精明增长 [J]. 城市规划 .2005（10）.

[18]　查尔斯·弗尔福特 . 紧缩城市与市场：以住宅开放为例 [A]// 伊丽莎白·伯顿，凯蒂·威廉姆斯编著 . 周玉鹏等译 . 紧缩城市——一种可持续的城市形态 [C]. 北京：中国建筑工业出版社，2004：134-136

[19]　迈可尔·韦尔班克 . 可持续性城市形态研究迈克·詹克斯 [A]. 论文集来源同上：81-84.

[20]　帕垂克·N·特洛伊 . 城市巩固与家庭 [A]. 论文集来源同上：169.

[21]　来源同上：11.

[22]　雷·格林 . 并非紧缩城市，却为可持续区域 [A]. 论文集来源同上：159-160.

[23]　来自大卫·路德林，尼古拉斯·福克等 . 来源同注释 [2].

[24]　查尔斯·弗尔福特 . 紧缩城市与市场：以住宅开放为例 [A]. 论文集来源同上：132-143.

[25] 迈克尔·布雷赫尼.集中派、分散派和折中派：对未来城市形态的不同观点 [A].论文集来源同上：25 – 26.

[26] 陈海燕，贾倍思，S 加内桑."紧凑居住"：中国未来城郊住宅可持续发展方向？ [J].建筑师，2004（107）.

[27] 综合参考查尔斯·弗尔福特.紧缩城市与市场：以住宅开放为例 [A].以及乔治·巴雷特.交通的维度 [A]，论文集来源同注释 [18]：184-186.

[28] 哈利·舍洛克.挽救我们弊端丛生的城市：可持续的居住方式 [A].论文集来源同上：305.

[29] 聂兰生，邹颖，舒平等.21 世纪中国大城市居住形态解析 [M].天津大学出版社，2004：71.

[30] 柏兰芝.郊区化的政治.视界（11）.

[31] 广州市政协城建资源环境委员会.从防治非典看城市建设与管理——市政协十届二次常委会议专题调研报告.来自 www.gzzx.gov.cn，2004.

[32] 田妮.高层居住影响妇幼健康.家庭育儿 [J]，2004（3）：46-46.

[33] 徐磊青，杨公侠.环境心理学 [M].同济大学出版社，2004：66.

[34] 来自徐磊青，杨公侠.来源同上：64.

[35] 来自徐磊青，杨公侠.来源同 [33].

[36] 王旭，刘少瑜.新世纪居住生活追求之香港调查报告 [A]// 论文集编委会.21 世纪中国城市住宅建设——内地·香港 21 世纪中国城市住宅建设调研论文集 [C].北京：中国建筑工业出版社，2003.

[37] 来自聂兰生，邹颖，舒平等.来源同 [3]：124-125.

[38] 来自徐磊青，杨公侠.来源同 [33]：159.

[39] 来自徐磊青，杨公侠.来源同上.

第4章 居住空间紧凑化的实践借鉴

4.1 居住空间紧凑化的实践

4.1.1 欧美城市居住空间紧凑化实践

20 世纪初,英国工业城市建设的住宅具有拥挤和嘈杂的特征。比如,1911 年,英国 10% 住宅是独立和半独立的,13% 是公寓,其余为联排住宅。随着经济发展,20 世纪下半页,住宅开始转向独立或半独立式[1]。

工业革命后,住宅技术得到进一步发展,第二次世界大战对住房的毁坏也促进了住宅建设。1950 年,英国经济出现新一轮增长,内城人口增长,住房刚性需求较大,为了解决市场需求,一度建设高容积率住宅。由于英国处于经济恢复期,住宅建设相对较为节约。政府出台鼓励高层住宅政策,如 6 层住宅获得的资助比平房高 2.3 倍,15 层住宅高 3.0 倍,20 层资助则是 3.4 倍[2]。在政府的补贴情况下,高层住宅被大量建造,以此提高住宅容积率,满足了市场需求。比如,1954 ~ 1960 年,英国利物浦借鉴美国的高层住宅经验并认为"没理由不兴建 20 层的楼",可见当时政府对高层建筑的认可程度。1950 ~ 1970 年期间,英国曾兴起建造高层住宅的一个小高潮[3]。随着战后大量高层住宅的建设,欧洲住宅的短缺现象基本得到改善。到了 60 年代后期,人们对住宅的要求更加注重质量与环境,高层住宅存在的问题逐步暴露。1958 年,美国的 Pruitt Lgue 居住区由日本著名建筑师雅马萨奇设计,当时受到良好的评价,曾获"AIA 年度大奖"。住宅区用地 23hm^2,共有 33 栋 8 层住宅,2800 个单位,供给 11000 人使用。规划预计入住的人群中,1/3 为白人,2/3 为黑人,但实际投入使用时,居住的 98% 是黑人,超过半数人接受救济,收入多处于美国最低层。这带来了很多治安、种族歧视等社会问题。1972 年,由于使用率太低,这些住宅不得不被当局炸毁,仅保留一栋作科学实验[4]。1968 年,美国波普特的 · 栋 22 层的住宅煤气爆炸,阳台崩塌使高层住宅建设陷入困境[5]。这时,一些高层住宅由于采用廉价的材料,采用千篇一律的模式,忽略了居住空间的个性化,并不受住户欢迎。鉴于这些问题,1967 年,英国政府终止对 6 层以上住宅的额外补贴,逐步减少高层住宅的开发。1973 ~ 1985 年,英国利物浦议会决定不再建造高于 5 层的建筑[6]。可见,欧美社会难以接受高容积率的住宅。从 1970 年开始,除了对贫困家庭提供外,欧美许多国家不再鼓励开发高层住宅。于是,这段时期的高层住宅建设风潮逐步淡化,郊区住宅开始兴起。

1980 年代后，随着经济能力的提高，大量中产阶级开始迁到郊区。高层建筑演变成为穷困家庭的住宅，开始走向衰落。与之相反，郊区化低密度住宅兴起，住区不断向郊区扩散，出现低密度、联排、独立和半独立等特征。1980 年代以来，郊区蔓延已经成为欧美城市扩张的主要形态。但其带来的种种问题以及自身的缺点也很快暴露出来，包括土地低效率使用、小汽车泛滥、能耗过高等等。英国较早意识到这些问题，并采取了适当的措施。

1990 年代后，城市进一步蔓延，引发的环境问题引起了西方国家的普遍重视。1994年，伦敦规划委员会对本国未来 15 年的发展提出应对策略，在政策层面鼓励提高密度的混合度，提出中短期内混合型住宅为 125 ~ 250 个房间 /ha，家庭别墅为 125 ~ 210 个房间 /ha 的指标指引[7]。近年来，新城市主义、紧缩社区的概念兴起，均主张提高郊区的居住密度。

必须指出的是，对比国内，欧美城市的居住密度比较低，紧凑度普遍不高。对于紧凑化的住宅容积率，不同的研究者给出了不同的数值。1898 年，霍华德的花园城市基于对 19 世纪工业城市高密度的分析提出 180 人 /ha 的居住密度；1912 年，都铎·沃尔报告中提出的密度为 120 人 /ha；纽曼和肯沃西建议在 250 ~ 500 人 /ha 之间；1994年，卢埃林·戴维斯发表报告认为 200 人 /ha 是可能的最高密度，认为较佳的紧凑密度是 200 ~ 300 人 /ha，中心区域为 370 人 /ha，公共交通的优化密度为 90 ~ 120 人 /ha；1944 年，Abercrombie 提出的伦敦重建计划中居住密度为三种：247 人 /ha、336 人 /ha、494 人 /ha。"二战"后一段时间，英国政府对高层建筑进行补贴，鼓励建设高层建筑，居住密度大都超过相关规定，但也仅为 494 人 /ha；Roehamton Estate 提出的伦敦郡议会住宅的密度则为 247 人 /ha[8]。埃尔尼·斯科夫汉和布伦达·莱达认为如果进行适当的规划，净密度 500 人 /ha 仍能维持较好的环境质量，而不产生拥挤的情况[9]。从以上情况综合分析，作为紧凑型的居住形态，英国城市的居住密度数值适宜在 250 ~ 600 人 /ha 之间。可见，英国多数的研究所提倡的居住空间紧凑化的密度对于国内城市来说，还是比较低的。

从欧洲的城市发展来看，在经济能力较低、住宅需求量较大的情况下，曾出现高容积率住宅，在物质较为富裕的阶段，则追求舒适的居住环境品质，多层、低层的低容积率住宅会成为主流。总之，在欧美国家，高层住宅经历过波折起伏的过程。当前，过高容积率的住宅由于种种原因难以被广泛接受，还不是住宅建设的主流。从这种背景兴起的新城市主义、精明增长所提倡的空间紧缩，其实还是在低强度下的紧缩，其居住密度数值比较低，这与我国的实际情况差异比较大。因此，我们必须清醒地认识到这一点，在实践借鉴时一定要结合我国的实际情况。

4.1.2 香港特区居住空间紧凑化实践

（1）香港居住空间概况

香港是一个典型人口多、土地少，自然资源缺乏的地区，它的总面积为 1098.51km²，人口为 684.5 万，2002 年平均城市人口密度为 6231 人 /km$^{2[10]}$。香港以山地占主体，建成区仅占总用地面积的 15.6%，其真实密度非常高，香港是世界上最密集城市，城区的密度达到 44210 人 /km^2；香港用地十分紧张，城市非常拥挤，密度最高的地方是观塘区 50390 人 /km^2，最低离岛区 516 人 /km$^{2[11]}$。在土地方面，为了解决土地缺乏的矛盾，香港通过填海来获得发展空间。因为，通过填海，政府能获所有地价收益，而发展新市镇需要一定的拆迁及地价的费用。

图 4-1　香港新市镇鸟瞰
来源：《规划师》2002 年第 9 期，王纪武，张丽路，《香港新市镇建设的启示》

1887 ~ 1976 年，香港填海 20km^2，1976 ~ 1986 年填海新增约 40km^2，规模较大[12]。这些数据反映了香港居住用地是十分紧张的。

1953 年 12 月至 1954 年 12 月，香港的木屋发生火灾，大量房屋被毁坏，政府为解决大量人口的住房问题，开始建设公屋；1972 年后，香港先后建有 11 个新市镇，平均居住密度高达 1800 人 /km^2，住宅建设进入多元化的新发展阶段，见图 4-1。在这种条件下，香港人均居住面积标准比较低。1990 年后，开始逐步提高住房的面积标准；2005 年左右，人均居住面积已达到 12m^2，一般的家庭居住面积在 55.8 ~ 83.6m^2 之间[13]，户型多为一梯多户，日照标准较低。为了高强度利用土地，住宅以 30 ~ 40 层为主，新建的住宅甚至达到了 60 ~ 80 层的高度，居住密度可以达到 1749 人 /ha[14]。从人均面积和户型面积这些指标来看，香港居住空间十分紧凑。

（2）香港的高密度住区建设经验

在居住空间形态方面，由于特殊的土地环境，香港采用细致规划和建设方法，在有限的空间里创造相对舒适的居住环境，在高密度城市建设上积累了丰富的经验。香港地理上属于珠江三角洲的一部分，自然条件、人文环境和地方风俗与之十分接近。其通过多种手段综合解决高密度住宅的居住环境问题的经验值得广州和珠江三角洲其他城市学习，其主要经验包括以下几方面。

1）建立了合理的城市空间结构

香港 80% 土地是自然郊野区，在城市建设中保留开敞的城市空间，建立了多中心的城市空间结构，土地利用考虑了日后城市发展要求，其土地利用情况为：陆地面积 67.4% 是山野林地，38% 是郊野公园和生态特征地带，住宅用地仅占 6.1%[15]。由于土地狭小，住宅建设采用边界模式，即划定城市与乡村边界，预留空间供日后发展，避免对郊区农田的侵蚀。其中，香港新市镇绿化带占有较大的比例，公共绿化，包括山体公园、湿地保护区、郊野公园起到了重要隔离作用。在这种边界保护的策略下，香港形成多个高密集城市中心与开阔山野共存的有机分散的城市形态，见图 4-2[16]。

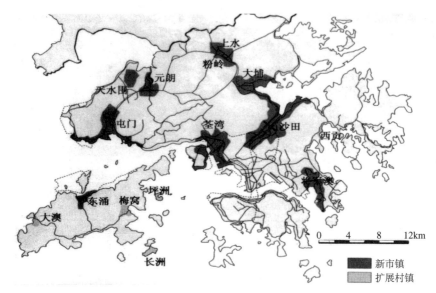

图 4-2　香港新市镇的分布
来源：《规划师》2002 年第 9 期，王纪武，张丽路，《香港新市镇建设的启示》

2）采用了合适的高密度指标

为了能最大利用土地，香港对密度进行严格的控制，对住宅密度分级，满足不同的需求，居住空间以高密度为主。一般来说，低容积率的理想值在 5 ~ 6，但如果考虑实际情况，在 6.5 左右较为合适，如果通过精心设计，仍能保持较高的环境质量，但如果在 8.0 以上则空间效果较差，存在的问题也比较多[17]。经过 2003 年的"非典"之后，香港房屋署考虑到安全因素，把普通容积率 7.5 的标准降至 6.5，以保持城市空间的疏朗度，增加城市通风。

3）居住空间多功能复合

为了在有限的土地上发挥最大城市功能，在住区中糅合了很多的城市功能，功能混合现象比较普遍，以实现土地利用集约化。比如，美孚新村项目建设从 1969 到 1989 年，共 8 期，住宅 130 栋，20 层，容纳居民大约为 1.3 万户，其特点是吸收国外的新城建设的经验，利用裙楼进行公共建筑配套，使美孚新村成为一个自给自足的新城，而不仅仅是功能单一住宅区[18]。

4）住宅的高层化

香港市区住宅用地规模比较小，为了实现更大的居住密度，住宅只好向更高发展。香港的人口自 20 世纪 50 年代以来，每 10 年增长 100 万，达到目前的 684.5 万；香港大约超过 50% 的人居住在市中心，大约 300 万人居住在高层住宅；1970 年代，香港开始建设大量的高层住宅，当时平均层数为20层，1980年代发展到30层；1990年代为40层，住宅层数不断攀升；目前，香港形成一些30～60层的住宅群，甚至出现了100多层住宅，堪称世界高层住宅之最[19]。

5）高效的空间利用

为了提高城市空间的利用率，香港采用空间整合的措施。居住区利用天桥、平台的连接成为一体化的外部空间，使地下空间、半地下空间和天桥连廊成为城市主要步行网络。城市空间考虑了人流的密集性，在建筑低层或二层连接天桥的地方留出公共空间，人们可以在其中活动、交流，增添商业气氛。在节假日，很多居民在其中活动。这种连续的、面积不大的微型外部城市空间形成一个与建筑紧密结合的中介空间系统，对缓解高密度带来的过度拥挤、弥补空间不足起到了十分重要的调节作用。比如，交易广场项目三期包括两栋52层，一栋51层，于1989年竣工，可容纳30000多人同时上班，其特点是利用裙楼把商业、人行天桥系统及公共汽车站、高速公路、地铁进行有效整合，实现部分人车分流，通过立体的模式提供多层的半开放空间[20]。

6）完善的公共交通体系

1970年代，香港采用英国"花园城市"的规划概念，即新城的方法。期望在新城内亦提供就业的机会，建立自给自足的新住区。但在实际运营中并不理想，功能单一的问题也没得到有效的解决，道路出现大量堵塞现象，造成郊区与市区通勤时间的增加；1980年代，香港开始以公共交通发展为主，限制私人交通；1990年代，香港大力发展轨道交通，通过地铁解决交通问题；目前，香港公交负荷的人流占到总数的90%，每日有1118.5万人次的流量是公共交通完成，其中，铁路负担个人出行40%，并逐年增加[21]。香港高密度住宅开发与交通设施紧密结合，以基础设施容量作为标准确定人口规模和住宅密度，以便增强城市整体效率。总结起来，香港的交通发展的成功经验包括：发展轨道交通为主的大容量公共交通；加强交通的管理；限制私人交通的发展；建立舒适的步行体系等等。

7）明晰的立法和完善的管理

香港在城市管理方面较为完善。住宅供应通过计算机模型的方法准确预测。居住密度的实施通过公开讨论，吸取专业人士和公众的建议，力求合理科学，接近实际的需要。同时，政府一直开展"居者有其屋"的计划，关注中低收入者的住房问题。

（3）香港住宅开发的不足

香港的住宅为了实现高的容积率，住宅开发也存在很多缺陷，根据香港大学的调查，这些问题主要体现在以下几个方面：1）采光问题，城市高密度发展造成香港早期的高层住宅中存在光线不足的问题，因为楼盘间距小，住宅布局密集，单元户数过多；2）通风问题，户型采用"风车形"或"井字形"的布局方式，存在通风问题，居住者只能向走廊打开房门以获得通风；3）户型面积偏小，居住面积的不足影响高层住宅环境质量，房间的人口密度过大减弱居住环境舒适性；4）干扰问题，高密度居住方式引起的视线干扰和噪声干扰也是十分严重，香港大学的调研发现，过多户数的户型，存在互相干扰的问题，特别在转角的位置;5) 突发性事故，高密度居住的卫生和健康条件的确存在很多不足，在 2003 年的"非典"事件中，高密度的生活方式受到质疑。[22]

4.1.3 其他亚洲城市居住空间紧凑化实践

城市住宅容积率的确定受到多种因素的影响。环境的舒适性固然要求降低住宅密度，但人口和经济两个因素影响力更大。所以，亚洲国家往往通过高容积率来解决大量住宅建设问题。东南亚、南亚城市和珠江三角洲的气候、文化关联甚密，同样面临着城市的大量人口聚集问题。近几年来，新加坡、马来西亚等国家在经济的推动下，开始对热带高密度住区进行研究探索。其中，以杨经文的生态气候城市、郑庆顺的热带城市、刘太格的多中心城市、印度柯里亚的孟加城市规划为代表。其中，杨经文和郑庆顺作为建筑师，有着深厚的建筑设计背景，并共同关注高密度问题，一致认为东南亚城市高密度发展是不可避免的。同时，他们主张不能套用西方国家的现成的城市模型，关注高密度居住空间和当地气候的回应，提出应该在本土文化和地域条件下进行大城市的规划和建设。

（1）柯里亚的高密度院落

查尔斯·柯里亚是国际著名建筑师，1930 年出生于印度，曾在美国麻省理工就读并获硕士学位。柯里亚对印度住宅问题的研究侧重于社会公平和低经济能力两个方面，他指出印度住宅的特殊性，并认为"要解决城市人口的居住问题不仅仅是建筑和技术的问题，首先是密度的问题"。

1970 年，印度政府利用 22257ha 的用地建设新孟买。柯里亚的孟加城市规划，立足于适应当地经济和社会结构，主张建立起一种沿海滨发展的多中心城市空间格局。同时，柯里亚提出住宅建设应该依赖于快速交通体系，以新的商业中心为中点，通过串联高密度的组团，在沿海岸线建设快速交通体系，形成多中心的城市。在这个建议下，1990 年代，新孟买已经成为一个 100 多万人口的繁华城市，目前仍在增长，预期能达 200 万人的规模[23]。

他一直提倡采用传统的低层高密度居住模式，并认为低层住宅能节约和平等地实现高密度，能适应当地的气候条件。柯里亚从政府的经济能力出发，指出低层高密度住宅具有更多的优点。他主张规划采用传统街坊模式，注重城市的小尺度和人性化，以便对城市肌理的呼应。如印度巴哈涉艺术中心就通过围合与半围合的方法，形成丰富的开放空间体系，整个建筑体量低矮，融于周边环境。在大树遮掩下，根本感觉不到其巨大体量，其中，庭院空间和分散建筑形体相结合，造成一种与自然相融的空间效果。他提供了屋顶、平台和庭园，人们在参观之余还可以感受相互交流的氛围。这种空间拓展到住宅，就形成连绵不断的群体空间。比如，贝拉布尔低收入集合住宅运用院落的空间组合，尺度较小的开放空间围绕着中心而布局（见图 4-3 ~ 图 4-5），位于群体中心是一个较大公共活动空间。其采用了 8m × 8m，12m × 12m 及 20m × 20m 的网格模块，在平台和阳台的自然交界处形成灰空间，以增加外部空间形态多样性，见图 4-6 [24]。

图 4-3　贝拉布尔低收入集合
住宅院落空间

图 4-5　贝拉布尔低收入集合
住宅空间组合

图 4-6　提坦新城的规划

柯里亚在住宅设计中注重群落及合院式的空间，并深入研究印度传统的居住空间，提炼一种叫"对空空间"的空间原型，运用在新的住宅建设中，通过院落加强邻里交往，增强场所感，适应当地炎热气候。他尝试把"对空空间"运用于高层住宅，通过阳台绿化，改善高层建筑的通风采光环境，增加空气的对流，保证穿堂通风。如他设计的孟加干城章嘉高层公寓，建筑塔楼为四方形，包括 32 套住房，有三、四、六卧室等七种以上的户型，面积从 142m² 到 390m² 不等。塔楼的四个角位设置凹形大平台，西面设置一个缓冲的两层高的空间，一方面，它可以减少西晒，另一方面，它起到居住的公共空间的作用。我们从其富有特色的错层剖面看到柯里亚对室内通风的关注。在造型上，公寓采用对比强烈、虚实相生又注重光影韵律的手法，成功创造了既开放又封闭的塑性形象，见图 4-4[25]。柯里亚创造性地运用对空空间，通过应用退入的平台形成了空中花园，利用不同对空空间相互交错，形成居民欣赏的接近自然的缓冲空间，体现了传统的空间理念，实现了高容积率住宅空中花园的构想。

（2）杨经文的高层生态摩天楼与"热带走廊"

杨经文对"生物气候城市"进行系统的研究，关注如何在高密度情况下改善高层建筑环境质量。他批评马来西亚的高层建筑设计忽略了地方性，并没有体现当地的文化和气候特点。他在高层建筑中应用大范围的空中花园、绿化体系来打破建筑固有的空间模式，为高层建筑活动的人们提供绿色开放空间。杨经文从"生物气候学原理"出发，结合马来西亚炎热多雨的亚热带气候，分析建筑内部空气的流通、平衡和调节，把气候控制的技术运用于建筑设计。他分析建筑的能耗控制和运作效率，强调建筑必须适应气候及生物圈，形成一套独特的设计方法和视觉造型手法。在住宅建设方面，他同柯里亚一样，分析亚洲的上居下店、

图 4-4　干城章嘉公寓

柯里亚作品 4 个图片来自：叶晓健. 查尔斯·柯里亚的建筑空间 [M]. 中国建筑工业出版社，2003.

前屋后店的小型经济作坊模式，主张城市高密度发展能更有效地利用基础设施，节约资源。他注重城市中的人性化的空间系统研究，提出了"热带走廊"的公共街道系统，运用热带植物改善空间环境质量，以营造宜人的半开放城市空间[26]。

（3）刘太格的星座城市

刘太格作为新加坡政府管理官员，从更加宏观角度来看待当今大城市发展。他对高密度城市有其独特而深刻的理解。他致力于大城市的聚集与分散研究，提出一种"星座城市"的计划。他认为城市存在最佳规模，如果人口超过 300 万，城市效率就会下降；城市应有一个最小规模值，一旦小于此值，也难起到高效的作用；他提出一种组团分散的思想，认为城市应更加紧密地依靠现有交通轨道，组织规模更多、更大的卫星城，人口适宜在 50 ~ 70 万之间；在住宅方面，他也分析亚洲的店与住的关系模式，希望建构一种就业、商贸和居住工作等多种功能混合的居住方式，利用中低技术使更多居民与行业能参与其中，使得住宅建设成为城市经济的一部分[27]。

（4）郑庆顺的热带城市

郑庆顺更加关注城市和住宅的问题，他批评东南亚城市僵化地应用西方的城市模型，而忽略了热带城市的特点，他呼吁采用具有东南亚区域文化的建筑形式，充分体现热带气候。在他的方案中，热带植物网无处不在、建筑设置各种各样的遮阳设施、充分考虑对太阳能和雨水的再利用，他把这样的热带城市比喻为"热带雨林的顶部天棚和多层的气候结构"[28]，这些理念体现在新加坡规划的 THE KAMPONG BUGIS 方案里，空间形态呈现城市空间和绿化一体的特征，见图 4-7[29]。

图 4-7　新加坡 THE KAMPONG BUGIS 方案

资料来源：张磊，面向 21 世纪的亚洲热带大城市——新加坡建筑师郑庆顺的亚洲热带城市概念评述，规划师，2002（9）

在城市规划方面，新加坡政府认为容积率不宜过高，一般不允许超过 2.8。郑庆顺激进地支持在新加坡发展高层高密度的居住模式，并认为容积率 3.5 ～ 4.0 更加适合新加坡的情况，他几个规划方案都超过政府的 2.8 的容积率限制：1988 年，郑庆顺研究城市的高层高密度问题，他们在新加坡马林海湾设计一个多功能区，人口 100 万，容积率达到 12.5，建筑密度极高；在甘榜武吉十（Kampongis）项目中，他提出的容积率为 4.5；1997 年，他在新加坡住宅委员会（HDB）的住宅综合体竞赛中获胜，提出的方案的容积率达 3.0 [30]。

（5）上述建筑师实践的总结

这些亚洲城市同中国城市一样，面临着高容积率发展带来的种种问题，建筑师们几乎都采用结合本地特色来研究紧凑化问题，注重高密度居住模式的研究，普遍认为亚洲城市必须高密度发展，但在对待高密度的模式上明显存在不同看法：郑庆顺主张高层高密度的发展模式；柯里亚主张低层高密度，并侧重于城市建筑与经济混合研究；刘太格主张人口集中，认为城市空间应采用适当分散的星座空间布局模式。

4.2　居住空间紧凑化实践的经验借鉴

全球大城市都在考虑着可持续发展的问题，尽管人口、土地、经济和社会发展阶段不尽相同，但都面临着住宅容积率过高或者郊区化带来的城市蔓延等问题。目前，中国东部地区经济发展接近中等发达国家水平，随着经济进一步发展，高速公路完善，小汽车普及，大城市郊区低容积率发展现象将进一步加剧。我国住宅建设也开始面临着和其他发达地区相类似的问题。通过对其他城市的成功经验和失败教训的分析，能使我们理性认识存在的问题，使住宅建设少走弯路。

当然，各个城市针对自身的情况，制定应对策略，其中有成功的经验，也有失败的教训。欧美大城市的实情和广州出入比较大，在具体的措施、空间形态上缺乏可比性，但他们走过的弯路，提出的思想，对于广州的住宅建设还是有重要的启发意义。而对于一些文化、人口和土地条件相似的城市，比如香港、东南亚城市的实践经验对广州居住空间紧凑化具有直接的参考价值。

4.2.1　居住空间紧凑化的成功与经验

（1）居住空间"紧凑化"注重系统性和多层次性

香港和新加坡等城市面临着居住紧凑化带来环境质量下降和拥挤程度增加等问题。面对着复杂的影响因素，在具体开发过程中，他们注重解决问题的系统性，通过在宏观、中观和微观等多个层次开展深入细致的工作，把每一个环节做到最优。比如，香港为了解决人口密度过大的问题，在宏观层次通过建设新市镇来解决，通过地铁的连通来解决城市功能的分区问题。在中观层面，香港通过城市中介空间的整合，建立舒适的城市中介系统，不仅解决人车分流的问题，还建造了一个舒适的步行体系和宜人的户外空间，有效地解决户外空间不足的问题。杨经文则通过"热带走廊"，进行城市空间的整合。在微观层面，这些城市充分考虑人性化要求，比如精心安排室外电梯和休憩空间等等。总之，大城市居住空间紧凑化问题涉及多方面因素，局部的方法解决不了整体的问题，仅仅对某个层面问题的分析，利用单一的手段，不能有效优化整体居住环境。

（2）宏观层面：建立区域整体的发展视野

在住宅的集约化发展过程中，以上城市都不是利用单一的手段，而是通过多种手段、多视角进行分析，从而建立起宏观的区域整体视野。比如，伦敦在建设新城的时候，住区的选址、规模以及开发理念都是建立在城市系统整体上，通过把居住空间的建设模式和城市空间结构有机结合，发挥其人口疏散、就近就业等作用。并且，伦敦新城的建设都考虑一定的独立性，并功能混合，以实现区域整合。香港也是在区域整体的框架下，开发新市镇，疏散城市功能，确保城市空间有机扩张。刘健也认为北京的城市建设需要建立区域视野，并认为城市空间越大，解决问题的手段越多，从而确保城市发展从极化走向均衡 [31]。同样的道理，广州居住空间紧凑化存在密度分布的两极分化的现象，造成内城密度过高、郊区密度过低，这也需要从城市宏观层面寻找解决方法。可见，只有在城市整体的视角上，采用区域均衡的调节方法，才能实现良好的居住环境质量。

（3）中观层面：注重居住空间与城市空间的有机整合

居住空间属于城市空间有机组成的一部分，居住空间过分脱离城市整体，单一地强调居住环境的舒适，结果却是适得其反。于是，城市建设需要强调居住空间与城市空间的有机整合。香港的人口密度过高，居住空间和城市空间强调立体式的垂直整合，改善了高密度的居住环境。比如，香港高容积率住宅的裙楼包括停车、公建配套和商业等多种城市功能，裙楼顶架空提供绿化和休憩空间，其上为住宅空间，城市空间和居住空间呈现一体化的特征。在欧美国家，郊区化造成居住空间和城市空间的分离，街道商业空间逐步衰落，社区活力不足。面对这些问题，欧美城市也倡导采用空间整合的手段来改善居住环境。比如，新城市主义提出的围绕公交站和社区中心的开发模式，提倡进行功能混合，鼓励建设活力街道，营造人性化的步行系统，以改善环境质量。

（4）微观层面：采用小中见大策略，注重回应地方气候

香港和新加坡等城市在高层高密度居住空间环境中，采用小中见大策略，并精心建造，在极其高密度的环境中形成一种宜人的空间环境，其关键在于深入细致的工作。由于土地极其珍贵，规划设计往往考虑得比较周到，所有空间以适宜为主，不追求大空间和大尺度。以紧凑化为标准，争取做到无一处浪费。由于设计细致，尽管居住空间和街道空间较为狭窄，但由于充满了人性化考虑，仍然令人感到舒适。

并且，居住空间紧凑化注重对当地气候的回应。比如，杨经文的"城市走廊"充分

考虑和利用当地气候条件及热带植物。又如，柯里亚的"对空空间"是一种适合于低经济能力的气候调节方法。同时，居住空间紧凑化注重塑造热带建筑性格。比如，东南亚建筑师把绿化作为一种可变的建筑表皮，大量种植于高层住宅中，以调节住区的小气候，解决天气过热的问题，丰富了居住空间形态。总之，东南亚的城市紧凑住区为了适应热带气候条件，在微观空间种植大量的热带植物，这对于处于亚热带和易于植物生长的广州具有很大的借鉴意义。

（5）开发强度控制方面：建立完善的立法和城市管理制度

建立完善的立法、管理和反馈机制是居住空间"紧凑化"得以顺利进行的保证。香港通过法定图则的方法来控制城市的发展，并通过以系列的法规达到预期的效果。其居住密度的确定采用分级、细化和预先评估的手段，建立在科学的调研和分析基础上，并以立法的形式保障其实施。比如，1982 年的《香港规划标准与准则》以导则的形式引导城市开发。另外，香港在推行居住空间紧凑化策略的时候，以公众参与的方式，通过一定的检讨机制，使各个行业的专业人士能对城市规划、密度分配提出质疑，充分考虑了各方的建议，其程序和制度较为完善，值得借鉴。

4.2.2　居住空间紧凑化的不足与教训

尽管在居住空间紧凑化方面，以上地区积累了很多宝贵的经验，但是也存在不足和教训，主要体现在以下几个方面。

（1）过低密度难以实现集约化，过高密度难以保持良好环境。欧美城市郊区新城密度较低，造成城市的无度扩张，引起高速公路大规模扩张，设备管网铺设过长，使得一次投入过大，水电输送损失较大，维护成本过高，难以达到集约化利用目的。另外，低密度也造成小车的泛滥，大大增加了石油的消耗，造成空气的污染。相反，香港住区开发强度过高，带来采光不足、通风欠佳、交通堵塞、户外场地缺乏等问题。

（2）缺乏城市整合、人性化、多样化难以建立良好社区。欧美城市的郊区住宅街道冷清、缺乏邻里氛围、人群过于单一、人气不足、空间单调、缺乏多样化。

（3）缺乏功能的混合难以形成反磁力新城。大型住宅区的开发缺乏城市的多功能的混合，功能过分单一，无法实现自我平衡，最终沦为城市的卧城。香港的新市镇计划，尽管能有效地疏散人口，但由于在就近就业问题上考虑不周，大多数的居民不得不在郊区居住、在香港和九龙上班，大大增加通勤的时间。同时，香港也出现了一些贫民集中居住的区域，加大了社会的阶层化，还不能算是良好的多中心的城市结构。

（4）不能应用僵化的空间模式，而应充分考虑居民的行为模式和文化背景。比如，同样在住宅之间利用空中通廊和架空的做法，在香港取得了成功，改善了居住环境，但在美国的 Pruitt Lgue 居住区，却引发了社会问题。因此，居住空间所采用的模式一定要灵活，应结合地域特点，并考虑居民文化背景的差异，避免过分的绝对化。

4.3 本章小结

本章选取一些典型大城市，对其居住空间紧凑化的实践进行回顾和分析。

欧美国家高容积率住宅经历由兴盛到衰落的起伏过程。"二战"后，为了解决住宅的缺口问题，建设不少高容积率住宅。20 世纪六七十年代后，由于生活水平的迅速提高以及高层住宅自身的"适居性"问题，美国大量高层住宅被遗弃，成为新的贫民区。随后，城市出现大规模的郊区化，居住空间低容积率扩张，产生严重的"城市病"。近年来，针对郊区化的弊端，西方城市开始提倡提高居住空间的紧凑度。目前，居住"紧凑化"仍然是欧美国家城市实现可持续发展的重要手段，但住宅容积率等指标比我国的城市要低。

香港是个典型的高密度城市，居住空间具有明显的紧凑化特征。它主要通过合理的城市空间结构、居住空间多功能复合、住宅的高层化、高效的空间利用、完善的交通体系、明晰的立法和完善的管理来保证紧凑化居住环境的质量，但过高的容积率产生不少的环境问题，如通风、采光和视线干扰等等。

亚洲其他城市采用了类似香港的方法来实现城市居住空间的紧凑化，在这过程中更加注重与地域气候和文化的结合。它们注重对热带气候的回应，注重应用热带建筑元素，大量使用热带植物，这对于亚热带气候的广州，具有十分重要的借鉴作用。

总结起来，这些不同城市的成功经验包括：（1）居住空间"紧凑化"应注重系统性和多层次性；（2）宏观层面，建立区域整体的发展视野；（3）中观层面，注重居住空间与城市空间的有机整合；（4）微观层面，采用小中见大策略，注重回应地方气候；（5）开发强度控制方面，建立完善的立法和城市管理制度。其中的教训包括：（1）过低密度难以实现集约化，过高密度降低环境质量等；（2）缺乏人性化和多样化难以建立良好社区；（3）缺乏功能的混合难以形成反磁力新城；（4）不能应用僵化的空间模式，而应充分考虑居民的行为模式和文化背景。

注释：

[1] 大卫·路德林，尼古拉斯·福克著．王健，单燕华等译．营造 21 世纪的家园——可持续的城市邻里社区 [M]. 北京：中国建筑工业出版社，2005：62.

[2] 舒平．中国城市住宅层数解析 [D]. 天津大学博士论文，2003：1-13.

[3] 来自大卫·路德林，尼古拉斯·福克等．来源同注释 [2]：69.

[4] 鞠培泉．浅析 Pruitt Lgue 居住区的兴与废 [J]. 新建筑，2003（3）.

[5] 舒平．中国城市住宅层数解析 [D]. 天津大学博士论文，2003：1-13.

[6] 来自大卫·路德林，尼古拉斯·福克等.来源同注释 [2]：69–71.

[7] 杜春宇.密度的研究 [J].华中建筑.2004（6）.

[8] 这段的密度数据来自大卫·路德林，尼古拉斯·福克等.来源同注释 [2]：21-360.

[9] 迈克·詹克斯，伊丽莎白·伯顿，凯蒂·威廉姆斯编著.周玉鹏等译.紧缩城市——一种可持续的城市形态 [M].北京：中国建筑工业出版社，2004：22.

[10] 费移山，王建国.高密度城市形态与城市交通——以香港城市发展为例 [J].新建筑，2004（05）.

[11] 邹经宇，张晖.适合高人口密度的城市生态住区研究——关于香港模式的思考.新建筑 [J]，2004（04）.

[12] 王旭，刘少瑜.新世纪居住生活追求之香港调查报告 [A].论文集编委会.21 世纪中国城市住宅建设——内地·香港 21 世纪中国城市住宅建设调研论文集 [C].北京：中国建筑工业出版社，2003.

[13] 刘少瑜，徐子萍.高层住宅居住环境质量——一次对香港高层住宅居住环境质量的调查 [A].论文集来源同上：261.

[14] 来自王旭，刘少瑜.来源同 [13].

[15] 来自邹经宇，张晖.来源同 [12].

[16] 来自邹经宇，张晖.来源同 [12].

[17] 来自邹经宇，张晖.来源同 [12]

[18] 王旭，刘少瑜，卢林.香港的土地综合强化利用 [A].论文集来源同注释 [13]：187-200.

[19] 王旭,刘少瑜,李百怡.香港高层用户调查的思考与启示 [A].论文集来源同注释 [13]：161–169.

[20] 刘少瑜等.浅析香港城市综合空间 [A].论文集来源同注释 [13].

[21] 资料来自香港运输署.运输资料年报（2003）.

[22] 资料来自王旭，刘少瑜.新世纪居住生活追求之香港调查报告 [A].来源同注释 [15].

[23] （美国）克里斯·亚伯著.张磊等译.建筑与个性：对文化和技术变化的回应 [M].中国建筑工业出版社，2003：180-250.

[24] 叶晓健.查尔斯·柯里亚的建筑空间 [M].中国建筑工业出版社，2003.

[25] 此小节的资料和图片来自于：叶晓健.查尔斯·柯里亚的建筑空间 [M].中国建筑工业出版社，2003.

[26] 资料来自（美国）克里斯·亚伯著.来源同 [24].

[27] 资料来自（美国）克里斯·亚伯著.来源同 [24].

[28] 张磊.面向 21 世纪的亚洲热带大城市——新加坡建筑师郑庆顺的亚洲热带城市概念评述 [J].规划师，2002（9）.

[29] 资料来自张磊.来源同上.

[30] 资料来自张磊.来源同上.

[31] 刘健.基于区域整体的郊区发展——巴黎的区域实践对北京的启示 [M]. 东南大学出版社，2004.

下篇　策略与建议研究

第5章 宏观尺度：建立区域视野，实现密度平衡分布

5.1 宏观层面的调研与分析

5.1.1 住宅容积率空间分布调研与分析

参照阎小培的划分，目前，广州的城市空间由四部分组成：①老城区：即荔湾、越秀、东山及海珠区。两千多年来，这部分一直是广州城市中心，历史悠久，商业繁荣，居住形态具有强烈的岭南文化特征，是目前广州城市人口最为集中的地方。②边缘区：即在老区周边形成新城市区域，包括芳村，白云区及海珠区南部。③新城市中心区：主要在天河区。天河中轴线的 CBD 建设，使天河区成为广州，乃至整个珠江角的商业办公集中区，形成新的居住密集点。④远郊区：包括番禺、南沙和黄埔等。这几个空间组成部分构成当前广州居住密度梯级分布的几个区域，老城区和新中心区是高密度区域，边缘区是中密度区域，远郊区是低密度区。本次的调查也是根据以上区域的划分进行选点调研，围绕着住宅容积率存在相关问题进行分析。

（1）调研与数据分析

为了清楚了解目前城市住宅建设的情况，对广州市近年新建设的小区的容积率进行统计与实地调研。调研范围以一定板块（或条件类似）为标准。区域分郊区、新城市中心、旧城区和边缘结合区 4 个区域，选取 8 个住宅群，148 个小区为对象。新城市中心住宅为：天河北住宅群。郊区住宅为：番禺区、天河东圃、白云南湖住宅群。旧城区住宅：越秀（含东山）、荔湾等住宅群。边缘结合区住宅群：海珠区（工业大道板块）、芳村区住宅群。调研的区位见图 5-1。

调研主要通过数据收集，并进行数据的相关性分析。数据主要来自 www.gz.soufun.com/、广州特色楼盘、部分专业期刊和笔者实地调研资料，大部分数据经过双重资料核实，部分经过实地核对，以确保准确性。统计的结果见表 5-1 和表 5-2。通过数据分析，居住密度的空间分布表现出以下的规律性。

1）居住密度和用地规模的相关性

通过对内城区和郊区调研和数据的分析表面，随着用地规模的减少，容积率随之增大，变化成 "L" 曲线状（见图 5-2）。密度数据研究结论为：在各种条件比较单一的郊区住宅，

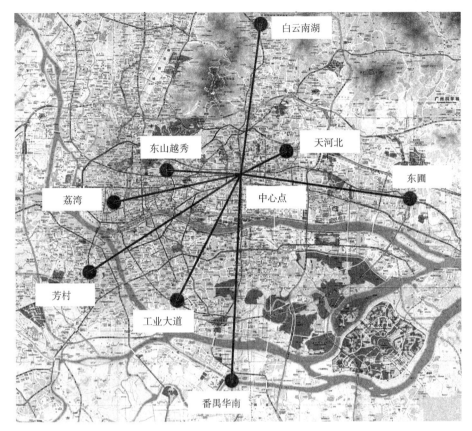

图 5-1　调研住宅群的区位图

广州住宅容积率、用地分区统计结果　　　　　　　　　　　　　表 5-1

区域	住宅群	统计的小区数目（148 个）	住宅群平均容积率	住宅群平均用地规模（hm²）
郊区	番禺（华南板块）	17	1.36	91.07
	天河东圃	33	2.75	9.93
	白云南湖	9	1.41	20.70
旧城区	越秀（含东山）	25	5.39	1.18
	荔湾	14	3.65	4.73
结合区	海珠区	19	3.68	7.92
	芳村	11	2.67	16.80
新中心	天河北	20	6.50	2.33

来源：笔者统计

小区数目按容积率分类　　　　　　　　　　　　　表 5-2

容积率范围	0–2	2–3	3–4	4–6	6–12
小区个数	23	35	31	23	36
所占的比例	15.5%	23.6%	15.5%	20.9%	24.3%

来源：笔者统计

居住密度和用地规模表现较强的相关性，随着条件和影响因素的复杂，两者的相关性随之减弱，回归分析见表 5-3。番禺（华南板快）、天河东圃、白云南湖，由于受到其他因素的干扰比较少，用地规模对居住密度的影响较为显著，总体郊区回归分析的 R 平方值在为 6.2（见图 5-3），F 检验有效，存在强相关性。内城住宅建设则受到区位、交通、基础设施和周边影响条件比较大，存在很多不确定的因素，两者相关性不如郊区明显，内城各区住宅数据回归分析 R 平方值在 0.2 ~ 0.3，见图 5-5，F 检验有效，存在弱相关性。边缘结合区含有郊区住宅同时靠近城市中心区，本身条件复杂，见图 5-4，F 检验无效，两者不相关。中心区（天河北）为 20 世纪 80、90 年代高层高密度模式，容积率都很高且空间分布均匀，见图 5-6，F 检验无效，两者不相关。

　　本次的调研表明，城市住宅平均容积率的分布呈现出内高外低的分布势态，城市中心区和郊区的开发强度差异较大，平均用地规模呈现出内小外大的特征，出现两极分化的不良现象。

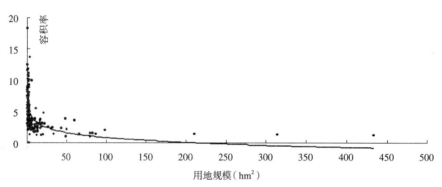

图 5-2　总体居住密度散点分布图
来源：笔者统计

居住密度与用地规模相关性分析结果　　　　　　　　　　　表 5-3

	住宅群	小区数目	总体 R^2 数值	Significance F 值（95% 置信度）	相关性
郊区	番禺（华南板块）	17	0. 6193	0.006<0.05	强相关
	天河东圃	33			
	白云南湖	9			
旧城区	越秀（含东山）	25	0. 2325	0.035<0.05	弱相关
	荔湾	14			
结合区	海珠区	19	0. 1883	0.189>0.05	不相关
	芳村	11			
新中心	天河北	20	0. .0335	0.273>0.05	不相关
总计		148	0. 3833	0.006<0.05	弱相关

来源：笔者统计与计算

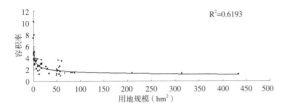

图 5-3　郊区总体居住密度散点分布图
来源：笔者统计

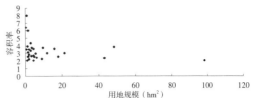

图 5-4　边缘结合区居住密度散点分布图
来源：笔者统计

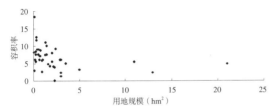

图 5-5　老城区居住密度散点分布图
来源：笔者统计

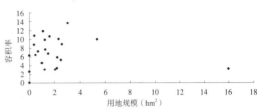

图 5-6　中心区（天河北）居住密度散点分布图
来源：笔者统计

2）居住密度和离城市中心的距离相关性

数据分析表明，居住密度随着离城市中心距离不断减少，容积率由中心的 6.5 递减到郊区的 1.4，两者成反比的关系。相关分析的 R 平方值为 0.84，F 检验有效（95% 置信度），存在强相关性，见图 5-7。这从侧面说明，广州城市扩张仍然是以旧城为中心的，离中心点越远，容积率越低，具有单中心城市空间结构的特征。

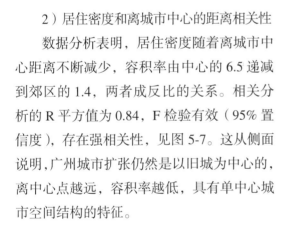

图 5-7　平均容积率与离中心相对距离散点图
来源：笔者统计

3）用地规模和离城市中心距离相关性

广州内城区城市路网小，住宅用地从 1000 ~ 8000m² 不等，规模较小。郊区小区用地较大，规模一般在 20 ~ 100hm²，一些居住区甚至达到 300 ~ 450hm²，陆续出现超万亩的住宅大盘。根据调查的数据，随着离城市中心距离加大，用地规模变大，成正比关系，见表 5-1 和图 5-8，回归分析时 F

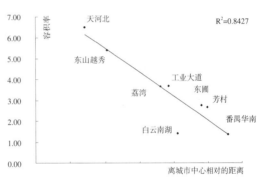

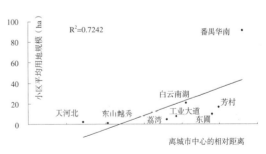

图 5-8　平均用地规模与离中心相对距离散点图
来源：笔者统计

检验无效（95% 置信度），两者不存在强相关性。但在现实中，郊区过大用地规模的开发方式的确不同程度鼓励住宅低强度发展。

（2）现状与问题分析

1）郊区容积率过低，具有城市蔓延的部分特征

通过对广州郊区番禺（华南板块）的小区抽样分析表明，部分小区的用地规模存在规模过大的问题。郊区住宅平均容积率在1.3～2.0左右，相对于市区平均容积率5.0～6.0，密集程度较低。这表明广州郊区居住空间具有大规模和低密度的特点，显示出城市蔓延的初步特征。表现居住空间层面的问题有：郊区住宅以低密度开发为主，存在土地浪费、侵蚀农田的问题；用地规模过大造成低密度开发，住区组织结构松散，存在重复建设、封闭建设和缺乏共享等不足，未达到紧凑高效的目的；各住区独立封闭，具有自己的交通体系和配套设施，缺乏有效的整合；住区缺乏功能混合，过分依赖内城；小汽车居住方式初步出现，出现了由于通勤引起的交通堵塞；住区密度过低，社区活力不足，人气欠佳，居民生活缺乏便利性。

2）内城区容积率过高，环境质量下降

城市中心区的一些居住项目用地较小。由于成本和经济等方面的原因，容积率几乎都超过5.0，为数不少的小区超过10.0，住宅过多采用1梯8户，甚至采用10户、12户以上的户型。住宅建设较少考虑对周边住宅的日照影响，部分住宅采用过小的日照间距，造成生活在层数较低的住户不能满足日照需求，甚至部分北向住户终年没有日照。某些住宅也存在通风不良和视线干扰的问题。同时，住区户外开阔空间不足，开放的公共空间较为狭小。

3）公共资源利用失衡

广州的城市公共资源多集中在内城区，设施完善，利用率高，如教育、学校、公共交通等，部分设施长期处于高负荷状态之中。但在郊区，每个小区为了销售而设的可连通城市中心区的屋村巴士，由于未能共享使用，利用率不高，成为居民的一项负担。郊区住区其他的一些公共设施，如体育场地、会所也因密度过低，城市功能单一和人气不足，使用率不高，难以经营。因此，住宅容积率分布的不均衡造成中心区的公共设施超负荷使用，而郊区却由于密度小而利用率低下，这不同程度地造成公共资源的浪费。

5.1.2　针对高容积率住宅的调研与分析

在广州城区，高容积率住宅占主体。因此，本小节针对这类型的居住空间进行调研，以便深入了解居住空间紧凑化存在的问题。按城市空间结构的一般规律，城市高密度的住宅区一般位于地价较高的中心区和老城区。根据笔者对广州的城市密度的分布调查，旧城区新建住宅平均容积率超过5.5，部分住宅甚至超过10.0。城市中心区居住密度更高，平均容积率达到6.5，如城市新中心区天河北住宅群。据笔者不完全统计旧城区和天河中心区（含东圃，不含郊区）的92个住宅区，容积率在2.0到3.0之间的占14.1%，在3.0和4.0之间的高容积率占26.0%，在4.0和6.0之间的高容积率占17.4%，在6.0到12.0之间的占42.4%。可见，在广州主城区已经以高容积率住宅为主，见表5-4。实际上，我

国大城市的中心区或旧城区住宅从整体上已经步入高容积率发展的时代，如上海和北京也出现类似的情况。

旧城区和天河中心区住宅容积率统计情况（共 92 个住宅）　　　　　　　　表 5-4

容积率范围	0–2	2–3	3–4	4–6	6–12
小区个数	0	13	24	16	39
所占的比例	0	14.1%	26.0%	17.4%	42.4%

资料来源：笔者统计

（1）广州高容积率空间分布特征

1）新城中心集群分布

广州天河区是改革开放后，城市向东发展形成的新中心，依赖于完善的基础设施及新型的金融业，形成集办公、商业及居住的多功能高密度混合区，住宅开发规模较大。天河北路附近和珠江新城西侧由于靠近城市中心，地租较贵，形成平均容积率超过 6.5 的高层住宅群。用地多为棋盘式的小地块，建筑密度较大，住宅以高层高建筑密度为主，集群式分布。户型以多户为主，层数在 18 到 32 之间，多为商住楼，一般 1 ~ 6 层为商业裙楼，6 或 7 层为架空花园，7 层以上为住宅。另外，一些单栋的高容积率住宅，见缝插针，散布于城区中。由于建筑密度过高，居住空间显得拥挤，绿化十分缺乏，交通堵塞的现象十分严重。

2）旧城区住宅散点分布

旧城区高容积率住宅一般呈散点分布。这与旧城区的土地来源有密切的关系，旧城住宅用地多来源于拆迁改造，面积较小，呈零散分布状，难以形成规模。同时，广州旧城区住宅，如越秀和东山等，由于地处繁华的商业区城，地租十分昂贵，拆迁费及安置费加大住宅建设的成本，造成住宅容积率过高的现象。这些住宅多以商住楼为主，紧贴红线而建。建筑形态为高层高密度，一梯多户，层数在 32 层左右。旧城区高层住宅散点分布模式破坏了城市肌理。在广州上下九路，传统的低层高密度的城市空间夹杂着散点式的新建单栋高层住宅，城市景观并不协调，见图 5-9。

旧城高层住宅的居住环境存在不少问题，主要包括：难以成片开发，室外场地不足，功能配套不足；绿化缺乏，空间质量不高；地块较小，多采用满铺的建设方法，对周边地块有不良影响，造成周边地块的日照间距不足；见缝插针布局不能改善旧城区建筑密度过高的情况，反而增加局部地段的人口容量，增加了城市的拥挤度，增加了公共设施压力；未能提供更多的户外开阔空间，不能有效改善旧城区公共空间；采用高层高密度的方式，对原来低层高密度的传统居住形态产生破坏，比如，用来遮阳避雨的骑楼系统，本应为城市提供一种舒适的室外空间，但新建住宅过多考虑首层商铺，对原有的骑楼街巷进行截断处理，缺乏新旧建筑协调；大型小区采用封闭模式，使交通堵塞现象加重。

3）沿珠江两岸线性分布

沿珠江两岸线性分布也是广州高容积率住宅分布的一大特征。珠江横穿广州市区，珠江两岸的住宅可获得优质的自然景观。为了享受珠江美景，住宅布局多采用高层高密度住宅分布的形态。这种带形围合的简单方式，使良好的资源被少数人垄断，形成城市和珠江之间的一堵密集的"墙"，未能发挥河流改善城市景观的作用，见图5-10。目前，沿二沙岛两侧观看，珠江已被高层住宅所围蔽，以此开发的珠江夜游把这样高层高密度的景观贴上现代化的标签，印证人们对现代城市的普遍误解。目前，广州市政府已经开始对珠江两岸的建筑高度进行限制。

图 5-9　旧城区住宅散点分布

来自：www.xinhuanet.com

图 5-10　沿珠江两岸住宅线性分布

来自：www.xinhuanet.com

4）沿交通干线线性分布

广州的高容积率住宅沿交通干线线形分布也是一个重要特征。按照日本人田边键一对城市形态的研究，城市住区首先沿城市主要道路扩散，在一定程度后，住宅在远离道路的区域进行填实，形成由轴线到区域的城市蔓延方式[1]。这种扩展模式在城市发展方向的交通要道较为突出。

1980～1990年代，由于香港的引导作用和深圳的特区政策影响，广州城市朝东部发展。于是，广州东部沿中山大道的体育西附近，直到天河公园，再到棠下和东圃等区域，高容积率住宅沿交通干道密集分布，其容积率由6.0递减到4.0。1990年代后期，广州提出开发南沙出海港，城市开始向南扩展，引发东南部交通沿线土地租价上涨，进而引发住宅容积率的上升。比如，贯穿广州南北的广州大道，从珠江新城到客村附近，一直延伸到洛溪大桥，沿线也由高至低分布不少高容积率住宅。

（2）高容积率分布存在的问题

第一，高容积率住宅大多依附于城市中心或副中心，形成了单中心的城市空间结构，直接影响到容积率的空间分布。住宅布置于交通干道附近，有利于人口交通疏散，但由于单一的功能，过于依赖城市中心，造成人流的单向流动。于是，越靠近城市中心，人流密度越高，产生交通堵塞的现象越严重，从而减弱城市中心的带动作用。可见，把高容积率住宅沿道路布置是一种原始的方法，这将会导致城市"摊大饼"扩张，阻碍城市的健康发展。

第二，过分地利用了城市的稀缺景观资源。城市中景观较好的地段，其经济活动一般较为活跃，土地价格也较高，开发也容易获利，自然成为众多商家追逐的目标，但过度的开发必然破坏这些稀缺资源。珠江作为广州重要景观资源，却没有起到一种促进公共空间系统的作用，其中重要原因就是两岸开发过多的高容积率的住宅，缺乏足够的开阔空间。随着时间的推移，这些住宅逐步破败，将会影响城市景观，可能变成改造和拆除的对象。可见，这并不是可持续发展的模式。

第三，过分地追逐商业利润。以上所提到的布局方式，都建立在高利润的基础上，都占用城市较好的区位，如城市中心、江边或交通干线附近等土地价值高的地方。这种以商业经济为主导的布局方式，由于缺乏有机的整合和有效的监管，出现无序和混乱的没边界扩张。某区域主要存在高利润，就会密密麻麻地建设高层住宅，从而破坏城市生态，降低城市效率，影响城市景观。这在旧城较为突出，尽管通过利用原来的商业基础进行高强度的住宅开发能获得更多利润，但这种方式并非最佳的途径。结果造成广州已经无法体现其城市 2200 多年历史变化的韵味，仅存的一些文物建筑也只能在高容积率的城市环境夹缝生存。相比之下，巴黎在对旧城区进行低强度城市开发时，充分考虑对传统建筑的合理保护，取得了新旧建筑的和谐。因此，高容积率住宅并非解决旧城人口容量过高的一剂良药，旧城改造的住宅建设，不能仅依赖市场经济活动，更需要一种全方位的思维。

可见，大城市的旧城区、景观敏感地区、文物区域不应建设过多的高层住宅。为了解决大量的住宅缺口问题，郊区住宅应向中高容积率发展，避免把过多的城市功能集中在旧城区。因此，未来住宅建设应吸取以前的经验和教训，居住密度的分布应建立在良好的城市空间结构与秩序基础上。

5.2 居住空间紧凑化相关问题的反思

5.2.1 郊区化的实践模式的反思

城市的发展一般经历由分散走向集中的城市化过程，再由集中走向分散的逆城市化过程。18 ~ 19 世纪，欧美经济大规模发展和工业的迅速扩张促使人口不断向城市集中。20 世纪 20 年代后，欧美城市开始出现郊区化的现象。1970 年代后，郊区住宅已发展为部分欧美城市的主要居住方式。1980 年代后，欧美城市过分蔓延引发诸多城市问题。以美国为例，其城市化经历 3 个阶段：（1）1840 ~ 1920 年，人口高度向城市集中，此时的居住密度逐渐上升至最高，城市化的速度较快；（2）1921 ~ 1950 年，城市开始郊区化，出现内城衰败；（3）1951 ~ 1980 年，郊区蔓延，城市人口进一步扩散，出现逆城市化现象。[2]

当前，欧美城市的郊区化产生的问题主要体现在以下几个方面：（1）资源和环境问题。过低密度的居住方式造成土地的大量浪费和农田的破坏，道路和市政管道的铺设过长，利用率低下，电能和水资源的损耗随之增加。私人汽车的泛滥，排出的有害气体增加，造成城市大气的污染。（2）城市交通和城市效率问题。郊区住宅功能单一，城市交通过分依赖小汽车，造成交通堵塞和通勤时间过长的不良现象，降低了整个城市的效率。（3）社区活力问题。低密度居住区普遍存在活力不足的问题，如邻里关系的冷淡，公共设施使用效率低下，居住人群构成单一等。（4）内城出现空洞化现象，由于多数中产阶级迁居至郊区，内城出现衰败的现象。[3]

为了抑制城市的过度蔓延，很多学者提出"紧缩城市"和"紧凑社区"理念。正如前面的总结，到目前为止，"紧缩"的研究取得一定的成果，但仍有很多的研究者质疑城市的紧凑能否带来可持续的效果。通过不断的争论和分析，"紧缩"城市形成以下的理念：以可持续的发展为原则，主张分散走向集中，提高住区的居住密度和紧凑性；通过提高密度，维系公交车和公共设施的运行，提高城市的整体效率；关注社会公平和社区价值；通过紧凑社区的建设，不同阶层的人群混合居住，提高社区活力；提出新城市主义设计原则（TOD 模式），即倡导以步行和公交系统为主要框架的人性化社区建设思想，以及 TND 模式，即倡导以"邻里单位"为基础的住区空间开发模式。

西方国家为应对郊区化带来的负面影响而提倡的"紧凑城市"和"紧凑社区"，理论多于实践，是否可成为一种可持续的城市形态还存在争议。但是，在土地缺乏，城市化加快的今天，借鉴西方国家郊区化的经验和教训，并对"紧缩城市"理念进行辩证思考，对我国住宅建设具有积极的意义。

我国人口多土地少，资源有限，土地资源稀缺对住宅的高密度发展的推动力较大。我国人口大约 13 亿，城市人口占 1/3，在今后十年人口城市化达到 70% 以上，城市需为新增的居住人口提供大量住宅，造成现阶段住宅建设以刚性满足为主。目前，土地资源的短缺已成为我国大城市土地利用的重要特征。因此，对待居住密度，我国不能照搬西方郊区化模式，因应自己本国国情，必须走和自己资源条件相应的集约化道路。

目前，我国的住宅建设在绿色的口号下开发的住宅并非绿色产品，主要体现在过多的宣扬大绿化、低密度和过大室内居住单元面积的奢华生活方式。表面上看，这些低强度的居住空间能满足我们对物质舒适性的追求，满足我们大花园、大绿地、游泳池和小别墅的美好愿望，但从城市整体来看，却是违反生态城市的原则的。生态经济学家在对城市的研究的时候提出了"生态基区"的概念，即"为了维持某一区域人口的现有需要的可生产的土地和水域面积"。一般来说，经济发达的地区需要更大的生态基区来支撑，比如北美的郊区生活方式，是建立在广阔的土地资源的基础上的，即使在空间形态上比较紧凑的荷兰，其生态基区也是其国土面积的 14 倍。[4]

在城市化过程中，广州住宅建设出现的过度蔓延的问题，破坏了周边的生态自然的环境，其主张的低密度舒适生活方式带来了种种的环境问题，并向周边地区转嫁，这并不是一种可持续的发展模式。因此，生态城市应尽量在自身范围内实现自我生态平衡，减少生态基区的面积，避免对周边城市造成不良的影响，并对城市以外的被破坏生态的资源进行一定补偿。可见，"绿色城市"并不等于"可持续城市"，"低密度"也不等于"生态化"。生态的城市应该从区域整体生态平衡上考察，从这个意义来说，一个生态的城市首先是节约资源的紧凑型城市[5]，而一个生态的住区必然是个适度紧凑的住区。

5.2.2　市场化与监管缺失的反思

由于城市级差地租的存在，居住密度自然由内高到外低分布，这符合市场自由经济的规律。但是，仅仅依靠市场化可能会导致住宅开发活动过分追逐利润，使城市整体密度空间分布失衡，从而破坏了城市整体有机的空间结构。首先，城市中心区高地价必然造成住宅容积率过高。比如，珠江两岸由于宝贵的河流景观资源导致地价攀升，两岸盖起高层高密度的住宅区，使得有限和优质的景观资源仅为少数居民所享用，这明显违背城市公共资源应全民共享的开发原则。其次，郊区地价低廉，造成住宅开发强度过低，部分过万亩的住宅以低密度和大绿化来吸引买家，以至土地不能被集约使用。可见，过度自由的市场扩大了内城和郊区的住宅容积率的两极分化，而不是缩小两者的差异性。显然，这种以商业经济为主导的容积率布局方式如果缺乏有效的监管，居住空间可能出现无序和混乱的没边界扩张现象，破坏了城市生态，降低了城市效率，影响了整体城市景观。

另外，城市住宅容积率由多方面因素决定，需要衡量经济、生态和环境质量等多种因素。但仅就实际的情况来说，城市住宅容积率由城市土地的地租等开发成本和地方规划局对容积率的限制条件所决定。显然，当地块获得最大利润时的容积率小于规划局所设定的上限，开发商乐于按照规定进行开发。但如果成本过高，规划局的上限容积率无法满足回收成本的要求，开发商只有向规划局"要指标"才能进行开发。于是，如果监管力度不够，内城区为了完成开发和改造的任务，不得不提高容积率，导致居住空间进一步拥挤。另外，一些区位好的地段，房地产商希望获得更人的综合利润，甚至通过某些途径来提高指标容量，也一定程度导致住宅高容积率发展。实际上，在缺乏必要监控情况下，政府为了实现更多的税收，尽快地招商引资，以便开展项目，导致规划向市场屈服，以致开发商可能会成为住宅容积率的实际制定者。在这时候，有效的监督是保障社会公平和实现城市良性发展的必要措施。

为了实现良好的居住空间结构，规划局通过密度的管理对居住容积率的分布进行调节。其中，城市的密度分区管理方法较为常用。按广州规划局的《城市规划管理办法实施细则》，广州的密度分为四个控制区，是目前城市居住密度梯级分布产生的一个基础。尽管如此，实际建设情况更为复杂，住宅建设不按预定强度开发的情况也有时会发生。其主要原因在于国内城市开发强度确定机制的不成熟。考察国内不同城市对居住密度的控制方法可以发现，不少城市的密度管理仅仅体现了规划部门、发展商以及少数参与其中的专业人士的意见，是一种小范围的决策，具有较大的随意性，缺乏广泛的专家和公众咨询，也缺乏检讨和纠正的有效机制。由于缺乏多方面的深入研究，容积率的制定不够科学。香港在这方面做得比较好，比如九龙地区的密度的检讨和公众咨询充分吸取了各专业的意见，接受包括交通、环保、安全和公众等方面的批评，尽可能在控制条例出台之前充分考虑各方的意见，以制定适合的开发强度，减少出现偏差的情况。

可见，要建设紧凑型住区，市场化和城市监管两者必不可少。首先，市场化是推动住区建设的动力，也是改善居住环境的主要力量，在住宅建设中起到重要的作用。其次，城市的有效监管机制是建立有序和合理的居住空间结构的基础，也是避免密度分布两极分化和盲目发展，有效调配城市资源的重要手段。因此，只有在市场和监管两种力量相互促进和相互制衡的机制下，居住空间才能合理地紧凑化发展。此时，单单依靠某种力量很难实现理想的结果，采取多部门的协调、监管和制衡才是规划管理成功的关键。关于开发强度和居住密度的管理方面的分析，本书将单独进行分析，详见第8章。

5.2.3 居住空间结构模式的思考

（1）城市空间结构与社会发展阶段的分析

按照城市化的一般规律，城市空间结构与经济发展密切联系。经济发展直接影响城市居住空间的布局。城市前工业化时期，社会处于较为缓慢的发展阶段，手工业和商业是城市生活的主要内容。城市主要体现人口聚集功能。城市中心受到技术的限制，容积率不会太高，空间形态以低层高密度为主，中心区与郊区的容积率差异不大，居住密度在空间布局上较为均匀。居住功能与工商功能适度混合，尽管也存在城市中心，但城市其他功能对其依赖作用不明显。城市工业化时期，工业技术的普及对城市空间结构产生影响。由于工业的大规模扩张，城市人口集聚作用进一步加强。新的建造技术和材料的应用，如混凝土和钢筋等，大大提高了居住建筑层数，进一步提高了住宅的容积率。西方大城市在这个时期多形成单一中心的城市结构，城市中心建筑密度不断增长，引发拥挤、卫生、社会和环境污染等问题。后工业化时期，人均GDP较高，人们生活富裕，社会发展进入缓慢时期。由于小汽车的普及，居民可以通过高速路缩短郊区和城市中心区的通勤时间。住宅以独立半独立为主，郊区化迅速蔓延。居住功能从城市功能中分离出来，城市中心区开始出现空洞化现象，城市边缘出现由单中心引起的郊区蔓延。但在规划引导下，城市开始努力向多中心的城市空间结构发展。但是，城市由单中心转变成多中心的过程需要依靠行政力量和城市规划的干预，否则，在自由发展情况下，城市自身难以改变郊区蔓延的发展模式。[6]

目前，城市空间结构的演变开始步入信息化时期。信息化是一场方兴未艾的技术革命，它改变人们获取信息的途径，也将会改变城市的空间结构。以往，城市中获取信息的时间和机会随离城市中心的距离而递减，而信息革命使得这种差异消失。在高度信息化的社会，城市任何角落获得信息机会及时间均等，城市的商业或金融不再依赖城市中心。网上交易、购物以及工作会议使得城市一些功能不再依赖中心区，从而改变城市的空间结构，这种新的冲击力甚至可能瓦解目前国内正在如火如荼建设的 CBD。因此，部分学者认为城市未来将向无中心、均质化和网络化发展。这存在一定的合理性，但目前的信息化尚未达到改变城市空间结构的程度，对城市产生何种影响仍有待进一步的观察和研究。

（2）合理空间结构模式的选择

从发展阶段的空间形态来看，城市的空间结构划分方法较多。但结合上面的分析，并从城市扩张的形态来看，主要有单中心、多中心和网络式三种。

单中心城市空间结构体现城市土地价格与城市中心的距离呈递减的关系。通过地价的调配，城市由内到外形成不同的时间圈层，这在地理平坦城市特别明显，如北京中心是明清时期的皇宫，随着距离的扩大，建筑时段越新。成都也存在类似的情况。在单中心的城市里，高容积率住宅一般分布在地租高的地段，如城市中心区和内城区，造成城市过于依赖中心区，存在的弊端较多，尤其在特大城市，其带来了比较多的问题，比如，交通堵塞、环境污染和城市效率低下等。随着城市发展，高容积率住宅向外散布，在郊区副中心也会形成高容积率的住宅群，以解决城市居住人口的分散问题，形成多中心的城市布局。

现代城市规划较提倡多中心或网络式的空间结构。多中心的结构能有效、合理地分配城市资源，避免城市功能过于集中，能有效减少同心圆结构的弊端，是比较接近现实的空间改良模式。从 20 世纪初以来，欧美城市一直致力于改变城市单中心的空间格局，努力促进城市朝多中心发展。我国大城市也在朝这个方向努力，比如上海、北京和广州等城市，都提出建设"多中心"的城市空间结构。

"网络式"空间结构是一种比较新的空间理论，对于居住空间的紧凑化具有积极的启发意义。1965 年，亚历山大发表《城市并非树形》的文章认为城市是一种复杂的网络结构体系。他指出城市规划师一直希望建构一种明确的体系，把城市分成各种界定明确并独立的部分，每一个小部分隶属于上一级，从而形成一种线形的隶属关系，呈现"树形结构"。他对现实城市现象分析后认为，城市系统具有复杂性，并不具备简单直接的关系，其元素相互交织和相互影响，表现为半网络的特征。他还指出，正是这种半混沌和半网络式的结构体现城市的多样性、复杂性及不确定性，使城市生活存在一种被人们难以定义的活力 [7]。可见，在网络城市中，城市中所有的元素并非孤立存在，联系是它们的根本特性。因此，城市的网络结构并不强调功能分区的明确性，而是注重功能复合和网络式叠加。

在形态上，网络式的空间具有延续性，提倡"边界空间的延伸"，通过对商业、居住等功能空间的延伸，构成复杂多样的多层次空间系统。比如，成都市东部新区起步区的城市设计竞赛中，提交的方案 A 在 Koolhaas 的 La Vilhette 提出的概念上完善，体现了网络城市特点。方案通过对比不同城市的街坊形态，采用了混合型的空间模式，具有可持续性，并且实现多条形城市的叠加和功能混合，具有延续、多元、高密度和充满活力的特征（见图 5-11）。整体空间形态强调高密度带来的城市活力，提供多层次的户外空间，注重边界的处理，考虑了成都网络城市功能混合带来的街道文化延续（见图 5-12）。[8]

（3）广州城市发展所处阶段的思考

2005 年，中国城市的人均 GDP 大约在 2500～6000 美元之间，经济发展阶段从工业化向后工业化阶段发展，这和西方国家工业化道路有点相似。但中国经济发展所处的特殊阶段，又不能完全等同于西方国家 1920～1960 年代的工业化阶段。这是因为，中国的发展是后进式的，同时经历工业化和信息化的多种因素影响，城市空间发展呈现出多变和复杂的特征。比如，居住空间存在工业化带来的人口集中，也出现居住郊区化的人口分散。

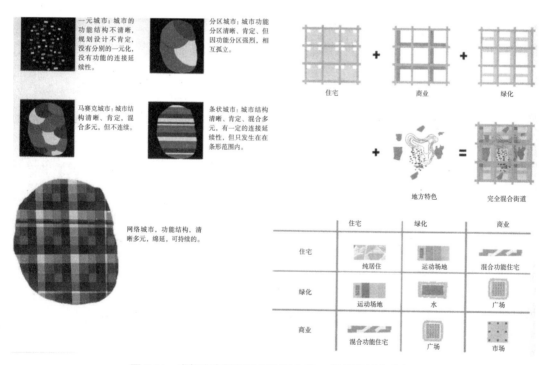

图 5-11　成都市东部新区起步区方案 A 的网络城市分析
来源：成都市东部新区起步区（Ⅰ区）城市设计 . 城市环境 2004（03）

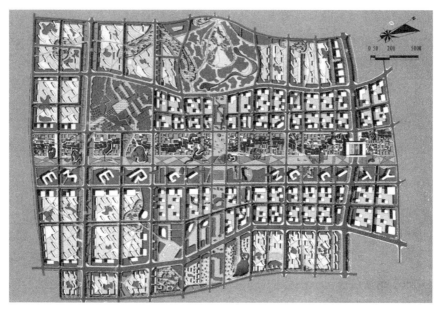

图 5-12 成都市东部新区起步区方案 A 总平面
来源：成都市东部新区起步区（Ⅰ区）城市设计. 城市环境 2004（03）

广州的经济发展正从工业化逐步转变成后工业化，城市空间结构仍是圈层扩展的模式。广州城市发展同样面临单中心带来的各种问题，政府规划部门正在迅速的城市建设中采用多种举措，合理地调整和优化自身的城市空间结构。在各种因素的推动下，广州正努力朝着多中心方向发展。当前，在新的动力下，城市由原来的单中心逐步演变成多中心结构。与此同时，随着城市空间布局变化，居住空间也从原来的高度集中着适度分散发展，但是否能形成多中心的空间格局，并实现居住空间的紧凑化，还有待多方面的配合，本研究也正是为实现这个目标寻找合适策略。

5.3 宏观层面的居住空间紧凑化策略

在中篇的理论和实践的两章里，我们对居住空间的紧凑化的理论和实践进行了分析，总结了成功和失败的经验教训。其中比较重要的一条就是，在宏观层面建立区域整体的视野，合理调配城市资源，这对于广州实现紧凑化居住模式并保持良好环境质量具有重要的借鉴意义。总之，广州通过居住空间在紧凑化来实现良好的空间结构和城市的可持续发展，应该在区域整体的视角下，对城市密度分布进行合理的调整。结合以上的调研和分析，本章提出以下的策略建议。

5.3.1 建立区域视野，实现居住密度均衡分布

目前，由于居住密度的两极分化，在住宅容量不高的情况下，城市出现了内城拥挤和郊区蔓延的城市问题。居住空间紧凑化应该对内城、近郊和远郊的居住空间实现统一

调配，以形成合理的空间结构。因此，居住空间紧凑化关键在建立区域视野，通过对整个城市资源的合理调配，实现密度的均衡分布。

（1）以居住密度为指标，对居住密度实施合理协调和监控

无论"新城市主义"、"紧缩城市"和"紧缩社区"等概念还是更宏观层面上的"精明增长"都关注居住密度问题，主张通过提高居住密度来矫正郊区化带来的负面影响，居住密度在城市建设中是关键性因素。

1980年代以前，住宅开发以行政代替市场，城市居住空间的分布呈现均质和无差异的特征，城市居住空间较为单调。随着90年代的进一步开放，住宅建设却走向了另外一个极端。由于缺乏规范的房地产市场管理，造成住宅建设经济利益大于一切，区位好的住宅项目就想办法获得更高的容积率，而郊区却通过减少密度来吸引顾客，造成居住密度分布的两极分化。所以，加强城市规划的监管力度，协调居住密度的分布是非常必要的。在这过程中，片面强调市场动力或规划的监管都是不合适的，关键在于建立起一种公开、公平和制度化的机制，实现市场力量、规划监控的互动和制衡。城市规划对住宅容积率的控制不仅要限制高容积率，也同样要防止住宅低密度和低容积率发展。现在的密度分布反映了当前经济活动作用下的居住空间分布形态，是符合经济利润最大化的，但并不一定符合城市的长远利益。内城区减少密度，郊区提高密度和当前的经济活动存在一定相左的地方，这就需要管理部门以更长远的目光来评价产生的总体效益，建立一种有效和合理的长期监控机制。（对管理制度和开发强度的控制的研究，在第8章进行详细的论述）

（2）通过多种手段实现密度平衡分布

紧凑的可持续居住形态，不仅在于合理的高密度，更在于其密度分布的合理性。本次调查显示，调研的128个居住区的总体平均容积率明显偏低，大多数的区域还没达到紧凑的目的。从城市整体来看，广州还存在提高密度的空间。但提高整体的居住密度并不意味着在内城区容纳更多的人口。相反，要严厉和有力地控制中心区居住密度，防止密度过高问题。因此，城市整体的居住密度提高只能依赖于广阔的郊区居住密度的提高。一方面，在合理的范围内提高郊区居住密度对城市周边环境保护有利，可促进郊区住区活力和社区文化形成；另一方面，提高郊区的密度可以达到疏散内城人口的目的，对于缓解公共资源过于集中和内城过于拥挤的不足具有重要的作用。以广州为例，内城区和郊区的密度相差较大，内城区平均密度约为郊区的4倍多。因此，内城区可减少居住密度，作为一种数量上的平衡，郊区住宅应适当提高居住密度，加强土地的利用。实际上，部分郊区住宅的容积率接近或超过2.5，仍能实现比较高的环境质量，这为提高居住密度提供一定的实践依据。

同时，随着地理信息系统技术的广泛应用，数字城市为我们对城市居住密度的调整、模拟和反馈提供可靠的技术手段。正如"土方平衡"一样，对城市的密度分布，也可以实现数值上的平衡。例如，在大幅度减少内城居住密度的前提下，由于郊区用地广阔，

郊区居住密度只作适当的提高，就能实现总体居住密度数量上的平衡，在保持城市整体居住密度不变或略微提高的前提下，实现居住密度均衡和有机的分布，并保证较高的居住环境质量。

所以，广州的住宅建设应注重内城和郊区的居住密度均衡发展。我国城市不可能进行大规模的低密度的郊区住宅建设。郊区住宅建设需要考虑老城区的居住密度和人口疏散问题，在郊区化同时更应注重内城区的更新。郊区不能先低密度发展，造成内城中心被遗弃，然后再考虑对内城区进行改造，重复部分西方国家发展的道路。因此，内城区改造和郊区新区建设应同时进行，并均衡发展。

（3）注重空间结构的调整

中国的大部分城市还是存在提高整体居住密度的空间，关键在于有效整合城市空间和合理的居住密度分布。广州的城市规划提出要从单一中心的空间结构向多中心结构的调整。对于居住密度，应同时结合考虑，以达到一个分布均衡的"多核心＋网络型"的居住空间结构形态。为应对城市高密度发展，广州的居住空间宏观层面可考虑多中心布局，微观层面吸取网络型空间结构优点，朝"多中心＋网络"的居住空间结构发展。

这具有三重意义：第一，通过"多核心"来化解单中心带来的城市问题，提高郊区土地的利用强度，减少中心区的环境负荷，提高城市的效率。第二，通过网络型结构，减弱城市地租对中心区距离过于依赖的关系，使得居住密度分布均衡，改善内城区密和郊区疏的两极分化的情况。第三，通过网络型的空间结构，实现城市功能适当混合，提高街道活力，缓解紧凑化带来的环境压力，实现传统居住文化的延续，提高居住环境质量。

5.3.2 强化边界增长，实现居住空间紧凑化

1978 年，弗里德曼与道格拉斯研究宏观的城市与乡村的聚集与扩散问题，针对乡村过分依赖城市中心，提出"有选择性的空间封闭式"的农村发展理论。他进一步指出有边界的空间封闭式既能获得中心区所带来的扩散效应，同时又能避免吸纳效应的负面影响，目的是减少外围地区与中心联动的关系，形成一种自主增长的区域 [9]。尽管有选择性的空间封闭式是研究城市与乡村的关系的，但对城市中心与郊区问题也有借鉴意义。1980 年代后，西方国家面临着大都市过分蔓延的问题，提出"精明增长"模式来遏制城市空间无序扩张。其中，"边界增长"是重要原则，即通过一定边界的划分，有效地保护农田。在边界与边界之间可留有绿地以便进行有效分隔，并改善城市的环境与气候，使建设用地不能侵占保护用地，保护文物和生态区。另外，在增长封闭边界内应围绕着交通中心、公共配套服务，以提供就业、商务和娱乐等功能，保持适当的高密度，避免居住建筑突破边界形成新的蔓延。他提出的城市密度的边界增长和"有选择的空间封闭"一样，目的是使郊区（乡镇）不过分依赖内城区，能形成自我满足的社区，而不仅仅是单纯的居住区 [10]。1995 年，建筑师库哈斯的"南城"与"点城"的概念设计实质也是一种强化边界的高密度空间模式，体现一种城市压缩的特征。方案更是把大量人口压缩至

一个点，在某一区域中通过强化边界，集中密度，以保护自然生态。[11]

在广州，由于缺乏边界的保护，老城区与新城中心未能以绿化有效分隔，使城区连片发展，过于拥挤。珠江两岸、白云山、老城区和万亩果园等区域也受到了高强度住宅建设的侵蚀。这些都是城市建设有待改进的地方。综上所述，强化高容积率居住空间的边界控制，能减低人类活动对自然的破坏，实现人与自然的和谐共存，这对于广州的住宅建设有重要的启示意义。基于广州所存在的问题，我们借鉴强化边界的理论和经验，对居住空间的紧凑化提出一些策略建议。

（1）划分合理边界

边界的划分十分重要，主要涉及内容包括城市与城市、城市与农村、农田之间的边界，也包括高容积率的居住群之间的边界。边界的划分原则包括：限制高容积率住宅大规模发展；保护区内文物；保护区内的自然、山体和河流资源；保护耕地不受侵占。比如，在广州，白云山、珠江、旧城文物区和万亩果园等因素可以作为确定增长边界的依据。

（2）以轨道交通为中心建立边界

高容积率居住空间的边界范围应该以大容量的公共交通枢纽为中心。其中，地铁是一种有效解决城市高人口流量的手段。香港利用地铁把新市镇的密集人口与城市商贸中心连接，建立起以地铁口为中心、以步行为尺度的高密度居住区域，解决上下班的通勤问题，缓解地面公共交通的压力，大大提高城市运营效率，在人口密度很高的情况下，有效减少交通堵塞现象。目前，广州的城市不断扩张，建设中的生物岛、大学城、广州新城、南沙开发区和科学城等在郊区制造多个区域增长点，使城市发展具有多中心的结构雏形。广州借助 2010 年亚运会，在 2009 ~ 2010 年有 8 条地铁投入营运，建设 255 km 长的地铁网，各线路贯穿广州各大组团和新城中心。因此，在广阔郊区，建议结合这些交通站点，以地铁出入口为中心建立住宅的增长边界，使得高强度城市开发的同时，可以保护山野、绿化和农田，见图 5-13。

（3）边界间绿化隔离

沙里宁在他的有机疏散论里早就提出，城市应该由不同的集镇组成，集镇之间用绿化隔离。的确，如果高容积率住宅规模开发过大，可导致区域的交通压力增大，环境压抑。因此，不宜鼓励采用连绵式的高容积率布局方式，宜采用组团的模式，每个组团保持适当的规模，并以绿化进行隔离。高容积率住宅带来复杂的交通和过量的废物排放，可能造成环境污染，如热岛问题、交通堵塞和空气质量下降等。在

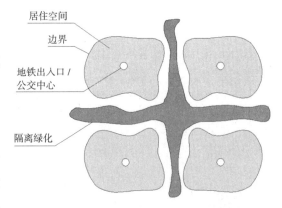

图 5-13　强化边界的居住空间布局
来源：笔者总结

边界间保留适当绿地，如水体、公园和绿化等，能吸纳更多的废气，增加绿量，调节居住环境，增强城市居住空间的生态功能。另外，在组团边界之间预留未开发用地，也为城市增加设施和改建等留下充足余地，见图5-13。

（4）离敏感点容积率递减

对城市中的生态敏感区域，应对住宅的容积率进行有效控制，采用离中心距离越近，容积率越低的递减的控制原则，见图5-14。比如，对珠江景观控制，越靠近生态敏感区边界，如江面，其容积率越低，越远则越高。通过这样的策略，一方面，通过对生态敏感区域附近地段的低强度开发，避免过大的工程挖填对地质生态破坏，适当保持边界附近的原生态；另一方面，由低至高的模式可保留中心区域的开阔空间形态，形成多层次外部空间，避免高层住宅围绕中心而产生"墙"式布局，破坏城市景观。

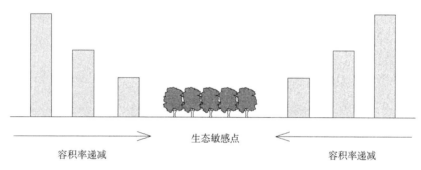

图5-14 离敏感点容积率递减原则
来源：笔者总结

（5）边界内集群发展

高容积率居住空间发展必须改变原来的点式和线式的非理性的布局，采用"面"的集群模式，以改善场地狭窄和环境质量下降等问题。群式的集约化发展优点包括：可以节约土地，遏制城市无序扩张；可以在住宅小区间互通有无，加强资源的共享，减少公共设施的重复建设，提高公建的利用效率和配套的水平；可以缩小人类活动范围，保护农田；可以通过大容量交通方式来组织交通的疏散，有效地遏制私人交通的泛滥；可以对人口实施有效管治，形成新社区。但高容积率不意味着高密度，从广州天河北经验来看，高层高密度的居住方式容易产生空间的压抑感以及通风、日照和视线干扰等问题，存在很多不合理的因素。因此，建议以高层低密度的方式为主，结合部分低层住宅，营造多样性的城市空间环境。

（6）边界内功能混合

在功能方面，住宅容积率的提高，意味着交通流量的加大。单一居住功能建设模式，使购物和办公等功能不得不依赖城市中心，进而使住区演变成卧城，增加城市通勤的时间。广州番禺郊区的居民由于长期奔波于郊区与城市中心之间，深感不便。近年来，部分居民希望重新搬回城市中心区居住。因此,高容积率住宅群应注重就近解决就业问题,并于区内设置城市各种功能设施,包括购物、办公和娱乐等,以解决居民生活各种需求。因此,高容积率住宅区应以社区模式为主导,避免功能过于单一化,注重社会和文化对高容积率居住环境的调节作用,强调多元文化、多样功能以及多类型空间的混合,提高住区的归属感。

5.3.3 城区减少容积率,改善居住环境质量

与郊区情况相反,广州内城住宅建设以高密度为主,但由于开发强度过高,引发很多环境和生态的问题。实际上,紧缩的城市要注意紧缩的"度"的问题,并不是居住密度越高就越好。所以,广州内城发展应该立足于减少容积率,加强空间整合的力度,提供更多的城市公共空间。对于内城区住宅建设,不能单以经济利益为目标,而应考虑城市的整体综合效应。可行的方法是结合郊区住宅的建设,减少内城区的居住密度,改善高密集的环境压力,提供更多开阔的城市空间。总体来看,通过内城区减少开发强度和郊区提高容积率的方法,可以维持城市整体均衡发展。两者是相辅相成的,有利于优化整体的居住空间结构。

在具体的策略上,首先尽量避免把大型的城市功能设施设置于内城,以减少大规模的住区开发导致的人口进一步集中,避免旧城进一步拥挤。其次,考虑到内城小区用地规模较小,建议利用相互联合的方法加强同一区域住宅区的空间整合,通过平台连接和绿化的一体化建设,实现资源共享,改善环境空间狭小的缺点。最后,可通过建筑设计的方法来增加城市开阔空间,可采用首层架空和设置空中花园等手法,改善高密度的居住环境。

5.3.4 郊区提高强度,增加城市住宅总量

(1)郊区提高强度的必要性

任何一个城市的规模都是由小到大,渐进发展而成,在城市扩张的同时,居住空间不断向外扩张。从这个角度来说,城市成长本身就是一个不断郊区化的过程。因此,只要城市在扩张,郊区化就不可避免。西方发达国家在地稀人广、社会成熟和技术先进的情况下依然对低密度说不,这种方式就更加不符合我国人口多和人均耕地少的实际国情。目前,我国人均GDP还在全球100名以外,多数居民还是处于中低收入,在经济上难以承担西方式的独立和半独立住宅的田园生活方式。因此,在很长的一段时间内,集合公寓依然是我国住宅类型的主体,中高容积率住宅也将是城市住宅建设的主体。

就广州而言,旧城区和城市中心能开发的住宅用地已经不多,要解决巨大的居住面积数量缺口问题,使得城市能容纳更多居民,改善居住环境,住宅只能向郊区发展。因此,无论从实际的经济情况,还是从可持续发展的战略来看,我国在大城市郊区推广中高容积率住宅具有现实的意义。首先,通过郊区中高容积率住宅的建设,能解决城市旧城人口密度过高的问题,并降低住房的开发成本,解决更多的中低阶层的住房需求。其次,

通过适当提高郊区住宅开发强度，可以减少住宅用地对农田的侵占，保护自然环境资源。最后，提高郊区住宅容积率能有效遏制低密度的"摊大饼"式城市蔓延。

况且，广州郊区住宅目前普遍存在人气、活力不足和过于依赖内城区的问题。紧缩城市和紧凑社区的研究表明，适当提高居住密度，通过要素整合，可改善这样的问题。第一，郊区住宅通过提高居住密度，可提高人群的多样性，避免人群构成过于单一，形成文化多样的活力社区。第二，通过增加居住密度可以提高公共设施的使用频率。第三，增加居住密度可提高社区功能的多样性，为社区增加"人气"。

（2）郊区提高强度的可行性

我国的紧凑型住宅同西方的紧缩城市不是同一概念，对西方的紧缩模式要慎重对待，一些结论也不能照搬。城市的居住密度的影响因素非常广泛，是多层次和多因素合力作用的结果，下面主要从资源条件、社会文化和发展阶段等方面对我国和西方城市郊区实现紧缩化、提高住宅容积率的可能性进行对比分析。

1）资源条件

我国人口多、土地少，资源有限，土地资源稀缺对高密度的推动力较大。我国城市须为新增的城市居住人口提供大量住宅，造成现阶段住宅供应仍以刚性满足为主，住宅建设周期短、数量大。于是，高密度是一种不可避免的居住模式。西方国家在人口和资源方面条件相对优越，如美国生产力发达，不仅在人均汽车保有量和个人财富方面远超我国，人均用地和资源也非我国所能及。西方国家目前提倡的紧缩城市主要是从节约能源和提高住区活力的角度出发。因此，在对待居住密度上，我国不能应用美国郊区化模式，必须走与自己资源条件相应的集约化道路。

2）发展阶段

目前，我国的城市化加速，人们急于涌进城市。城市郊区化刚开始，郊区低密度发展还是普遍存在。美国与欧洲城市经历了由集中到分散的过程。目前，西方国家住宅建设已基本满足居民需求，不少居民拥有二处居所，居民更关注生活质量，如邻里之间交往、生活便利性和住区活力等较高层次要求。郊区住宅已经是住宅的主体，正步如"后郊区化"时代，这和我国的发展阶段明显不同。

3）社会文化

传统的因素影响着当今聚居形式，不同地域文化、民族宗教文化都反映在居住形态上。我国传统哲学主张天人合一，人与自然和谐相处，这与可持续的平衡生态系统理念一致，具有朴素生态主义思想。在这种传统哲学思想影响下，我国居民具有勤劳、忍耐的性格和讲求和谐相处的文化特性，这正是高密度所需的"忍耐"的文化背景。西方国家的宗教和传统文化更多体现人类中心论，基督教认为上帝创造人，人主宰整个自然界，但服从于上帝，这造成人凌驾于自然之上的思想[12]。从个性来分析，西方人主张自由和独立，子女长大后需独立生活，人际交往十分讲求私密性，相互之间保持一定距离，对高密度居住环境抱有一定的排斥心理。所以，多数西方居民并不喜爱高密度环境，尤其拥挤嘈杂的公共生活场所。

4）建筑形态

紧缩是一个相对的概念，何种居住状态才算得上是紧缩呢？300人/hm²，还是1200人/hm²？对于紧缩的认识，中西方存在不同的观念。英国一些研究认为社区密度达到300人/hm²已算紧凑的居住形态（依据是维系普通公交车运营的最少密度为100人/hm²，而电气化公交车为240人/hm²）。在空间形态方面，西方高密集住区仍以多层的围合院落为主。但这些数据对于我国城市住区明显还是低密度。像广州这样的城市，市区住宅区居住密度几乎超过1000人/hm²，郊区也可以达到600人/hm²。在空间形态方面，由于高层建筑相对土地成本减少，人们价格支付能力不断增强，并且，高层住宅利用减少建筑密度和加宽楼距可达到优质环境要求，于是，高层住宅被广泛接受。

5）使用者

目前，我国大城市郊区住宅尽管自然环境质量好，但距离市区较远、通勤时间长，而内城住区的公建配套和教育设施完善，生活便利。从综合角度看，市中心区的生活质量仍是比郊区高。多数中高收入的中产阶级目前还是选择居住在内城区的高密度小区。除了部分富人居住在远郊别墅区，居民购买郊区住宅的主要原因是价格便宜，入住的居民也以中低收入阶层为主。这与欧美国家还是有一定的区别。西方多数家庭拥有机动车，助长了住宅郊区化发展，相对富有的中产阶级主动搬到郊区居住，而社会最低阶层的贫困居民才留在内城区。可见，我国和西方发达国家郊区住宅的使用对象并不相同。

通过上面的比较发现，我国的特殊国情、严峻的人口和土地压力以及人民的生活习惯和文化传统等方面为实现紧凑城市提供多种可支持因素。紧缩城市在我国获得的支持率比西方国家高，见表5-5。因此，我国大城市的郊区建设完全可以越过低密度蔓延的阶段，建设紧凑和高效的郊区居住空间。

东西方高密度住宅相关情况比较　　　　　　　　　　　　　　表5-5

项目	中国	西方发达国家
资源条件	人口多土地少/土地资源稀缺	人口少/土地资源宽裕
发展阶段	郊区化城市开始/刚性满足为主	"后郊区化"时代/高生活质量追求
社会文化	和谐/忍耐/血缘/文化/适应高密度	独立/私密/排斥高密度
目前建筑形态	高密集的/高层的	低密度/独立或低层
住宅使用者	中低收入阶层	贫困居民/部分富裕者

资料来源：笔者总结

（3）广州郊区提高强度的现实性

当然，郊区住宅还是要适当维持资源环境质量好的特点，以吸引更多的内城居民。

郊区中高容积率住宅必须和城市副中心及卫星城结合起来，才能提高居住空间的便利性和适居性。目前，广州的城市在不断扩张。近年来建设的生物岛、大学城、广州新城、南沙开发区和科学城等都在城市郊区制造多个的区域增长点，城市基本具有多中心的雏形。因此，可以结合这些区域适当开发中高容积率的住宅。

不少学者认为郊区住宅的优点在于密度低和自然环境好，批评房地产商在郊区开发高容积率住宅为了获得更高的商业利润，这固然有一定的道理。但如果从城市的人口容量和节约资源更宏观的角度来看，笔者认为这些中高容积率的住宅区还是有积极的意义。况且，在一定范围内提高容积率仍能保持较高的环境质量，也受到居民的欢迎。广州郊区开发高容积率的住宅也有成功的经验，如较大规模的住宅区，包括龙海湾、星河湾、华南新城三期和祈福新村后期开发32层住宅等等，都能实现较好的环境质量。其中尽管有房地产销售的策略因素，如先通过低密度来吸引顾客，后期通过高密度补偿建筑面积，平衡整体的容积率。但无论如何，这些住宅的成功也证明了在郊区开发中高容积率的住宅完全有可能实现良好的居住环境，并符合市场的需求。

需要指出的是，郊区发展高容积率住宅不能照搬目前内城区那种高层高密度的超高容积率模式。提高郊区住宅的容积率，增加住区的集约度，主要基于郊区土地粗放使用情况而提出，是在保证环境质量的前提下进行，而不是越高越好，合理的开发强度仍然是关键。所以，郊区住宅提高容积率是不影响环境质量的前提下适当调整居住密度，不能采用极端高层高密度的开发模式。

（4）广州合适容积率建议

目前，广州远郊住宅容积率在1.5～2.0之间，存在开发强度过低的情况。根据前文的分析建议郊区住宅容积率在2.0～3.0之间，以实现相对紧凑化的居住模式。建议这样的一个值域，主要考虑了广州的实际情况，包括以下几个原因。

第一，从现实情况来看，市区部分容积率在3.0～5.0之间，存在环境质量下降的问题，空间较为狭窄。因此，郊区住宅如选大于3.0或5.0，不利于改善居住环境。因此，过高的容积率（超过3.0）的住宅不适宜在郊区发展。

第二，从节约土地的角度来说，不能按目前的低强度的开发模式。即使2.0的容积率，对广州这种密集型城市在综合利用土地上仍存在不足。按模型分析，如采用4户的户型，11层即可达到2.0的要求，或采用围合的模式，6～7层也可达到2.0左右的容积率，开发强度仍有提高紧凑度的余地。1980年代初，国内城市经济能力较低，居民普遍难以承受高层住宅带来的高昂建造成本。但随着人均收入的增加，住宅建造相对成本在不断下降。目前，土地价格反而成为影响房价的主要因素，高层住宅可以被接受。于是，广州最适合大众经济收入的住宅层数，由6层到11层，再到18～32层。从目前的建设来看，18～32层住宅在经济与节地上较有优势，具有较为广泛的应用前景。问卷也显示，广州居民对12～18层的住宅的认同程度最高，32层住宅在市区或市区边缘也受到欢迎。因此，18～32层住宅在郊区推广仍是合适的，并受市场欢迎的，而这个层数实现的容积率在2.0～3.0之间。

第三，采用2.0～3.0之间的容积率，在实际应用中，部分住宅容积率可拓宽范围至1.5～3.5，对应的居住模式，可采用高层低密度或多层高密度相混合的形态。如果容积率采用3.0～5.0，住区有可能出现清一色的32层住宅，过于死板。同时，住宅容积率在2.0～3.0，必然会排挤别墅或多层型的住宅，使其占的比例下降。从宏观角度来看，有利于解决中低收入者的居住问题，也符合国家推行节约型社会和节地省能型住宅的政策，具有积极的社会意义。

第四，适当提高郊区容积率可增加地方政府税收，可以用于改善公共设施。梁鹤年指出，紧缩主义在西方国家能够受到各方面的支持，重要原因在于能满足各方面的需求：1）适当提高居住密度，增加地方税收能有效改善基础设施，站在政府立场上，持较为肯定的态度；2）对开发商而言，提高容积率一直是其获得利润的主要途径，提高密度首先会得到其支持；3）对使用者而言，适当提高容积率，增加住房的供应量，平均地价也下降，房子的售价也随之下降，可解决大量中低收入者的居住问题；4）对于环保者而言，住宅采用集约模式，可减少对自然的破坏，对环境保护具有积极的意义[13]。因此，提高居住空间的紧缩度可以提高土地的利用效率，从中获得的利益能为多方面共享，形成多赢的局面，有利于政策的推广。

第五，从现实来看，适当提高容积率仍然能维持良好的环境质量。从笔者对郊区住宅的调研来看，容积率在2.5～3.0，仍能获得较好的环境质量。一些楼盘多采用18～25层的住宅，从一梯4户到6户不等，但在居住环境上仍属优秀，深受居民的欢迎。

总之，从现实的角度出发，广州郊区的住宅容积率如果在2.0以下，可能会造成土地的浪费，在3.0以上可能会出现高密度带来的种种环境问题，降低郊区住宅环境质量。因此，2.0～3.0的住宅容积率是广州郊区较为适宜的紧凑化开发强度。

5.4 本章小结

本章主要从城市的角度来研究居住空间紧凑化的宏观方面的问题。

通过实地调查和数据收集，分析了广州城市居住密度（容积率）在城市空间分布的现状，探索其规律性。通过对广州148个小区调研和统计，分析了广州居住密度、用地规模等方面的问题。数据分析表面：随着用地规模增加，住区的居住密度减低，两者变化关系成"L"曲线状；随着居住小区离城市中心的距离增大，居住密度出现递减的趋势。从结果来看，居住密度在城市空间分布上存在一定的混乱情况，主要体现在内城过高和郊区过低的矛盾，降低了居住环境质量。

通过实地调研发现，广州高容积率住宅的空间分布具有新城中心集群分布、旧城区散点分布、沿珠江两岸线性分布和交通干线线性分布等几种典型模式，反映了城市高容积率居住空间的分布具有缺乏边界和过分依赖城市中心等缺点，造成城市居住空间环境压力加大。

本章从郊区化的实践模式、市场化与监管缺失和居住空间结构模式等三方面思考广州住宅建设所面临的问题。

本章从区域整体出发，提出宏观层面的策略建议，包括：

（1）通过密度的均衡分布，实现良好的居住空间结构；

（2）强化边界增长，实现居住空间紧凑化；

（3）内城区减少密度，改善居住环境质量；

（4）郊区提高开发强度，增加城市住宅总量。

出于集约化发展目的，本章提出大城市郊区应该适当发展中高容积率住宅，并论述了郊区住宅提高开发强度的现实意义，重点分析其可行性，并对广州郊区合适的容积率数值进行多角度分析，提出合适的容积率数值（2.0 ~ 3.0）的建议。

注释：

[1]　曾菊新.现代城乡网络化发展模式 [M].科学出版社，2001：41-50.

[2]　卢为民.大都市郊区住区的组织与发展——以上海为例 [M].东南出版社，2002：40-42.

[3]　陈海燕，贾倍思.紧凑还是分散.城市规划 [J].2006（05）.

[4]　陈易编著.城市建设中的可持续发展理论 [M].同济大学出版社，2003：44-45.

[5]　毛刚.广东高品位住区的城市学反思与研究 [J].城市规划，1999（07）.

[6]　本段的论述参考聂兰生，邹颖，舒平等.21世纪中国大城市居住形态解析 [M].天津大学出版社，2004.

[7]　韩冬青，冯金龙等编.城市·建筑一体化设计 [M].东南大学出版社，2004：6.

[8]　成都市东部新区起步区（I区）城市设计 [J].城市环境，2004（03）.

[9]　曾菊新.现代城乡网络化发展模式 [M].科学出版社，2001：41-45.

[10]　卢为民.大都市郊区住区的组织与发展——以上海为例 [M].东南出版社，2002：73.

[11]　张路峰.城市的复杂性与城市建筑设计研究 [D]，哈尔滨工业大学博士学位论文，2005.

[12]　资料来自陈易.来源同注释 [4].

[13]　梁鹤年.精明增长 [J]，城市规划，2005（10）.

第6章　中观尺度：加强城市整合，缓解紧凑化压力

上一章主要从区域整体的角度，强调居住空间紧凑化应从城市整体层面适当提高开发强度，合理分布密度，形成良好的居住空间结构。本章则从次一级的中观尺度，研究如何通过空间的整合来实现居住空间的紧凑化，并改善现有高密度住区居住环境质量。本章也采用"调研－分析－解决问题"的模式展开研究。

6.1　中观层面的调研与分析

当前，大城市居住空间紧凑化出现了高层化、立体化和集中化的特征，带来的问题更加复杂，需要从城市整体的视野出发，加大空间形态的整合，促成居住空间和城市空间的一体化，缓解高容积率带来的环境压力。

城市住宅用地约占城市总用地30%，是城市整体的重要组成部分，居住空间和其他城市功能密不可分。传统的城市形态，居住空间和城市空间有机地融为一体。比如，广州住宅的骑楼模式，居住空间和城市街巷系统相互渗透，外部空间趋于一体，产生了多样化和尺度宜人的外部空间体系。而下铺上住的空间模式把工作地点、商业设施和居住功能并置，实现了功能的混合，缓解了高密度带来的空间压抑。新中国成立以来，以现代主义原则建立起来的住宅区，过分强调功能分区、形态单一，呈现出住区与城市剥离的势态，形成大量非人性化的"居住机器"而不是"生活场所"，降低紧凑型居住空间的适居性。

为了了解当前广州中观层面居住空间紧凑化所带来的问题，本调查主要通过住区与城市的结合区域进行实地调研和问卷访谈，其中，街道是一个分析的重点。

6.1.1　街道现场调研与分析

街道起到联系城市与住区的重要作用，街道的人群活动情况能客观地反映城市空间和居住空间的相互关系。因此，本书通过街道的人群活动的实态调研来分析紧凑型居住空间和城市之间的互动关系，主要目的是找出紧凑化带来的各种问题，并分析其原因，寻找解决的措施。

为了研究不同密度对居民生活模式的影响，调研地点选择广州不同密度的四个区域，

包括老城区、新城中心、边缘区及郊区四个不同容积率的小区。调研的目的是通过比较的方法，分析容积率和街道活动的相关性。目的在于分析不同密度下居住区的交通活动构成和街道活力。为了能客观反映实际情况，笔者先根据上一章容积率的调查，选取容积率高、中、低的几个小区的街道。由于这些街道一般为几个小区所使用，容积率采用附近几个小区的平均容积率。为了避免由于过境车辆及人流影响本研究的准确性，选取的地点必须各条件相似，尽量使外界的影响力相一致。于是选取天河北、天河公园、东莞庄和二沙岛住宅区的附近各街道，见卫星地图 6-1 和实拍街道图 6-2 ~ 图 6-5。为了避免不同时段造成行为频率的差异，调研在相同的时段进行。在观察时，分连续四日（非休假日）早上 10：30 ~ 12：00 进行统计，其获得的数据见表 6-1。

天河北高容积率住宅区　　天河公园中高容积率住宅区　　东莞庄中低容积率住宅区　　二沙岛低容积率住宅区

图 6-1　调查地点卫星航拍图
来源：从 google earth 软件截图

图 6-2　天河北住宅区调研街道实景
来源：笔者摄影

图 6-3　天河公园住宅群调研街道实景
来源：笔者摄影

图 6-4　东莞庄住宅群街道实景
来源：笔者摄影

图 6-5　二沙岛住宅区调研街道实景
来源：笔者摄影

不同容积率住区街道交通活动构成（人次）　　　　　　　　　　表 6-1

地点	容积率	人行	自行车	小汽车	公共交通
天河北住宅群	6.5	232	10	172	344
天河公园住宅群	4.0	96	6	165	232
东莞庄住宅群	2.5	72	12	110	152
二沙岛住宅群	0.5	10	1	48	56

注：本表为 2006 年 10 月 10 日～13 日下午 3：00-3：10 街道截面通过的流量统计

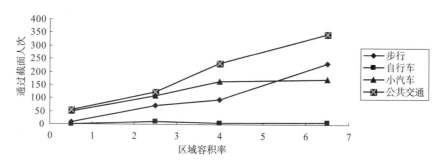

图 6-6　不同容积率下人流量比较
来源：笔者统计

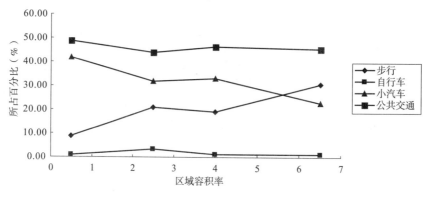

图 6-7　不同容积率下流量占百分比比较
来源：笔者统计

通过对表 6-1 的数据进行相关性的分析，我们可以得到图 6-6 和图 6-7 散点分布的比较图。图 6-6 的结果表明，随着容积率的提高，人行、公共交通和小汽车的流量都在增大，这是十分自然的结果。随着容积率的提高，公共交通流量增加得比较快，但所占的比例基本维持不变。随着容积率的提高，步行交通的流量增加得比较快，所占的比例也呈上升趋势。随着容积率的提高，小汽车使用量在容积率 0.5 ~ 4.0 时有较大的增长，但在 4.0 ~ 6.5 时差别不大，但所占的比例呈下降趋势。而自行车的流量不见有大幅的提高，占的比例也很少。

这些数据表明规律性为：（1）广州居民出行已经不把自行车作为首选，这是公交出行的便捷和小汽车普及的结果。（2）提高密度能促进鼓励居民的步行行为和公交的使用，但公交使用的占有率维持不变。（3）随着容积率提高，小汽车的使用率随之下降。

从图 6-6 的分析可见，居住空间中观层面需要改善的问题为：随着容积率的提高，街道的人流和车流在大幅增加，环境压力也随之加大，城市需要提供更加舒适的步行环境，以实现人车分流，并维持较好的居住环境质量。但实际调研发现，广州居住区公共空间未见有效的处理手段，一些高容积率区域，如天河北等住宅群存在外部空间比较狭窄、人流和车流较为杂乱、街道缺乏人性化等问题，有待进一步改善。

6.1.2　居民问卷调查与分析

问卷调查目的有两个。一是研究不同开发强度下，居民对各环境条件的满意度的差异，并通过不同强度比较，期望能找出开发强度与居住环境质量之间的关系。二是找出居民评价比较低的环境因素，以便进行改善。

这次调查的结论并不全为本节提供支撑。但为了调研分析的完整性，所以放于本节。

在抽样问题上，如果按几个不同容积率的小区进行分类调研，工作量大，而且由于居民对环境满意度与建设水平、物业管理等关系比较大，结果可能造成较大的偏差。因此，问卷决定通过随机抽样的方法来展开，调研的对象是一些长期在广州居住的居民，包括一些学生、老师和各种企业的职工等。

由于普通居民不能准确理解容积率的含义，因此问卷通过一些背景条件的问题来推断和界定访问者居住地的开发强度，再进行分类。本问卷通过被访问者所居住的住宅层数及其周边住宅层数来确定其居住区域的容积率，并把其分为低容积率 1 ~ 6 层、中容积率 7 ~ 11 层、中高容积率 12 ~ 18 层和高容积率 19 ~ 32 层等四类（由于统计中居住在超过 32 层的住宅占的比例很小，本书把他们归为高容积率部分）。问卷主要调研的因素包括把小区环境分为交通、采光、通风等 15 方面。每项因素都采用分级评价的方法，分为：好（100 分），较好（75 分），一般（50 分），较差（25 分），差（0 分）等 5 个等级，以便通过分值的方式计算每项平均分值，以此进行相互的比较分析，以了解空间的紧凑化对哪个因素影响比较大，居民对哪些因素评价比较低，以发现其中存在的问题，有针对地提出改善策略。

本次问卷访谈共发出85份问卷,回收到的有效问卷有79份,有效率为92.9%。其中,低容积率(1~6层)为8份,中容积率(7~11层)为43份,中高容积率(12~18层)15份,高容积率(19~32层)为13份。在本次抽样中,居住在中容积率(7~11层)住宅的人数最多,占54%,中高容积率(12~18层)住宅的人数其次,占19%,居住在高容积率(19~32层)住宅的人数第三,占16%,居住在低容积率(1~6层)住宅的人数最少,占10%。见图6-8。

(1)数据分析

在总体评价层面,通过15项因素的平均分统计,满意度平均分由高到低为:中高容积率(12~18层)、高容积率(19~32层)、中容积率(7~11层)、低容积率(1~6层)。可见,被访居民对中高容积率(12~18层)总体环境质量的满意度最高,高容积率(19~32层)其次,第三为中容积率(7~11层),低容积率(1~6层)最差。见图6-9。

对每个因素的得分排序发现,平均分低于50的,即评价在一般以下者(较差或很差)有绿化、离学校距离、户外开阔度、户外活动场地、体育设施等5个方面,其余平均分则超过50。可见场地不足和空间狭窄是本次受访者较多认为不足的地方,见图6-10。

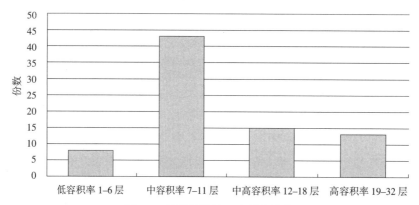

图6-8 问卷数量按开发强度分类
来源:笔者统计

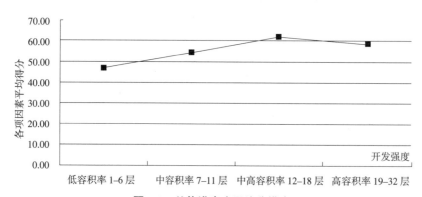

图6-9 总体满意度平均分排序
来源:笔者统计

平均得分

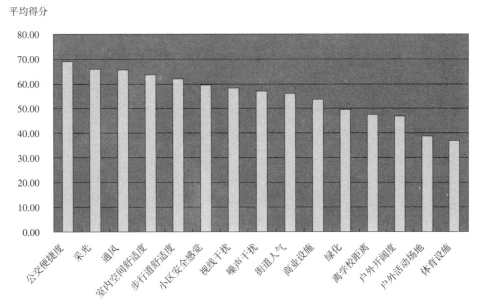

图 6-10　各因子平均分排序
来源：笔者统计

（2）分析的结论

1）容积率和环境质量相关性

本次调研中，无论是总体评价，还是分类成各种因素来分析，居民对中高容积率（12 ~ 18 层）的住区环境满意度最高。其次为高容积率（19 ~ 32 层），表现也不错。第三为中容积率（7 ~ 11 层），低容积率（1 ~ 6 层）为最差。因此，就本次调研来看，12 ~ 18 层中容积率住宅应该是本次访谈最为满意的住区类型，19 ~ 32 层高容积率也广泛被居民所接受。可见，中高层数（容积率）的住宅在本次调研中，比较受欢迎。

从居民满意度来看，居住环境质量和住宅开发强度的确存在某种关系，随着容积率的增加，居民对居住环境满意度在提高，但达到一定的程度之后，环境质量就会下降。也就是说，对环境质量而言，是存在一个合理的容积率数值，使得环境质量最高，低于其或高于其都可能导致环境质量的下降，变化的拐点是 12 ~ 18 层住宅所对应的中高容积率数值。其规律可以总结为图 6-11 所示。

在未进行数据分析前，按传统的观念

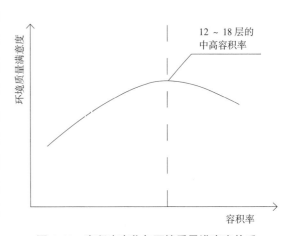

图 6-11　容积率变化与环境质量满意度关系
来源：笔者分析

和以往国外的相关研究,笔者开始认为低层住宅的环境质量满意度会比高层住宅的优秀,但实际情况并非如此。在这次访谈中,1~6层的容积率住宅表现反而最差。这有可能因为多数居民居住在城区,1~6层住宅应该是楼龄比较长的住宅。这些住宅一般建于20世纪80~90年代或更早,标准较低,很多住宅的间距并不按照1:1的比例,种种因素可能会导致居民对其评价比较低。另外,原来认为,高容积率会带来更多的采光、通风和干扰等问题,但在本次调研中,居民对此还比较满意。这可能是因为高层住宅一般建设比较迟,基本能按照日照规范来建设,由于拉大了住宅之间的间距,增加了其舒适性。

对于高层住宅,尽管很多研究认为其存在社会缺陷,特别在欧美地区,对于这些研究结论我们还必须细心分析论证。本次调研结果表明,居民普遍对高层住宅表现出认同感,尤其对12~18层的住宅。另外,香港大学的调查也显示了香港居民对高层住宅的认同。徐磊青对上海居住环境的调查也显示,高层住宅也能获得良好的邻里关系和较好的私密性。可见,不仅仅在笔者本次的调研得出类似的结论,其他多项研究都表明国内城市居民对高层住宅并不排斥,这并不是偶然的结果。因此,开发高层住宅,尤其是18~32层的中高层住宅在广州具有可行性,是可以被居民所接受的。

2)调研存在的环境问题

在这次调研中,居民较多对绿化、户外空间、体育场地不满意。高容积率住宅带来的环境压抑、空间狭窄、场地不足是高容积率住宅普遍存在的问题,居民对其满意度较低,这些方面有待进一步改善。

(3)调研结果对本书的支撑

对本书的支撑主要有两方面的内容。

1)中高容积率(12~18层)住区的满意度最高的结论主要应用于第5章的5.3.3节,为广州郊区住宅的容积率建议提供依据。

2)居民评价比较低的因素,反映出的体育设施不足、绿化不足和外部空间狭窄等问题是本节在中观层面所需要改善的问题。

最后,必须指出的是,很多因素会影响问卷的结果。比如,人群特征、收入、物业管理水平,甚至楼价高低都可能影响到居民对环境质量的评价。限于人力,本次访谈所取得的样本较少。因此,本次调研也只能作为一个参考。

6.1.3 形态特征调研与分析

为了直观地了解目前广州住区建设情况,笔者进行实地的调研,采用拍照的方法研究居住空间紧凑化的特征,所拍照片侧重于户外空间与建筑形态。本小节也把20个典型的广州住宅分成不同容积率的5个小组,通过照片排列的方式,把这些不同容积率的住区实景相互对比,以便分析其中的差异。通过分析可见,随着容积率的增加,住宅的外部空间形态出现以下一些特征变化,见图6-12。

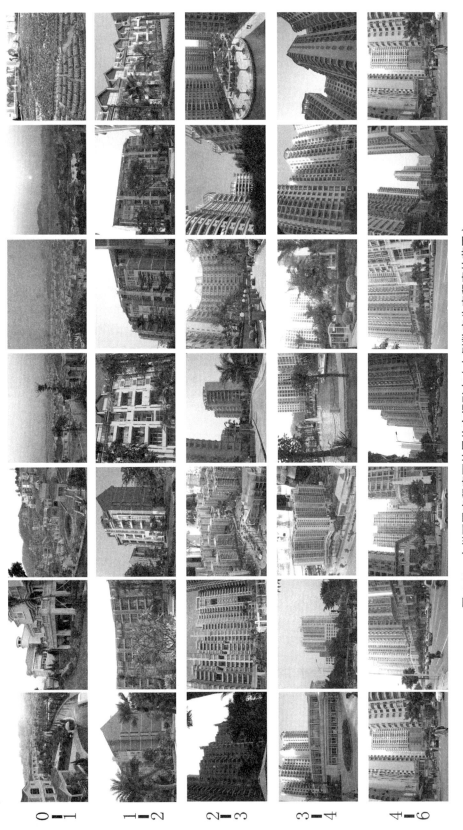

图 6-12　广州不同容积率下的居住空间形态（左侧数字为容积率的范围）

来源：笔者摄影

（1）高层化

人口的密集化带来住宅高层化。一直以来，许多建筑师主张在低层的条件下实现高密度的居住方式，通过院落来传承传统的居住文化，以避免高层住宅带来的各种弊端。但由于低层建筑可以实现的开发强度有限，在广州，高层化成为城市住宅的发展主流。以容积率粗略计算，如果容积率为 2.0 的时候，住宅 6 层，建筑密度已经达到 33%。如果增加容积率，建筑密度必然会提高，从而使得环境质量得不到保障。当密集程度达到一定的程度，低层不可能满足要求，高层化成为必然的趋势。从图 6-12 可以看到，随着容积率的增加，住宅层数不断提高，居住空间也呈现出高层化的特征。

（2）立体化

立体化是紧凑化带来的另外一个显著的特征。在广州，内城居住空间立体化已成为住区的一大特征。在居住空间方面，城市商业活动集中在裙楼的 1～7 层，包括交通转换、娱乐和饮食等。在功能方面，休息活动和人际交往在裙楼顶的空中架空平台进行，住宅在平台上面垂直分布。在交通方面，在同一平面上交通运行已不能适应日益复杂的交通流量要求，交通设施也出现三维立体化发展的倾向。

目前，广州市区已经形成多种交通共存的局面，包括地铁、人行通道、空中步行系统和立交桥等等。从图 6-12 中可以看到，随着容积率的增加，住宅裙楼的面积增加，居住空间立体化在不断加强。

（3）集中化

集中化通过资源集中，有利于资源的高效利用。通过不同时间的错位使用，提高公共设施的使用效率。绿地的集中可以形成面积较大的中心绿体，这样每个居民都可以享受到大绿化和开阔空间，减少高密集带来的压抑感。另外，商业以及其他公建配套的集中，有利于规模化经营和节省能源，同时，可以减少建设和运营成本，如大型超市和娱乐中心等设施。从图 6-12 中可以看到，随着住宅容积率增加，建筑密度在增加，居住空间的集中化在不断加强。

6.2 紧凑型居住空间脱离城市的反思

6.2.1 调研反映的问题汇总

通过以上中观层面结合实地的考察，居住空间紧凑化确实带来不少环境问题，主要体现在以下几个方面。

（1）街道实地调研反映的问题：居住紧凑化带来复杂的人流和车流，但由于缺乏一个整体的营造观念，降低了户外居住环境质量，也增加了城市压力。通过本次调研发现，随着开发强度的加大，环境压力不断增大，由于缺乏有效的城市空间整合，住区难以营造舒适的街道空间。

（2）问卷访谈反映的问题：居民较多对活动场地不足、户外空间狭窄、空地和绿地不足等因素不满意。主要的原因是随着容积率的提高，单位面积的土地将会居住更多的人口，必然加大环境压力。

（3）实地考察反映的问题：住区与城市的分离现象比较严重。在空间形态方面，城市与住区存在隔离，多数高容积率住宅紧贴红线而建设，出现僵硬的城市界线，增加街道空间的压抑感。由于街道多以沿街商铺为主，缺乏开阔的休憩空间，难以吸引非购物的居民在其中停留。但随着密度的降低，一些住宅采用了完全封闭的模式，如华南板块的郊区、二沙岛的住宅等。由于街道两侧只是围墙，缺乏居民的活动，街道变成"通道"，增加了步行者的不安全感，缺乏传统街巷人性活力。这样的模式加上目前用地规模过大、道路密度过疏等因素，构成了广州郊区住宅的非人性的一面。

6.2.2 加强空间整合是改善相关问题的有效途径

这些问题出现的原因是十分复杂的，但缺乏中观空间系统的整合应该是存在问题的根源之一。在所调研的区域中，大部分住区过度以"自我"为中心，采用独立、封闭的空间模式，居住空间脱离了城市，造成了整体环境质量的下降。

面对存在的不足，我们可以通过增强住区与城市的空间整合来改善。整合的思想在规划和建筑界都有深入的探讨。比如，《马丘比丘宪章》系统反思了功能主义绝对分区所带来的弊端，指出城市的功能不是绝对分离的，它是一个复杂的系统体，主张城市规划和建筑设计应从单一和局部的思维拓展到全面和综合的系统思维。又如，吴良镛从广义建筑学出发，指出建筑学应该从更大的范围考察城市，把"建筑学 – 地景学 – 城市规划学"整合为一体[1]。刘捷认为现代城市十分复杂，整合的目的是把城市要素进行系统分析，挖掘其内在关联性，利用相互作用机制，增加元素之间的互动，以实现新的综合[2]。

当然，本章所探讨的整合是基于居住空间紧凑化所带来的问题而言的，指的是把居住空间和城市其他各种要素进行关联，通过资源共享和空间一体化，减少住区脱离城市的趋势，使得居住空间与城市有机结合，从而增加住区的活力，扩大户外开阔场地，增加多样化。最终的目的有两个，一是化解居住空间紧凑化带给城市的压力，减少人流和车流对城市的影响；二是利用城市空间来增加紧凑型居住空间的舒适性，通过两者的整合，建立起缓冲的空间体系，提高对公共配套的利用，以改善居住环境质量。这种整合方法包含以下一些观念。

（1）系统化。系统论是由美籍奥地利生物学家 L·V·贝塔朗菲创建。他认为，系统是有一定要素的、具有一定层次和结构的整体。居住空间和城市空间的整合，首先是把城市空间当作一个系统来看待。城市中的居住空间包括相对独立又互相联系的子系统，具有综合性和整体性的特征。随着居住密度的提高，住区出现了功能混合和空间流线叠加。由于不同元素的紧密联系，增加了空间的复杂性，引入系统的思想，使我们更容易把握多样化的城市空间发展规律。

（2）关联性。关联性是我们分析城市空间的基本出发点。联系具有客观性、普遍性和多样性。系统内部元素之间是相互联系的，不能孤立和静止地存在。城市居住的一切元素也以联系的方式存在。整合的研究对象就是不同元素相互之间的关联方法，目的是提高城市空间和居住空间的整体性。

（3）最大化。系统优化思想是通过整合的手段，把不同子系统联系起来，以实现部分之和大于整体之和。高密度意味着空间要素和相互联系增多，使得空间要素相互的联动效应加强，提高了各种实体的利用效率。但密度的增加又意味着不同元素的冲突，如机动车和步行者之间的冲突，室外空间狭小和景观需求之间的冲突。这会使得系统的有序性下降，从而造成系统熵值的增加，降低整体效能。因此，部分之和可能大于整体，也可能小于整体。高密度带来的混合和叠加不完全是有利的，判断一些策略是否可行的主要依据是看其是否改善了空间环境，是否使得住区获得了整体效益的最大化。

在第4章"居住空间紧凑化的实践借鉴"分析指出，香港在解决高人口密度带来的人地矛盾时，采用了空间整合和一体化的方法，取得了一定的成效，改善了高密度的居住环境质量，这从实践上证明加强城市与住区空间整合具有可行性。总之，在中观层面，本书建议采用加强住区与城市的空间整合的策略来改善高密度居住环境质量。

6.2.3 增强整合对相关问题的改善作用

首先，对于街道存在环境压力的问题，加强住区与城市的整合可以适当改善。比如，通过对街道和小区花园的整合，可以恢复街道的活力，提高城市外部环境的舒适性。又如，通过居住与城市的功能整合，增加居民上班和购物等活动的便利性，提高城市的运营效率。

其次，对于活动场地不足、户外空间狭窄、空地和绿地不足等问题，可以通过加强整合、资源共享和扩大户外空间来改善。一方面，可以通过空间一体化的模式，打破相邻住区之间独立的情况，化零为整，建立起一体化的空中架空花园，进行整体的规划设计，来解决户外空间缺乏的不足。另一方面，通过公共设施的整合，可以解决紧凑化带来的体育设施不足和公共设施重复建设的问题。

最后，对于住区与城市分离的问题，通过加强整合，可以打破城市和住区的坚硬边界，使得住区能局部向城市开放，而城市功能也可渗进住区，实现住区和城市的融合，以便营造充满活力的城市社区，从而增加社区邻里质量。

6.3 居住空间与城市空间的整合方法

6.3.1 空间一体化

紧凑型居住空间需要与城市空间一体化考虑。但由于住宅单元空间以家庭生活为主，较为私密，不可能向城市开放。所以，保持居住单元的独立性和私密性仍然是住宅规划设计首先保证的。而所谓的空间一体化，主要指住区建筑空间中一些半公共和公共空间，或者是半社会和社会空间，比如，商业空间、休憩空间、室外活动空间和体育场所等。空间的一体化所指的就是通过一定的手法和措施，把这些空间和城市空间融为一体，可把城市街道、广场、其他建筑物和住区裙楼、架空空间、公共建筑采用一体化的设计，实现空间的融合。比如，广州一些地段对住区街道、空中人行道和住区公共建筑等进行统一处理，能有效地节约土地，体现了空间一体化的特征。

实际上，很多建筑师在研究高密度的城市与建筑关系的时候，都把建筑空间与城市空间作一体化思考。比如，丹下健三注重城市一体化的思想，把城市中后勤服务设施的"干茎"演变成"结构轴"，形成一个整体的交通体系，实现建筑功能的立体分离。他提出交通联系以"中接系统"（Love system）作为垂直连接结构，包含楼梯、电梯和管井等辅助功能，建筑形态多采用立体网络状。韩冬青经过研究分析，把城市中的建筑组合方式分为：分离、复合、穿插、串联、并联、层叠等几种模式，并认为城市与建筑可以在某种机制下实现一体化[3]。这些不同的研究都致力把建筑和城市进行整合，以获得环境效能的最大化，解决城市高密度带来的各种问题。

在现实中，空间的一体化对于缓解高密度带来的环境压力能起到重要的作用。针对广州的问题，我们可以通过一个系统的半室内外空间，如平台和走道等，把城市空间和居住空间联系在一起，构成一个整体。于是，建筑是对外开放的建筑，城市则是和建筑紧密结合的城市，建筑空间和城市空间融为一体。其中，中介空间体系起到重要作用，它包含建筑的半开放空间、开放空间、城市、广场、地下通道和二层人行通道，成为城市中联系各种功能的中介体系，也为高密度住区提供更多户外活动场所。可见，空间的一体化对于节约土地、缓解高强度压力和增加住区舒适性具有重要作用。

6.3.2　功能适当混合

功能混合对于整合城市空间与居住空间可起到重要的作用，它能缓解高强度开发带来的环境压力，有利于实现舒适和安静的居住室内空间环境，并减少高强度住宅开发对城市的影响。

第一，功能的混合可以化解社会阶层矛盾，具有融合社会各阶层的作用。最近，法国郊区发生暴乱和骚乱事件，大量汽车被烧毁，反映了法国国民和外来移民之间的社会和文化的冲突。尽管这些主要是社会不均衡发展的结果，根本原因在于社会不公平，但郊区功能单一的发展模式也是引发事件的潜在因素。1960年代，多数巴黎居民居住在城市中心的高密度开发区域，社区具有一定的社会功能混合。不同阶层的居民能相互交流，形成邻里友谊，也可以通婚恋爱，增加社会的认同。但随后的郊区化，巴黎城市中心变成富人区域，郊区则形成高中低不同阶层分类聚居形态。这些隔离化的居住空间，导致生活在低层的居民产生被法国社会抛弃的感觉，形成与主流相悖的极端价值观和宗教文化，直接导致危机的出现[4]。的确，功能混合可以带来异质空间和多样人群构成，并提供社区交流场所，从而促进社区多样化，增加人气，聚集活力。目前，广州居住空间也出现了贫富差异的阶层化现象，这种社会分化积累到一定程度可能会转化成为新的社会问题。因此，我们在社区规划时要对这个问题有足够的重视，在我国郊区化过程中，可以通过城市功能混合来构建和谐社区。

第二，功能混合能提高空间利用效率，满足各方面的功能要求。首先，居住空间和商贸、工业等功能紧密结合，使得居民到就业点的距离缩小，有助于解决就近就业，避免大量人流穿越城市，减少城市交通负荷。其次，通过多用途空间混合组合，使居民就近获得生活所需，增加居民生活便利性。最后，功能混合有利于基础设施利用。在住宅区进行开发时，住宅区应该根据基础设施的承受能力进行配置，通过完善基础设施来吸引人口聚居，避免开发强度与公建配套脱节的情况。

回到广州的实际情况，紧凑住区的功能混合可以通过空间叠加的手法来实现。随着住宅开发强度的提高，住区内需要安排的功能增多，各种空间联系和人员流向更加复杂。这时候，住区开发可通过一定途径有效解决这些矛盾，如通过引入金融、办公餐饮和购物等功能，使之变成巨型建筑综合体。总结起来，实现功能混合可采用两种措施：横向叠加和垂直叠加。第一种是空间的横向混合，如在住宅建筑平面布局上插入办公楼或商业建筑等不同的功能体，完善住宅区的配套，满足就近就业，这时城市的空间形态呈网状结构，多种不同功能的空间交织和混合。这种模式在开发强度比较低的区域较多采用，比如，北美地区近年来所提倡的功能混合，目的在于改善过于松散的住区空间结构，在平面布局中混合多种城市功能。另外一种方式是利用垂直布局的方式，多种功能分层设置，一般用于开发强度较高的区域。比如，广州靠近城市中心繁华地段，多采用商住楼模式，裙楼一般为商业等公共功能，在垂直方向混入一些旅店和办公等空间，以达到综合利用土地的目的。

6.3.3 密度体验与空间模式的多样化

高层住宅的邻里或社会问题较为复杂。居民对密度的体验存在两种方式，一种是喜爱高密度带来的生活气息，认为高密度充满激情与活力。另一种认为高密度意味着拥挤、压抑和危险。这种差异性也表现在东西方文化方面。亚洲地区居民一直有喜爱热闹环境的传统，一般不反感高密度的居住环境，在千百年的生活中形成一种与拥挤相对应的调节机制，甚至于某些地方把拥挤热闹当成一种文化，一种喜好。高密度带来的负面影响可通过其他一些因素进行修正。其中，文化背景是一个重要因素。中国传统住区以血缘关系为纽带的聚居模式，强调和谐、忍耐，喜爱多代同堂的居住方式，采用的筒楼、四合院都是高密度模式。在香港，尽管公屋的人均建筑面积仅为 $7.2m^2$/人，人们仍然对高密度的居住环境表示满意。很多研究者把这种现象归为文化背景的差异，并认为东方文化比西方文化更能接受高密度的环境。的确，东方城市文化也可以归结于一种拥挤的文化。在中国，完全否定高层住宅的观点仍需谨慎。

从广州的实际生活体验来看，岭南传统文化与日常生活的习惯影响到居住的空间形态。居民对密度的需求往往是多样化的，在同一天内可能需要经历不同的密度环境，比如娱乐时喜爱高密度环境，休息时喜爱低密度环境；年轻时向往高密度环境，年老时喜爱低密度环境。从西方国家发展来看，"二战"后一度热衷高层高密度环境建设，随后，又转向低密度的郊区化。目前，有感于低密度的社区活动不足，又希望适当提高居住密度。这些情况表明，居民对密度所产生价值的判断往往带有强烈的情感色彩，其需求是多样的。

鉴于广州住区的现状，住宅建设采用高低密度结合多样发展模式远比单一的密度模式更有意义。假设城市只剩下单一的低密度住宅的话，城市的向心性将会丧失，邻里关系与社区的凝聚力也将会瓦解。又假设只有单一的高密度住宅，居民也会长期处于压抑的状态，令其心理舒适度降低。较为适合的策略是采用高低相间的密度混合模式，以适应人类兴奋－松弛的生理及心理体验。所以，广州的住区建设在合理地保持高密度基础上，应该鼓励多种住区密度共存，丰富居住空间环境。

6.3.4 公交主导下的交通多元化

对于居住空间紧凑化带来的交通问题，我们有必要分析交通模式和土地开发强度之间的关系。对于广州这样的人口密集城市，可以采用整体、系统和多样的协调方法，为了解决大量的交通流量，可以采用以公交为主，其他交通方式为辅的模式。公交主导下的交通多元化主要包括以下几个方面。

（1）建立大容量的公交体系。大容量的公交体系能有效地输送人流，具有速度快、安全、舒适和环保的优点，其中地铁较为常用。比如，日本在高密度的交通中探索出一条符合本国特点的快速交通体系，东京在40 km范围内有高速铁路13条，地铁10条，高速公路9条，短距离轻轨2条。共有220万辆小汽车和2804.5万人次客运量，其中，高铁占61.4%，地铁占26.3%，公共汽车占6.7%，其他占5.0%[5]。因此，在城市中发展公交，尤其大流量轻轨，能极大地提高城市的交通效率，并较少对居住环境质量产生影响。

（2）遏制私人交通。在欧美国家，郊区化带来的小汽车泛滥，造成能耗过大，空气污染的现象。在我国，小汽车开始进入普通家庭，未来将会进一步普及，但按照我国的人口和能源条件，根本不可能照搬欧美国家的生活模式。紧凑化居住的人流疏散不可能依靠小汽车来解决。所以，广州需要限制小汽车的发展。

（3）建立舒适的步行系统。城市步行系统能贯穿整个城市空间体系，加强城市外部空间的舒适性。首先，步行系统可以把高密度城市空间和建筑半室内外空间结合，形成线形步行系统，增加居民出行便利性。其次，结合传统线式的步行系统，多向组合垂直交通工具，如楼梯、电梯和坡道等，形成立体式的网络结构，增加城市交通运作效率。最后，步行系统也可以串联其他城市和建筑功能，包括地下隧道、地下商场、下沉广场、地面人行道、广场、半开放空间、架空空间、中庭、二层步行道、平台和灰空间等城市与建筑的边缘空间，促成空间一体化。

（4）多种交通工具协调发展。为了解决紧凑化带来的交通压力，应该鼓励城市发展多种交通方式，避免采用单一的交通工具。而且，交通工具也不是越快就越好，欧洲一些国家的城市研究者认为，较低的速度可能对城市产生意想不到的积极作用，并指出适宜在城市的交通中引入多种方式 [6]。的确，城市的快速交通是必需的，但它不能完全代替其他交通模式。比如，在这次的调研中自行车已经不再是普通市民出行的重要方式，但自行车作为一种环保的交通工具，具有速度不高和人性化的特点，仍然应该鼓励使用。

（5）注重人性化。要吸引人们离开地面，没有通盘考虑人性化是不能实现的。比如，香港城市步行系统建设具有鲜明的人性化特色。香港交通空间采用以小见大的策略，采用双层巴士作为交通工具，仅 1.98m 宽，为世界同类交通工具中最窄者，地铁每节可容纳 375 名乘客，车厢中只有 48 个座位等 [7]。回到广州实际情况，我们可以借鉴以下的方法：交通路线与商业紧密联系，把地铁人流和商铺紧密联系，居民购物同时使用地铁，两者相辅相成；交通换乘采用人性化的转换方式，尽量不在地面进行，而是利用建筑高差、天桥和平台进行空间转换，保证地面行车的畅通；交通空间尽量安排人性化的设施，在人口密集的地方设置户外电梯，形成空中天桥，居民无需通过地面人行道，只利用天桥体系便可穿越较远街区 [8]。

6.3.5 开放的人性化小尺度街区

在社区规模方面，霍德华·霍尔依据西方文化与人的心理情况，研究人与人之间的社会距离问题，认为社区要维持一定的邻里质量，需要采用合适的组团规模。研究指出，0 ~ 45cm 属于亲密距离，0.45 ~ 1.30m 属于个人距离，1.3 ~ 3.75m 属于社会距离，>3.75m 属于公共距离。就邻里的熟悉来看，户数在 50 ~ 100 较易形成良好的氛围 [9]。可见，邻里关系与邻里单元的户数规模密切相关。目前，国内的小区规模一般在 10hm² 左右，路网的间隔在 400 ~ 500m，人口规模在 5000 ~ 6000 人，规模明显偏大。王彦辉结合中国的实际认为，"邻里社区"的单元宜在 4 ~ 5hm² 或 500 ~ 1000 户之间 [10]。可见，要建立良好的社区，实现融洽的邻里生活，保持一定的社区规模必不可少。

广州郊区住区普遍规模过大，超过 1000 亩的住区为数不少，产生封闭管理和界面断裂等城市问题。表面上，这些大型的住宅区通过围墙的方式可以更容易地管理小区，但是也付出了不少代价。首先，社区构成非常单一，难以培养出充满活力的多样化居住文化。其次，城市与住区割裂，没有了传统街巷系统，缺乏城市应有的邻里氛围。最后，住区通过封闭式管理，并不能增加社区的安全性。即使在小区内可以通过管理达到一定的安全要求，但在居民回到小区的街道上，由于两侧都是围墙，没有传统街道上活动的人群，缺乏有效的监督，并非十分安全。实际上，近年来，广州街道的犯罪率在增加，事故多发生在缺乏人气的偏僻街道。正如雅各布斯对街道的分析所指出，传统的高密度街道由于经常有人活动，起到一定的监视作用，对于城市安全具有积极的作用。

通过上一章的数据分析可知，在条件单一的郊区，用地规模的减小可直接导致居住密度的提高。因此，广州郊区住宅可以通过减少郊区住宅用地规模，采用较小路网，提高居住密度，并在沿街增加商店，延续传统的骑楼和街道空间，形成丰富的居住空间形态。

针对广州目前郊区住宅规模偏大的问题，可采用小地皮和半开放的开发模式，其优点在于能够形成丰富的城市肌理，恢复传统街巷系统，并形成密度较大的道路网络，有利于交通疏导，促进街道生活。同时，也有利于更多的房产商参与其中，增加居住空间的多样性。另外，小区的公共绿化和配套设施可以考虑为区外居民使用，提高其利用率。因此，住区应该鼓励小规模和半开放式的建设模式，而不是目前超大规模的开发方式。当然，考虑广州目前的情况，住区彻底的开放并不现实，但可以鼓励大社区应该对外开放，以增加城市的氛围，小规模的组团考虑封闭管理，以满足住户的安全和私密要求。

另外，建设开放的人性化社区，街道空间的处理是一个重点。广州的居住空间和城市存在一定程度的割裂，这在郊区特别明显，见图 6-13、图 6-14。因此，城市规划应注重街道公共空间的步行尺度及邻里协调。结合广州的实际情况，可以从传统的城市空间获得启发，在缩小城市路网同时，把传统街坊居住模式融入现代居住空间，通过建设新的骑楼系统，通过底部开放和半开放及其空间的驳接，实现空间整体化，以达到居住空间和城市公共空间整合的目的。

图 6-13　天河公园附近封闭式小区
来源：笔者摄影

图 6-14　天河北封闭式小区
来源：笔者摄影

6.3.6　亚热带植物的运用

目前，中国城市急剧发展，居住空间紧凑化带来噪声加大、空气污染、视觉干扰、环境压抑和热岛效应等问题，而绿化植物恰是这些问题的天然调节剂，可起到有效的改善作用，增加城市绿化是可行的策略手段。

总结起来，绿色植物具有以下作用：（1）立体绿化可增加绿色植物的叶面积，可更好地平衡二氧化碳和氧气的含量。（2）调节环境温度与湿度。主要体现在降温和增加湿度两方面，植物有蒸腾作用，可从周围吸收热量，增加湿度，这种蒸腾作用能提高空气湿度。（3）滞尘和杀菌作用。绿色植物对灰尘具有滞留和吸纳作用。根据相关研究，绿色树木可降尘23%～52%，绿色植物可净化生活中的细菌。（4）降低噪声。绿色植物具有声波反射和吸声的作用，对防止噪声污染具有良好的作用。绿色植物是多孔材料，可吸收噪声，是一种天然的仿噪声材料。[11]

除此之外，绿色植物对于住区还有以下作用。（1）调节心理。绿色植物可舒缓人们的紧张心理，对视觉和神经等具有良好的调节作用。室内阳台和窗台的绿化可提高工作人员的反应力和注意力。（2）在炎热的亚热带地区，增加绿化可减少能源的损耗，防止热岛效应。（3）在高密集的环境下，通过在公共空间的绿化布置，使得居民可以和大自然随时接触，营造自然环境，增进居民的交往欲望。

目前，广州住区比较注重绿化建设，并取得一定的效果，见图6-15、图6-16。但在实际开发中，仍然存在过于注重植物的景观功能问题，不少住区过分追求名贵树种和奇异植物，而忽略广州常见的、易于生长的亚热带植物，未能充分发挥其物理性能。因此，从实际角度出发，广州的植物宜采用本土常见的物种为主，并采用"见缝插针"的策略，从追求绿化的集中化转向分散化，保证各住户在绿化上的均好性，强调住户对绿地资源的共享。住区也可以通过种植覆盖率高的行道树、架空绿化、垂直绿化、室内绿化、阳台绿化和屋顶绿化等方式促进户外空间、室内居住空间与绿化一体化，建立多层次的绿化体系。鉴于高度密集的住区绿化的不足，规划应加强垂直化的利用，可采用由下至上的植物布局方式。比如，地面层布置道路绿化和遮荫绿化，裙楼顶平台设置悠闲和景观绿化，高层住宅单元入口空间布置入口绿化，住宅阳台布置生活绿化，以便通过多样的绿化来改善居住环境，整合居住空间中的绿色资源。

图 6-15 广州住区绿化一
来源：笔者摄影

图 6-16 广州住区绿化二
来源：笔者摄影

6.4　策略建议一：构建亚热带中介空间体系

6.4.1　中介空间对紧凑型居住空间的缓冲意义

在密集、潮湿和喧闹的居住环境中，岭南地区的居民结合当地气候和文化，创造出居住空间与城市的缓冲空间，以减少高密度居住带来的环境压力。这些空间具有中介的特点，类型包括骑楼、架空和廊道等，它结合岭南地区的亚热带植物的应用，依附于广州传统城市街巷体系，形成多层次的半城市和半建筑的空间。这些空间自成体系，成为岭南亚热带地区高密度居住空间的一个重要特征。它承载着城市空间的重要功能，是紧凑居住方式的"减压器"，也是炎热多雨亚热带气候的"调节器"，更是传统邻里生活的"发生器"。

当前，随着功能主义的引入，以及国际现代主义对传统文化的破坏，这种空间体系也日渐式微。在广州新城市住区，街道冷冷清清，既没有为多雨气候提供遮挡的物体，也没提供一种吸引人停留和令人回味的公共空间。光鲜的街道除了供居民行走之外一无所有，没有场所意义，也没文化寓意，更没有传统的生活气息。我们的城市抛弃了传统的空间形态，也把其中的生态居住模式和传统居住文化一同抛弃，这些问题可以通过建构中介空间系统的方法来改善。

6.4.2　中介空间的类型

中介空间一般是指位于城市中的建筑与道路、建筑与建筑、空间与空间的过渡空间和联系空间，它具有模糊性、层次性和开放性[12]。黑川纪章曾提出"灰空间"的概念，指建筑连接外部环境的、介于室内和室外的缓冲空间，包括门廊、亭子和街道边缘等空间。中介空间和缓冲空间、灰空间等概念性质类似，本书统称为中介空间。岭南住区常见的中介空间为架空空间、骑楼空间和过渡空间。

（1）架空空间

架空空间具有空间过渡的中介特性，近20年来在广州广泛流行。进入新世纪后，住宅容积率不断加大，住宅层数不断增多，裙楼商业趋向大规模化，架空层从地面转向空中，在裙楼顶形成屋顶架空花园。比如，广州天河北多数住宅一般考虑大面积的商业裙楼，在裙楼顶形成花园平台，上面种植亚热带植物或布置一些居民常用台椅，形成新式架空的空中花园。目前，架空空间已经成为岭南地区适应高密度城市的一种常见的空间类型，在亚热带炎热潮湿的城市广泛传播。但这种做法在传统建筑中并不多见，比如，西关大屋和合院式民居都采用自我封闭的空间模式。一些岭南园林也很少采用架空层的做法，比较接近的是一些园林建筑的厅、堂、亭等，首层四面门可完全打开，变成完全通透的半室内外的透空空间。20世纪50年代，华侨新村未见首层架空的做法，80年代的五羊新城、东湖新村也未见这种形式的应用。可见，现在许多小区采用架空空间模式并非全部从传统建筑获得灵感，主要还是现实功能的需要。90年代后，在规划政策的鼓励下，城区和郊区的住宅多建有架空层，主要用于增加花园面积，以种植植物，安排休息空间，置棋牌台和休闲座椅，也有用于停车等，见图6-17。架空空间之所以能得以广泛的应用，可归结于以下几个原因：1）物质条件的提高使人们对面积分摊问题不太敏感。底层空间用于住宅，存在通风、干扰和潮湿等问题，不如用于增加花园面积或停车位。2）政府在容积率计算及税收方面的鼓励。在广州，底层架空可以不算进容积率，这就鼓励了开发商建

图 6-17 架空空间
来源：笔者摄影

设架空层。3）增加绿化。住宅容积率过高，使绿地及公共空间减少，架空层适合多种植物生长，具有增加绿化的功能，能起到一定的弥补作用。4）架空空间适应岭南地区炎热、潮湿和多雨的气候。

实践证明，架空空间的开发是多方共赢的建设策略：对开发商而言，可以增加花园或空地面积；对政府来说，可以增加停车场地、改善城市环境；对住户而言，能享受更多的开阔和休闲的外部空间。

（2）骑楼空间

"骑楼"原本由竹筒屋结合外来建筑文化发展起来，为了适应城市高密度的建设，利用人行道上面建造建筑，形成下铺上住的空间模式。骑楼空间一般宽 4 ~ 8m，层数为 3 ~ 5 层。它具有较强的适应性，主要表现在：1）遮阳和避雨，适应亚热带潮湿气候。2）骑楼建于人行道之上可增加建筑面积，满足容积率的增长需求。3）适当解决高密度带来的人车混杂问题。4）可为高密度住区提供缓冲空间，营造舒适的人行环境。在广州新住区中，也有一些建筑运用了骑楼元素，见图6-18。

20 世纪二三十年代，结合马路建设的骑楼在广州迅速发展，成为广州旧城的最富特色的空间形态，分布在旧城主要街道，如上下九路、一德路、北京路、人民路和六二三等道路附近。"骑楼"是岭南城市最为典型的空间类型之一，20 年来，研究的文献很多。但这不意味着，骑楼只是活在文献或者历史中。骑楼具有经久不息的生命力，不仅仅在于它的历史承载（实际上，坡屋顶、斗栱也有如此功能），而在于它更适合高密度的亚热带城市。在广州和北海等城市中，骑楼还起到了不可代替的城市功能，尤其在商业、人行和遮风避雨等方面。

（3）过渡空间

岭南城市广泛存在一种半室内外空间，位于建筑和城市或建筑与建筑之间，具有空间过渡的特点，如人行道、平台和连廊等。它作为城市的缓冲空间，提供城市一些活动

的场所，给行人停留和避雨，同时又提供半室内的空间，用以交谈和休息。这种边缘空间的特征包括:1）开放性,空间没有任何围蔽，只有上部的遮蔽。2）同城市空间紧密相连，如步行道、地下道或地铁等城市空间。3）同建筑紧密相连，作为建筑空间的延伸，结合中庭空间、平台等，承载部分建筑功能。4）过渡空间的连续运用，可以形成线形的城市公共空间体系，有效地调节建筑和城市之间的冲突。如在小区内设置风雨长廊，在中心商业区设置连续的多层步行道等，都具有同样作用。见图 6-19。

图 6-18 现代骑楼空间
来源: 笔者摄影

图 6-19 过渡空间
来源: 笔者摄影

6.4.3 中介空间的作用

（1）紧凑型城市的"减压器"

对于规模越来越大、密度越来越高的亚热带城市住区，"中介"空间能起到缓冲解压的作用。首先，在空间上，骑楼提供一种半内外和半公共的"灰空间"，弱化了高密度城市的界面对立，营造了多层次的街巷体系，具有渗透和缓冲的功能意义，对于降低高密度城市带来的环境压力，如绿地不足和空间过于密集等等，具有重要的改善作用。其次，架空层或者过渡空间在城市和住宅之间搭起一个舒适的半室内外空间环境，使得工作疲倦的都市人下了公交车，不足直接回到家里，而使通过一个半建筑、半自然的空间，获得精神释放和情感解压的体验。总之,中介空间体系在居住空间和城市空间形成一道缓冲，在喧闹和安静之间形成弹性过渡，使得多数市民能在高密度城市中获得幽静和舒适的生活环境。

（2）炎热多雨的空间"调节器"

"中介"空间对城市住区起到十分重要的气候调节作用。第一，"中介"空间起到避雨防晒的重要城市功能。岭南地区炎热和多雨的天气给步行和商业添加不少麻烦，中介空间可以减少这样的弊端。比如，在雨天，骑楼下的商业街可以照常营业，步行者可以免受风吹雨淋之苦，连廊等空间也便于居民能在建筑之间穿行，为市民提供便利。第二，"中介"空间起到空气调节作用。比如可遮阳，防止太阳直射，减少热量射入。半室内外和架空空间可以加强居住区的空气对流，带走热量、调节气温和增加通风量，适合南方炎热的气候。另外，在中介空间种植植物，增加绿量，也起到调节气候的作用。

对中介空间创造性运用，并非岭南城市所特有。在东南亚地区的城市中，建筑师杨经文针对热带的气候特点提出生态热带的绿色走廊概念，把各种半室内中介空间整合形成体系。他甚至把这种空间应用到高层摩天建筑，以改善室内微气候。这种对建筑和城市微气候的调节的方法值得我们借鉴。

（3）传统邻里生活的"发生器"

城市的中介空间，如骑楼、架空空间和廊道等，把住区与城市功能紧密联系，使得中介空间成为亚热带城市独特的公共场所。尤其在夏季，廊或亭往往成为居民集聚的地方，可称为邻里生活的"发生器"。中介空间具有半室内外的特点，由于能遮阳避雨，环境较为舒适，在夏季里通风良好，温度适宜，能吸引较多人在其中停留，其使用率明显超过裸露的绿地。尤其一些老人，在其中玩棋牌、打麻将，富有生活气息。住区中的半室内外空间、近代城市的骑楼和当代流行的居住区"底层架空空间"，为城市提供了公共交流的场所，一直承载着现代城市邻里生活的功能。

6.4.4　中介空间发展面临的问题

传统的亚洲城市街巷体系一直是城市公共空间的主要载体，也是本地区的城市文化特色之一。如广州和东南亚的骑楼体系，它承载的不仅是一种富有地域文化特色的空间，更是一种传统文化。但现代城市设计侧重于交通的便利性，完全照搬西方城市发展模式，建立起快速和机械的道路体系。因此，相关专家呼吁"重视街巷景观"，加快广州街巷体系建设[13]。因此，对于广州这样的亚热带高密度城市，亟需建立具有文化特色的城市"中介"空间体系，这不仅为了提供城市客厅的功能，也是为了延续地域文化，具有多重的现实意义。

现代城市规划过于注重商业，较少提供一些半室内外空间，缺乏那种传统的骑楼下的邻里气息。同时，"沿街商铺"的泛滥造成城市与建筑的界面处理过于僵硬，缺乏有效的缓冲空间。新中国成立以来，广州旧城区建起一些"港式"高层住宅，较少考虑城市原有尺度，对骑楼多采用截断的处理手法，破坏了传统城市空间形态。在新城市区的城市建设中，中介空间也多处于自由散布的状态，未能引起足够重视，更缺乏系统管理，未能通过有效方式整合起来，难以达到共享使用的效果。

6.4.5　中介空间体系的整合建议

（1）加强住区中介空间的系统性

岭南城市基本保持两种公共空间体系。一种是传统的街巷体系，如广州、湛江和北海等地老城区的骑楼空间体系，它保持着一种传统的、具有地域性的空间形态，但目前多被破坏，需要保护更新。另外一种是现代主义的"城市广场+交通道路"的公共空间体系，如广州天河新区的城市住区。两种系统一般位于城市的不同部位，但也相互交织和重叠。比如，广州上下九路一带的骑楼，中间夹杂着不少的高层住宅，使得原来的空间系统割断，两者生硬地结合，忽略了传统地域文化。呼吁尊重传统城市公共空间，并非主张盲目回到过去，而是吸收其中精髓，继承它的良好空间形态，运用于现代的城市建设。比如，近年来流行的住宅首层架空空间，它和传统的骑楼空间有异曲同工之处，继承了传统中介空间的半围合、通透等特点，是对传统半室内外空间的创造性应用。目前，对于这种半公共性的中介空间，多从建筑学角度展开研究，侧重微观细节。宏观层面对亚热带城市中的中介空间的系统性认识尚存不足，缺乏城市整体的视角。因此，可把中介空间如架空层、廊道和城市广场整合起来，形成城市中介空间体系，有效整合住区与城市空间。同时，可把传统的中介空间（骑楼）进行现代转型，赋予新的城市功能，在现代城市中彰显岭南地域文化个性，见图6-20。

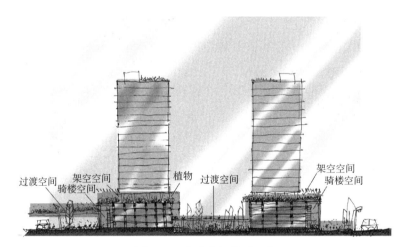

图 6-20　中介空间体系示意
来源：笔者分析

（2）加强住区与城市功能的整合

倡导构建中介空间体系，并非简单重现和编排传统的空间元素，关键在于把中介空间体系和现代居住功能进行整合，形成融合现代城市功能的公共空间体系，而不是形而上学的仿古赝品。目前，住区中介空间的类型和功能更趋多元化，因此，可以通过中介空间把城市的一些功能整合过来。如中介空间整合交通功能，实现人车分流；也可以结合商业功能和休闲功能，形成城市综合化走廊，变成新型的立体街巷系统；也可结合城市空间，混合多种元素，联合多种空间，整合多种资源，提供休憩和娱乐的半室内外空间混合体。其中，主要包括以下内容。

1）以中介空间整合住区与城市

即把高密度居住、办公和休憩功能以中介空间相连接形成一体。如以多层的骑楼、走廊和平台等把同一区域不同建筑单元的空间连成一体，实现功能的同一化，提供不同居民相遇交流的场所，恢复传统城市中的邻里功能，发挥城市客厅的功用。

2）以中介空间体系整合住区与城市交通

现代城市为了实现高效的城市运营效率，需更快速的交通体系。中介空间体系可整合城市的交通功能，为住区提供一个便捷的人车分流体系。地面和地下可考虑机动交通，步行空间可在骑楼或二层连廊中设置，减少地面交通的人车混杂，增加行人的安全舒适性，营造宜人的空中步行体系。

3）以中介空间体系整合住区生态资源

让住区中介空间起到气候"调节器"的作用。在现实中，可把空间的遮阳、通风和降温结合起来，并与亚热带植物结合，成为绿色的住区减压器。因此，可在住区中介空间广泛栽种亚热带植物，调节气候，以营造绿色城市。

4）中介空间整合城市住区的街巷体系

中介空间系统可以传承传统城市住区的街巷体系，整合当代住区空间，形成具有地域特色的城市空间。比如，可以扩高骑楼空间，拓宽骑楼尺度，扩展为多层的灰空间，通过元素驳接可与传统的街巷系统进行呼应，形成立体步行系统。同时，通过增加功能，综合发展，起到人流集散、商业买卖和户外休闲的作用，满足日常生活的多功能需要，形成现代城市新"街巷"体系。

（3）加强住区中介空间与立体绿化的整合

亚热带住区的绿色植物种类繁多，较易生长，多被用于改善高密度的居住空间环境。在岭南地区，绿色植物也深受居民喜爱，常点缀于室内外，获得物理与心理的双重效应。多位著名建筑师亦强调高密度环境中的立体绿化应用，如罗福斯的高科技大厦、郑庆顺的热带城市、杨经文的绿色摩天楼和生态走廊。我国建筑大师，如莫伯治和佘畯南的建筑空间设计讲究半通透，把亚热带植物种植于半开放空间，使得半室内空间与植物融为一体，取得了不俗的效果。

目前，广州内城密度过大，集中了城市的主要功能。由于工业、商贸和居住功能高度集中，增加了城市的压抑感，降低了城市空间的舒适度。天河区新建的住区多采用高层高密度的形式，紧贴老城区，并未采用绿化隔离，对于适宜植物生长的广州，这是城市建设的不足。在建筑空间方面，近年来，在植物的运用中，考虑得更多的是景观的功能，而不是生态的功能，小区的景观园林多采用造价昂贵的植物，过于强调视觉功能，并且较少运用植物和空间一体化的设计方法，对于广州这样易于植物生长的城市，是一种遗憾。

因此，可考虑植物在住区中介空间中广泛应用，通过住区中介空间体系和绿色植物的整合，增加绿化面积。同时，住区中介空间的绿化应用，应从追求集中绿化转向分散、立体绿化，建立多层次的立体绿化体系，以保证绿化均好性。住区规划可结合中介空间体系，在骑楼、架空空间、廊道和灰空间等地方，种植多种类的植物，加强植物的垂直利用，形成富有亚热带特色、生气勃勃的绿色生态走廊。

（4）加强城市规划的管理和鼓励政策

目前，许多具有历史意义的空间形态的保护多采用静态思维，没能使它在现代城市中获得重生。许多历史建筑在不断呼吁保护中被破坏，比如北京的四合院在不断的保护声中，不断地被拆除。如果我们对骑楼也是这样，不久的将来，只能看到几条破落的、被圈起来的建筑文物。骑楼既有传统空间文化，又能适应现代城市生活，一个可行的途径是把传统的居住空间和现代生活方式结合，使其获得新生命力，这才是保护和继承的最佳方法。

其中，城市管理政策是一个比较关键的因素。近代住区的骑楼与现代架空空间，两者都是城市无"实质"用途的中介空间，并不给使用者带来商业的利益，但都曾经得到广泛利用，其中一个较为关键的原因在于城市规划的鼓励政策。比如，1990年代以来，架空层的做法之所以在广州广泛流行，原因在于架空层不用计入建筑容积率的政策，降低了成本，开发商才愿意通过这种方法来增加空地面积。按目前的建设规范，建筑不能超出建筑红线，而沿街土地又是获得商业利益的最佳点，对于逐利的开发商而言，沿街必然建设清一色的商铺，希望其建设骑楼或其他公共空间，几乎不可能。因而，要在城市住区里建构新的中介空间系统，必须进行规划管理的鼓励。比如，可允许骑楼建于人行道上，或者骑楼以上的建筑面积在容积率计算上适当进行减免，就可鼓励发展商把沿街土地设计成公共空间。其实，对于住区其他的中介空间，如架空空间、平台和连廊等带有公共性质的空间类型亦是如此。可见，要实现中介空间的推广，形成新的住区中介空间体系，规划管理的控制和鼓励政策必不可少。

6.5　策略建议二：高密度区域实施空间驳接

6.5.1　高密度居住环境问题分析

由于用地和城市形态的限制，城市的高容积率住宅用地一般较小，如旧城区的改造住宅用地一般在3000～8000m²，新中心的高容积率住宅用地规模在10000～30000m²之间。小区多独立开发，很少考虑互相之间的联系和呼应，居住空间出现孤立、割裂和封闭等问题。

广州城区的高容积率住宅的缺陷主要体现在以下几个方面。（1）人均绿化较少。高密度的住宅用地比较小，同时要考虑疏散广场，可建设绿化的地方不多。为了有效增加绿化面积，多数住宅在商业裙楼上建设绿化平台，能一定程度改善小区绿化的不足，但增加的绿化面积毕竟有限，很多绿化平台仅用作交通转换，未能吸引更多居民在其中停留，还没发挥其应有的作用。（2）室外空间狭小，活动场地少。小型室外球场能够在平台上设置，但大型球类活动场所缺乏。（3）交通复杂导致可穿越性差。适当高密度确能带来多样性和高活力的优点，但容积率超过了5.0的住宅群的交通负荷过高，采用人车混合的模式，造成一定程度交通混乱。（4）配套不足。商业的配套一般在裙楼解决，可以满足部分要求，但一些儿童活动和老年人活动设施由于场地的原因难以配全。（5）存在社区割裂、重复配套和资源浪费问题。

正如前面的分析，这些问题的原因在于住宅过于强调独立，每个小区都希望做成小而全，配套完善的小区。由于用地过小，都配套小型的公共设施，造成重复建设，利用率不高，而一些用地大的配套，如篮球场和大型公园等却十分缺乏。针对这样的问题，可考虑通过相邻建筑空间的整合，通过空间的联系来实现互通有无。目前，高密度住区的公共空间之间尽管也有一定程度的连接，但更多是被动和生硬的，如道路天桥的连接主要为了解决人行和车行之间的交通问题，没整合城市其他因素，缺乏通盘考虑，难达到广泛的协同效应。香港是个高密度城市，城市建设利用山地的特点，通过天桥、平台和室内外空间的有效整合，形成舒适、便捷的人车分流的公共空间系统，这为我们提供了一个很好的参考实例。

6.5.2 空间驳接概念的提出

（1）空间"驳接"的概念

在城市公共空间整合方面，已有不少研究提出了空间一体化的思想，如波特曼提出了"协调单元"，MVRDV提出了"嫁接"的空间。也有的研究者提出"中介空间"、"灰空间"等概念，这为改善城市高密度居住空间质量提供了理论基础。针对高密度住区的公共空间普遍缺乏有效整合的缺点，本书提出通过空间的"驳接"来改善其空间质量。空间的"驳接"指通过特定的方法和手段对城市住宅不同元素进行空间上的连接，如利用城市中人行天桥、平台绿化、建筑实体和地下隧道等要素连接相邻地段的居住建筑空间，以达到空间一体化的目的，促成设施的合理利用，达到资源共享和利用效益最大化，寻求一种减少环境压力和改善高密度居住环境的途径，并提供可直接操作的模式。如果说"系统化"和"一体化"是一种城市设计思想观念，"中介空间"和"灰空间"是一种对空间特征的描述，那么空间驳接是对空间整合的直接可操作方法，更侧重于实践策略的探讨。

（2）空间"驳接"研究的对象和重点

"驳接"主要探讨城市居住空间联系的特性，涉及城市住区一切可以连接的空间元素，如常见的属于不同建筑物的空中平台、餐饮空间、办公空间和娱乐空间等。用以"驳接"的媒介包括人行天桥、绿化平台和建筑实体等。空间的"驳接"关注的重点不在于空间元素的本身，而在于这些元素之间的联系方式。比如，对于不同区域的空中休息平台，研究的重点不在于平台本身，而是研究通过何种方式去连接空间，互通有无，以扩大平台空间，实现资源共享。

（3）空间"驳接"的条件

住宅群的公共空间驳接，必须满足一定的密度值和功能混合度才可进行"驳接"。独立和半独立别墅的低密度住宅，建筑之间的连接并不能提高其使用效率，不具实际意义。只有容积率提高，建筑功能立体化，通过空间的"驳接"才可解决空间混乱的问题。尽管一些郊区住宅的居住密度很高，但功能单一，一般首层架空，其余为居住空间，不存在可连接的公共空间。一般来说，城市中心的住宅容积率高，商住混合，功能和人车流复杂，绿化和户外空间不足，通过空间的"驳接"可以改善环境，产生效益的最大化，才具实际意义。因此，本节研究对象集中在城市中心的高容积率和功能混合的住宅群。

（4）空间驳接的意义

高密度居住公共空间的驳接具有以下意义：扩大室外开阔空间，增加活动场地，可在不同区域内开发不同的活动空间给所有的居民使用，解决高密度户外场地狭窄的缺点；不同地段的公共设施得到共享，减少重复建设，提高公共资源的利用率；通过地下通道、人行天桥的方式去连接空间，实现一定程度的人车分流，解决交通混乱的问题；通过对裙楼商业空间的连接，增加人流，提高裙楼商业价值；形成丰富的公共空间系统，提供更多人性化的公共空间，增加居民相遇和交往的概率，改善邻里质量。

6.5.3 空间驳接的可行性分析

（1）高密度利于空间驳接的条件分析

广州是个典型的密集型城市，中心城区和内城区的居住空间已经出现立体化和分层化特征，这为城市的空间驳接提供了有利的条件。

首先，过度密集化的发展，最终会导致城市空间的分层发展，即城市采用不同标高来实现的各种城市功能。随着人口密度的加大，二维功能分区的思想已经不能满足城市人口大量聚集所产生的巨大压力，只有通过三维的立体城市，利用不同标高的空间立体组合，才能满足实现高效的城市要求。在当今中国，城市居住空间三维叠加已经是高密度发展的普遍现象。

其次，过高的密度和过度拥挤的超负荷城市运作转化成为一种压力，这种压力模糊城市和建筑的界限，使建筑空间和城市空间趋向一体化，出现"建筑的城市化"和"城市的建筑化"两种倾向。"建筑的城市化"指建筑变成了微观和缩小的城市，建筑融入了许多城市功能，人们可以足不出户享受城市生活的一切，包括居住、工作和餐饮等。柯布西耶著名的马塞公寓就微缩了城市的一切，把城市的功能建筑化。库哈斯通过对下城体育中心的研究认为它是包括所有城市功能的一个微型的综合体。现代商业设施可以涵括传统城市生活的林林总总，如休息、购物和游乐设施等等。从另一个侧面来看，随着数字信息技术的发展，城市5年规划和10年规划的分期控制，城市建筑空间趋向一体化，城市空间显示出建筑化的特征。如城市空间和建筑室内外空间的一体化，地铁空间和商业设施统一化，还有四通八达的步行天桥，人在其中行走，不知不觉中穿越了不同的建筑物。可见，在高密度的条件下，不同的建筑空间已经连接在一起，构成了一个巨型的空间网络，出现"城市的建筑化"。

再次，如同在高强压力下，物质的三常态之间的转换规律一样，在密度的压力下，城市出现大量功能的混合。在低密度时，居住空间是独立和单一的，如别墅区。但随着密度的增加，不得不竖向叠加，最终发展成为目前的商住楼。随着密度的进一步提高，垂直空间进行水平的连接，胶结在一起，形成一种整体性的空间。

最后，同一区域的住区建筑在功能上会存在同构现象，如市内的居住区，一般是高层住宅，底下几层用作商业裙房，包括购物、餐饮和娱乐等，裙楼屋顶一般架空，用于休息，其上为居住空间。这为相邻建筑的相似功能空间的驳接提供了可能性。

（2）空间"驳接"的制约因素

不同建筑物的连接必须解决建筑物的权属问题，这需要多方面的协商解决。在开始建设的时候，住宅及其公共配套属于开发商，为了各自的商业目的，相邻地块不可能无缝连接。住房销售后，所有权归于居民，公共空间无缝连接才成为可能。

空间被驳接后，必然出现没有商业价值的空间，主要用于交流、人行或者休息等，增加了居民的分摊面积和管理成本。但随着人口密度的增加，人均分摊的经济成本会不断下降。因此密度越高，人均成本则越低，空间驳接的可能性就越大。

6.5.4 空间"驳接"的内容和方法

（1）空间"驳接"的内容

空间"驳接"是居住密度发展到一定时期的产物，是改善高密度环境质量的有效途径，已在一定的范围中采用并取得了不错的效果，实践中的空间驳接包括以下三方面内容：

住区户外空间的"驳接"。如"高台式"的空中架空绿化平台，通过"驳接"以达到空间一体化，使得独自、分散和狭小的户外空间连接成一片，形成都市中的平台花园，扩大城市的休息绿化空间。广州凯旋新世界是个"高台式"住宅的驳接例子，它位于广州核心区珠江新城的东面，居住密度约为3.0。住宅小区分属于三块用地，中间穿过市政道路。住宅采用"高台"的模式，裙楼一层，平台顶上为空中花园。为了达到整体的效果，两块用地用平台花园无缝驳接，形成一体，市政道路从平台低下通过。从实际建成效果来看，通过"驳接"，扩大了户外开阔空间，绿地从狭小地块变成了跨越两用地的空中花园。同时，通过"驳接"，有效解决人车分流的问题，提供了一个扩大的、整体的、安静的户外环境，达到了环境优化的目的（图6-21）。

图6-21 广州凯旋新世界小区的空间"驳接"
来源：笔者摄影

住区公共空间的"驳接"。相邻地块功能空间之间的驳接，如购物空间、娱乐空间和餐饮空间等等之间通过建筑实体的连接以达到资源共享。巴黎新区于1958年建设开发，为法国的新 CBD 区，也是一个高密度的城市区域，它的功能以中央办公、商业和展览为主，也包括少数居住项目。为了解决交通的问题，采用立体的模式，开辟多层次的交通和城市空间体系，通过一个大的平台把整个区域的建筑连接起来，上面设有水池、林荫步行道和游乐

图 6-22　香港城市空间的"驳接"
来源：笔者摄影

休息等空间，交通在平台下解决，达到人车分流的目的。通过不同建筑物的"驳接"，有效地解决复杂城市交通问题，创造了丰富多样的现代城市空间。

住区交通空间的"驳接"。包括人行道、骑楼和地下隧道等空间连接城市其他的开放空间，使得人车合理分流，促使交通组织合理化。在香港，城市利用扶梯、坡道和室外楼梯对不同标高的城市空间进行驳接，达到垂直空间的一体化。在城市交通空间中，也有利用封闭的实体进行"驳接"的，见图 6-22。

（2）住区空间驳接的方法

通过对高密度住区的类型分析，可总结它的空间原型，作为公共空间驳接的基本单元。老城区和新建高密度区域的统计表明，城市中高密度区域一般以小路网和小地块为主。根据广州高容积率住宅群的特点，提炼的模拟单元用地采用 120m×120m 的大小，容积率在 4.5～6.5 之间。单元留有可驳接口，以便和周边的建筑物进行连接。这种基本单元用于老城区的改造时可以作为空间的填补，改善周边的城市环境。用于新城区的建设时

可以通过单元的组合，形成新型的一体化空间（图 6-23）。

基本单元具有可重复性，即通过不断的单元组合最终达到城市空间的一体化。不同的单元之间相互连接，通过媒介驳接连成整体。形成的整体空间特征和生物细胞生长类似，具有水平横向的特征，形成一个开放的空间系统。具有单元性、开放性和可拓展性等特征。由于单元的形态和连接方式的多种可能，最终的空间具有多样性的特点（图 6-24）。

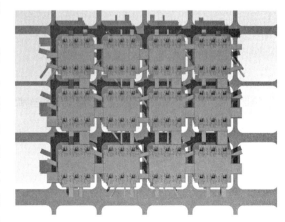

图 6-23　空间"驳接"的平面单元组合
来源：笔者分析

6.5.5 空间驳接的概念设计

上文提出的城市住区的空间驳接概念需要在实际中应用进行检验，本书以广州已建成的高密集区域来进行实例研究。

（1）选定区域

广州天河北高密度住宅群符合空间驳接的基本条件。它的建设大约起于1986年的"六运会"。目前，用地已经基本使用完，成为一个功能较为完善的居住群，但没有特定的界线。销售价格是目前广州最高的区域之一，可证明其受欢迎的程度。规划采用小地块和高层高密度的模式，大部分住宅在32层左右。住宅的功能和风

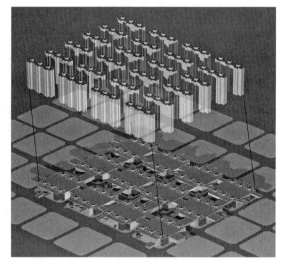

图 6-24　空间"驳接"三维示意
来源：笔者分析

格大致相同，存在功能同构现象。住宅建筑由下到上功能分布为：地下层停车、3～6层的商业裙楼、架空的空中花园、住宅。

（2）现状特征

建筑红线与边线出现重叠：为了实现建筑面积最大化，建筑红线和建筑边线重叠，以获得最大的临街建筑长度，从而获取更多的商业利益。因此每个小区

的户外空间是内聚的、封闭和缺乏开放的，具有以下的特征。第一，"微观城市"导致相互隔阂的产生。每一个小区都是一栋建筑，每一栋建筑都是一个微型城市。居民在自己的建筑城市里，可以满足自己城市活动的大部分，没有欲望去另外一个街区里去。正是由于此，联系成为了一种不必要的需求，于是，相互之间产生隔阂。第二，形成了荒废的空中花园。每一栋的建筑都在6或7层的裙楼顶部建有自己的架空的平台花园，但是面积都有限，居民从这里分散到不同的梯间单元里。正是由于空间孤立、封闭和狭小，空间利用率不高。其交通集散的功能是主要的，与其说是空中花园还不如说是交通转换平台。如果从宏观角度去观察，每个小区的空中平台几乎处于同一标高，如果把所有空中平台的面积加起来相当于一个规模宏大的城市花园，面积略小于整个天河北建筑基地的投影面积（即总用地面积减去空地的面积）。只可惜因为小区的封闭独立，这个规模宏大的城市花园被割裂成了一个个零碎的平台，没有发挥应有作用，成为一个支离破碎并荒废着的巨型空中花园。

（3）空间驳接的建议

综上所述，可建议通过绿化平台把每栋楼的空中平台串联起来，形成大规模的空中花园，居民可以在上面任意行走。统一的平台根据实际情况进行空间和景观的安排，设置不同主题的景观，组织更多的体育场地、户外活动空间，改变原来空间狭小的状况，

形成一个穿越"混凝土森林"的空中步行道。待建的项目，在不影响其功能用途前提下，底部全部架空，设置各种坡道，成为空中公园的入口。可依据人流特点，把相似商业功能的空间通过建筑实体连接在一起，形成环形贯通的空中商业步行街，达到功能一体化的目的。不同的空间元素的相互驳接给高密度的城市带来舒适的户外空间，能够增加城市交通穿越的便捷性，改善本区交通堵塞的问题。总之，空间"驳接"带来的一体化效应能有效地降低高密度对环境、交通和公共空间的不良影响（整体效果见图6-25～图6-28）。

　　本小节的"空间驳接"的概念是通过对高密度住宅的调研，有针对性地研究高密度居住空间存在问题，以系统最大化和高效化作为分析基础，研究高密度居住空间的联系特性，提出通过对城市各种空间元素的连接来改善居住空间环境，同时，系统研究了高密度居住空间"驳接"的方法、意义和应用。但作为一种构想，这种方法也存在不足，还有待更深入的研究和改善。

图6-25　天河北街道空间"驳接"示意一

来源：笔者分析

图6-26　天河北街道空间"驳接"示意二

来源：笔者分析

图6-27　天河北"驳接"后穿越城市的空中步行道示意

来源：笔者分析

图 6-28　天河北居住空间"驳接"后的整体空间示意
来源：笔者分析（原图片来自 www.xinhuanet.com）

6.6　本章小结

本章主要从城市的中观尺度来研究高容积率居住空间的整体优化问题，其与城市的关系是分析主体。

本章通过问卷的 15 项因子的调查，发现居民对中高容积率（12 ~ 18 层）住宅的环境质量的评价最高，高容积率（19 ~ 32 层）其次，第三为中容积率（7 ~ 11 层），低容积率（1 ~ 6 层）为最差。认为比较不满意的是绿化、离学校距离、户外开阔度、户外活动场地、体育设施等五方面。

本章通过实地的调研，研究广州紧凑型居住空间的特征，发现目前紧凑型居住空间缺乏与城市整合的问题，指出加强居住空间整合是改善紧凑型居住环境的重要举措。

本章研究了居住空间与城市的整合方法，分析了空间一体化、功能的适当混合、密度体验与空间模式的多样化、公交主导下的交通多元化、开放的人性化小尺度街区、亚热带植物的运用等多个方面的内容，并提出了适当的策略建议。

本章从城市角度研究高容积率居住空间的整合措施，提出建构亚热带居住空间的"中介空间"的体系，以提供一种适应当地气候的缓冲空间体系，改善高密度居住环境质量。

本章提出通过"空间驳接"来改善居住空间紧凑化带来的户外空间狭小、绿地缺乏和活动场地不足的缺点，降低居住空间紧凑化带来的负面影响。最后，本章选取广州天河北住宅群进行实例研究，论证其可行性。

注释:

[1]　国际建协.北京宪章 [J]. 建筑学报，1999（6）.

[2]　刘捷.城市形态的整合 [M]. 南京：东南大学出版社，2004：8-9.

[3]　韩冬青，冯金龙.城市建筑一体化设计 [M]. 东南大学出版社，1999：7-72

[4]　[法] 罗卡.融合模式的失败？读书，2005（05）.

[5]　傅立新等.城市交通与环境的可持续发展对策.中国交通网站，2005. 出自 http：//
　　www.iicc.ac.cn/05sustainable_development/t20050309_15542.htm.

[6]　卓健.速度·城市性·城市规划.城市规划 [J]. 2004（01）.

[7]　费移山，王建国.高密度城市形态与城市交通——以香港城市发展为例 [J]. 新建筑，
　　2004（05）.

[8]　来自费移山，王建国.来源同上.

[9]　王志涛，城市人口密集下高容积率居住模式研究 [A]. 邹经宇等编，第五届全国城市
　　住宅研讨会论文集 [C]. 北京：中国建筑工业出版社，2005.

[10]　王彦辉.走向新社区——城市居住社区整体营造理论与方法 [M]. 东南大学出版社，
　　2003：133-135.

[11]　张宝鑫主编.城市立体绿化 [M]. 中国林业出版社，2003.9-11.

[12]　戴志中，刘晋川，李鸿烈.城市中介空间 [M]. 南京：东南大学出版社，2003：1-3.

[13]　郭谦.重现街巷景观——倡导加快进行广州街巷体系研究 [J]. 新建筑，2002（5）.

第 7 章 微观尺度：采用多种途径，改善环境质量

任何一种新的理念企图改变城市空间，最终必须通过微观的物质形态来实现，居住空间紧凑化的各种观念也不例外。要实现适度的高密度，并维持较好环境质量，也必须通过空间要素的改变来实现。因此，在微观层面对各种空间要素的研究必不可少。

本章的研究主要围绕微观层面各种空间组成要素进行系统的分析。首先，要对构成居住空间要素进行分类研究，以便进一步研究紧凑化实现手段。很显然，居住空间的微观组成要素包括平面形态，即进深、面宽、户数和凹凸系数；还包括建筑高度，即层数和层高；也包括总平面的布局方式，如围合、半围合、联排与点式等等。其次，微观层面的研究也包括外部空间形态，即组团和院落的形式。再次，空间的不同组合形式也是关注的重点，包括高层高密度、低层高密度和高层低密度三种模式。最后，空间的多样化具有改善居住环境的作用，也是分析的重点。所以，本章内容包括居住空间紧凑化实现手段、紧凑空间多样化方法、紧凑型居住空间模式和紧凑型居住空间院落四个重要内容。

7.1 居住空间紧凑化实现手段的量化分析与建议

7.1.1 住宅容积率影响因素分析

（1）层数

住宅层数和土地条件、社会经济密切相关。这在香港特别明显，从 20 世纪 50 年代和内地相差不大的 6 ~ 7 层多层住宅，发展小高层，再到 80 ~ 90 年代的 30 多层，住宅层数不断上升。可见，在极端的条件下，土地紧缺和经济发展可能会导致住宅层数的提高超过人们的预期。舒平把国内大城市的住宅层数发展分为过渡期、提高期和稳定期。他认为，从使用者和环境的角度，住宅的层数不宜太高，也不应大量提倡超高层的住宅建设，应该在容积率和适居性中寻求平衡点[1]。

根据国标《城市居住区规划设计规范》对容积率和建筑密度的控制指标表，可以把容积率划分为 1 ~ 1.3（低层），1.3 ~ 1.9（多层），1.9 ~ 2.4（中高层），2.4 ~ 3.5（高层），3.5 以上等几个分段。根据《住宅设计规范》GB 50096—1999，把住宅按层数划分如下：低层住宅为 1 层至 3 层；多层住宅为 4 层至 6 层；中高层住宅为 7 层至 9 层；高层住宅为 10 层及以上。

在国内大城市，各种规范对不同层数住宅的设计要求不一样，层数越高，消防通道、电梯设置等要求越严格。为了节省投资，实际建设的住宅层数出现"门槛"的现象。比如，规范要求6层以上设置电梯，那么多数的多层住宅将会以6层为主，部分把6~7层作为复式住宅，对规范进行了充分利用。又如，11层、18层、32层也是规范的一个门槛，于是很多高层住宅都是11层或18层，或者是32层。从目前广州高容积率住宅建设来看，新建高层住宅以18~32层为主，32层高层住宅多分布在内城区和天河中心区，超过32层的普通住宅（即超过100m），由于各种要求严格，成本比较高，数量并不多。

（2）空间布局

住宅布局也直接影响到容积率的高低，可以在不提高成本的条件下实现高密度。比较典型的住宅布局模式包括点式、联排、围合和半围合。由于我国南方城市气候炎热，东西向住宅容易带来西晒问题，降低了居住空间的舒适度。于是，在新中国成立后到改革开放初期，广州住宅多数以南北向排列为主，住宅空间形态比较单调。随着经济发展，富裕地区的住宅广泛应用空调，加上大城市用地紧张，以及居民对良好景观的向往，围合和半围合的布局方式逐步被南方居民接受。目前，在广州市中心和郊区，很多高容积率住宅都采用半围合布局。如果住宅用地规模较大，一般采用多种布局的混合模式，既有半围合模式，也有高层多户的点式住宅和南北联排的住宅，丰富了居住空间形态。

（3）户型类型

户型类型反映土地的利用强度和居住空间的舒适性，住宅类型的选择同样会影响住宅的容积率。在层数维持一定的情况下，住宅类型按强度的等级由高到低排列为：独立别墅、半独立（联排）别墅、一梯两户、一梯四户、一梯六户和一梯八户等。

（4）日照间距

住区规划主要考虑日照间距和防火间距。由于纬度不同，南北城市要求不一样。一般来说，南方的间距要求比北方城市小一点。在国家规范里，不同地区的适合容积率也不同，在同等层数下，南方地区的住宅容积率比北方的高。南北城市对间距的管理也存在差异。一般来说，北方城市要求严格，主要通过日照分析和日照间距来控制。而广州的住区规划采用系数法来控制，一般情况下满足日照间距即可。

7.1.2 数学模型的建立

对于容积率，《居住组团模式日照与密度的研究》（韩晓晖等，1994）、《对我国住宅合理密度的初探》（杨松筠等，2005）、《住宅层数的解析》（舒平，2000）等文章从层数、建筑密度和容积率等方面进行定量研究。在住宅节地性、密度合理范围和层数评价等方面提出了适合我国国情的建议。国外建筑师L·马丁和莱昂内尔·马奇（肖诚，1998）、荷兰建筑师群体MVRDV（李滨泉，2005）也对容积率进行数学模型研究。上述这些研究考虑层数、容积率和总平面布局之间的关系，但较少考虑其他提高密度的手段，分析的因素比较少，也缺乏对多种手段进行定量比较。因此，这方面还有深入研究的空间。

常见提高居住密度的方法有以下几种：1）增加层数；2）增加户数或加大进深；3）采用围合和多重围合的布局方式。居住密度由建筑间距、凹凸系数、层数、进深和围合方式等参数所决定，根据这些参数便可建立起精确的数学模型，结合地区气候、建造技术和经济成本等实际情况就可以提出适宜的建议和策略。

（1）模式分类与建立模型

建立数学模型的原则：1）居住布局模式的总结侧重原形分析，注重代表性；2）通过系数方法，考虑了户型形状凹凸变化和规划布局利用系数对居住密度的影响，较精确和全面地反映实际建设的情况；3）考虑实践的检验。通过对广州内城小区的居住密度的调查，结合本书的分析对城市住宅现实问题进行探讨，作为理论的应用和检验。

与上面提到的研究者的分析相比较，本研究建立的模型具有以下特点：1）系统地比较和评价了提高容积率的各种方法；2）结合国内的情况，初次对进深和户数等因素进行量化分析；3）考虑了各种修正系数，使得模型更加精确。

（2）模式总结

以简洁明了为原则，把典型居住的模式分为以下四个类型：点式、联排、单一围合和多重围合等四种布局模式。对于一些混合的模式，密度可以取两种模式的中间数值，见图 7-1。

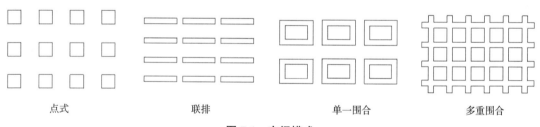

点式　　　　　　联排　　　　　　单一围合　　　　　多重围合

图 7-1　空间模式

来源：笔者分析

户型利用系数　　　　　　　　　　　　　　　　　　　　表 7-1

户型	一梯 2 户	一梯 4 户	一梯 6 户	一梯 8 户
k_1 户型利用系数	100%	77% ~ 83%	62% ~ 67%	52% ~ 60%
D 进深（m）	10 ~ 12.6	18 ~ 22	25 ~ 30	32 ~ 40

资料来源：笔者统计

（3）变量的类型

如图 7-2，涉及居住密度（容积率）的主要变量有 m 层数、h 层高、L_1 面宽、D 进深、L_2 总进深、b_1 南北日照间距系数、b_2 东西日照间距系数、F 防火间距、e_1 户型利用系数、

e_2 布局利用系数。

本书采用进深 D，户型利用系数 e_1 来描述户型的特征，包括一些特殊和异形的户型。其中，e_1 采用实际户型和计算面积的比，如图 7-3，一梯两户接近 100%，随着进深的增加，形体为了考虑日照、采光和通风，进行凹化处理，e_1 值不断下降，主要的户型利用系数如表 7-1。常见的户型类型为 1 梯 2 户到 1 梯 8 户。考虑到日照的要求，1 梯 8 户在实际的设计中存在北面住户采光不足的情况，在本书的计算中用 1 梯 6 户作为上限。e_2 为实际布局面积和计算布局面积（不考虑户型的凹凸）之比，点式和联排为 100%，在实际的设计中，围合不可能完全封闭，为了满足通风的要求必须留出一定的缺口，因此布局利用率必然低于 100%，围合式在 81% ~ 87% 之间，多重围合在 50% ~ 84% 之间，视具体情况而定。

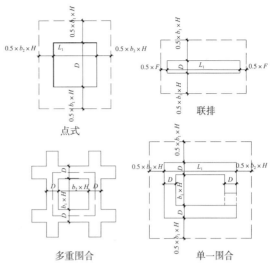

图7-2　模型参数
来源：笔者分析

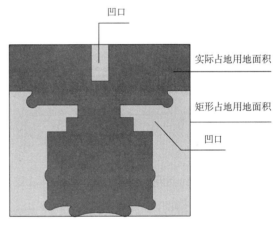

图7-3　户型利用系数（e_1 = 实际占地面积 / 矩形占地面积）
来源：笔者分析

（4）具体分析

为了简明说明问题，分析采用两个变量，其中一个变量为居住密度，另一个为层数。由于层数的变化可从 1 ~ 33 层，变化范围较大，适宜作为自变量。本书计算了 1 梯 2 户、1 梯 4 户、1 梯 6 户的数值。（异形的户型可以根据实际，代入 D、e_1 两个变量求得。）通过计算机编程，然后绘出变化的相关曲线。

1）点式

点式的居住密度的计算函数如下。利用 excel 软件，通过计算机计算，输出的容积率变化曲线见图 7-4。

$$f(r) = \frac{L_1 \times D \times (b_1 \times m \times h)}{(D + b_1 \times m \times h) \times (L_1 + b_2 \times m \times h)} \times (e_1 \times e_2) \text{-----------（来源：笔者编制）---（式 7-1）}$$

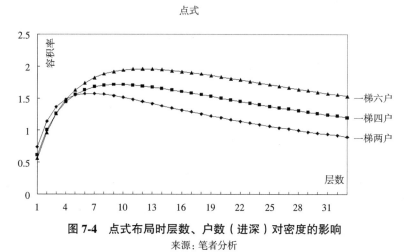

图 7-4　点式布局时层数、户数（进深）对密度的影响

来源：笔者分析

注：本图根据上述式 7-1 公式，利用 excel 软件编程，计算绘制而制成。户型利用系数 e_1、布局利用系数 e_2、进深采用表 7-1 的最大数值。本图没有考虑周边道路及其退缩对容积率减少的作用。

2）联排

联排式的居住密度的计算函数如下。随着层数的增加，居住密度无穷接近极限值，通过函数可求得 $m \to \infty$ 的极限值。利用 excel 软件，通过计算机计算，输出的容积率变化曲线见图 7-5。

$$f(r) = \frac{L_1 \times D \times m}{(b_1 \times m \times h + D) \times (L_1 + f)} \times (e_1 \times e_2) \text{------------------（来源：笔者编制）---（式 7-2）}$$

3）单一围合

单一围合式的居住密度的计算函数如下。随着层数的增加，居住密度无穷接近极限值。$m \to \infty$ 时极限值可通过函数求得。利用 excel 软件，通过计算机计算，输出的容积率变化曲线见图 7-6。

$$f(r) = \frac{[L_1 \times D \times 2 + D \times (b_1 \times m \times h) \times 2] \times m}{(L_1 + b_2 \times m \times h) \times (b_1 \times m \times h \times 2 + 2D)} \times (e_1 \times e_2) \text{----------------（来源：笔者编制）---（式 7-3）}$$

4）多重围合

多重围合式的居住密度的计算函数如下。利用 excel 软件，通过计算机计算，输出的容积率变化曲线见图 7-7。

$$f(r) = \frac{\{2 \times [(b_2 \times m \times h) \times 0.5D] + 2 \times [(b_1 \times m \times h) \times 0.5D] + 4 \times 0.5D \times 0.5D\} \times m}{(D + b_2 \times m \times h) \times (D + b_1 \times m \times h)} \times (e_1 \times e_2)$$

--（来源：笔者编制）--（式 7-4）

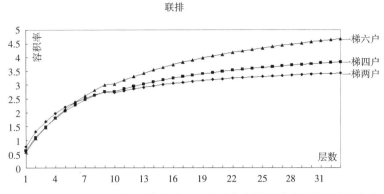

图 7-5　联排布局时层数、户数（进深）对密度的影响（计算方法同上）
来源：笔者分析

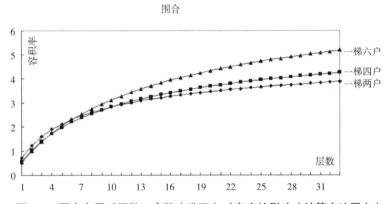

图 7-6　围合布局时层数、户数（进深）对密度的影响（计算方法同上）
来源：笔者分析

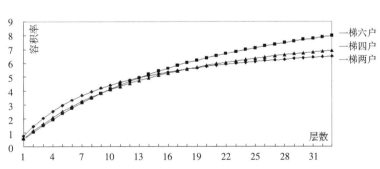

图 7-7　多重围合布局时层数、户数（进深）对密度的影响（计算方法同上）
来源：笔者分析

7.1.3　广州住宅容积率数值变化范围的建议

在理论上，以上多数函数都存在数学上的极限值。在实际的应用中，根据户型凹凸
系数、布局利用系数和日照要求等条件，大多数情况下的最大居住密度都可通过以上模

型求得。限于篇幅，下表给出主要条件下广州市的最大容积率，供规划和建筑设计者参考，见表7-2。

不同条件下的最大容积率（作者计算而得） 表7-2

户型	一梯 2 户				一梯 4 户				一梯 6 户			
层数	6	12	18	32	6	12	18	32	6	12	18	32
点式	1.57	1.45	1.25	0.92	1.63	1.69	1.55	1.22	1.74	1.96	1.88	1.55
联排	2.38	2.86	3.13	3.42	2.28	2.96	3.36	3.81	2.38	3.31	3.9	4.63
单一围合	2.31	3.00	3.38	3.86	2.20	3.07	3.57	4.22	2.30	3.44	4.12	5.13
多重围合	3.35	4.8	5.36	6.38	2.90	4.56	5.58	6.87	2.78	4.70	6.02	7.90

注：本表的户型利用系数 e_1、布局利用系数 e_2、进深采用表7-1的最大数值。本表没有考虑周边道路及其退缩对容积率减少的作用。来源：笔者分析

7.1.4 几种提高住宅容积率方法的量化比较及建议

（1）提高容积率方法的量化评价

1）从图7-4可以看出，对于点式布局，随着层数的增加，居住密度不断上升，在某个层数居住密度达到极限，然后居住密度随之不断下降。但如果住宅间距足够大时，通过错位的布局方式可使得密度提高1倍。对于其他模式，在 1~18 层变化范围内，增加层数对提高密度作用明显。超过18层，增加层数对提高密度的作用有所减弱。随着高度的增加，提高密度的作用下降，以1梯2户，联排布局模式为例，在6层的时候提高1层可以提高容积率11.7%，在18层的时候提高1层可以提高容积率1.25%，而在30层时提高1层只能提高容积率0.38%。随着层数的加大，其对居住密度的作用不断下降。同时，住宅的造价随之增加，建筑的实用率减少，综合效应变差。但在大城市中心区，土地珍贵，提高层数是唯一有效提高土地利用率的途径，因此，上海、北京和广州存在不少超过30层以上的住宅。总之，随着住宅的层数提高，容积率不断提高，两者呈正比的关系。但在达到一定层数后，容积率的增加就变得十分缓慢，超过某个极限，由于成本的提高和居住环境质量下降，在经济和技术上变得不太适合实际的需要。因此，提高住宅的层数应在一定范围内，即18层以内较为现实，最高不要超过32层。

2）采用加大进深的办法。一梯多户的设计和加大进深的本质是一样的，通过模型分析可知，在某个层数以下的住宅，通过采用增加每层户数的方法并不能使得密度提高，相反还使密度下降。这和传统的采用多户设计必可提高密度的观念有相悖之处。如图7-4所示，1梯2户、4户、6户三条曲线在某个点相交。分析可知，只有层数超过这个交点，加大进深才可提高密度。原因在于随着进深的加大，户数增多，形体需要通过凹凸来满足采光和通风要求，k1系数减小，此消彼长，减弱了土地的利用效果。住宅建筑的进深变化范围较小，因此，低层时通过增加进深（或增多户数）来提高密度的作用有限，只

有在高层住宅加大进深（或增多户数）才有意义。如在 18 层的联排的布局中，采用 6 户比 4 户的容积率提高 16.3%，4 户比 2 户的容积率提高 7.1%。如图 7-4 ~ 图 7-7 所示，随着层数的增加，加大进深（或增多户数）对提高居住密度的效能加强。但在北方，这种多户的形式存在日照和视线干扰等方面问题，也是要引起注意的。

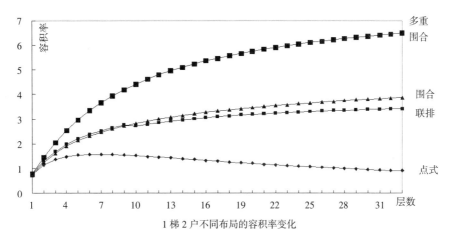

1 梯 2 户不同布局的容积率变化

图 7-8 布局对密度的影响能力比较（计算方法同上）

来源：笔者分析

注：本图根据上述式 7-1 ~ 式 7-4，利用 excel 软件编程，计算绘制而成。户型利用系数 e_1、布局利用系数 e_2、进深采用表 7-1 的最大数值。本图没有考虑周边道路及其退缩对容积率减少的作用。

3）通过改变布局，可以大幅度提高居住密度。如 1 梯 2 户、18 层住宅，采用联排式比点式可提高容积率 150.4%，单一围合比联排式的容积率仅提高 8.0%，多重围合的容积率比单一围合提高 64.8%（见图 7-8）。多重围合在低层的时候实际为天井式或多重院落的模式。但在实际建设中，住宅的用地一般在 3 ~ 10hm²，须考虑道路和边缘住宅的退缩，不能无限多重组合，密度会相应减少。因此，对于多重围合，其数值应比表 7-2 略低。在不考虑东西向的道路用地时，采用单一围合方式相对联排方式而言，提高密度的效果不明显，主要由于东西向的日照间距要求而占用一定的用地。

4）通过功能混合，可以适当提高地块的综合容积率。城市住区规划考虑周边的商业需要或者自身的公建配套等功能，为了能节约用地，采用竖向叠加的方法。一般在住宅下设置商业裙楼，层数根据实际需要，从 1 层到 7 层不等。这也可以增加地块的综合容积率，但不能增加住宅容量，也就是说不能有效增加住宅建筑面积，见图 7-9。

（2）几种提高密度方法的比较和应用范围

1）比较结果与排序

通过上述的数据分析可以知道，对于增加密度，调整布局方式是节省、有效的手段。在层数较低时增加层数、层数较高时加大进深（或增多户数）提高密度的效果次之。在层数较高时增加层数和采用单一围合方法提高密度的效果最弱（小地块采用单一围合除外，原因见下文分析）。在层数较低时，通过多户的变相加大进深方式不能有效提高居住密度。通过裙楼的功能混合能提高地块的综合容积率，但不能提高地块的住宅容量。

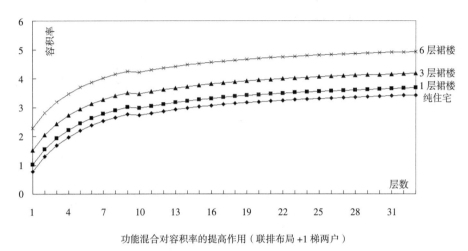

功能混合对容积率的提高作用（联排布局 +1 梯两户）

图 7-9　功能混合对密度的影响能力比较（计算方法同上）

来源：笔者分析

注：本图根据上述式 7-1 ~ 式 7-4，利用 excel 软件编程，计算绘制而成。户型利用系数 e_1、布局利用系数 e_2、进深采用表 7-1 的最大数值。本图没有考虑周边道路及其退缩对容积率减少的作用。裙楼的基底面积取总用地面积的 25%。

2）应用范围

居住密度涉及因素比较多，如气候、习俗和经济能力等。在确定采用何种方式来提高密度时不能一刀切，必须分别对待，各有侧重。如在南方地区，采用多户数和增加层数较为可行，也可采用半围合的布局方式，但考虑到通风和西晒问题，围合不宜过于封闭。经济发达、用地紧张的地段可采用高层住宅，经济欠发达地区宜采用低层高密度的方式。在北方日照要求高的地区，不适宜过多采用多户的形式，但可采用围合的布局方式。提高居住密度方法、手段的选用的建议见表 7-3。

上述几种方法的评价和适用范围的比较　　　　　　　　　　　　　表 7-3

类型	效能	优点	缺点	适用范围
增加层数	在中高层（18 层）以下能有效提高密度。（2）增加户外活动场地	（1）能有效提高容积率。（2）增加户外活动场地	（1）成本随层数增加。（2）高层建筑对儿童健康、老年人活动产生负面影响	（1）使用范围广，多用于人口拥挤的大城市。（2）高层住宅宜用于经济发达、土地较少的区域
增加进深或户数	超过一定层数才能有效提高密度。低层住宅无意义	（1）造价较低。（2）措施简单	（1）对提高容积率作用有限，效率不高。（2）较容易引起采光问题，尤其在一些户型凹口的部位。（3）由于户数过多，容易产生通风问题。（4）容易产生视线干扰的问题	（1）在对视线卫生要求、日照要求高的地区慎用。（2）由于造成日照遮挡，北方城市应少用。（3）南方城市在日照要求不高的情况下可以使用。（4）适用于一些用地紧张，并且经济欠发达的城市

类型	效能	优点	缺点	适用范围
单一围合	在小地块时，能有效提高容积率	（1）不增加造价。（2）空间氛围好，容易形成邻里氛围	（1）会引起通风问题。（2）部分住宅存在西晒问题	（1）在炎热的南方地区不应过于封闭，宜半围合。（2）适用于北方寒冷城市，有利于利用日照。（3）南方地区必须考虑遮阳，以减少能耗
多重围合	能大幅提高住宅的容积率	（1）层数不高时能实现高密度。（2）不增加造价	（1）会引起通风问题。（2）部分住宅存在西晒问题。（3）地块大时采用，可能会增加空间的压抑感	（1）低层住宅容易实现，可以演变成天井式住宅。（2）高层住宅限于地块规模，难以实现多重围合。（3）适用范围同单一围合
功能混合	能一定程度提高地块的综合容积率	（1）能增加其他功能，提高居民便利性。（2）能营造活力街区	（1）不能提高住宅容量。（2）对住区产生一定的干扰	（1）城市商业区较为常用。（2）多在高层住区，通过裙楼方式应用。（3）不适宜开发强度较低的区域

资料来源：作者根据上述计算、分析编制

（3）当前增加住宅容积率方法的应用趋势

1）增加层数和减少户数。以广州为例，1990 年代左右，由于经济支付能力不高，通过增加户数来提高密度是成本较低方法，广泛应用于多层和高层建筑。如广州天河北的大部分小区模仿香港模式，采用"井"形的多户单元增加居住密度。但近年来，随着物质水平的提高，多户数方式带来的视线污染、噪声干扰也引起了人们的重视。因此，很多项目开始采用增加层数，减少每单元的户数来平衡高密度的要求。一些在市中心和郊区的住宅，开始采用 32 层 1 梯 2 户，并加大室内建筑面积的方式来增加密度。可见，高层住宅所存在的某些社会学上的问题并没有妨碍居民对物理环境要求的提高，如通风和采光等。

1990 年代广泛应用的多户模式，产生了许多问题。目前的住宅开发中，存在增加层数，减少每梯服务户数的发展倾向。一些一梯两户 18 ~ 32 层的住宅，由于分摊费用昂贵，在前十年几乎很少开发。但近年来，由于地价的上升，建造成本占总成本比率下降，同时居民支付能力提高，很多高容积率住宅向舒适方向发展，一梯两户、三户的高层住宅不断出现。总之，增加环境舒适性是高容积率住宅户型优化的重点，包括：发展中型户型，适当增加户型面积，提高空间舒适度；提高层数、减少户数，增加南北对流，减少视线干扰，满足采光的要求；户型设计时增加一些非功能的休闲空间，比如，在入口设计入户花园和设置阳台花园，把传统的前院后庭的做法引入高层住宅，增加交流空间等等。

2）增加围合度。从上面的分析来看，对于单一围合式，考虑东西向的日照要求，增加围合度比联排方式没有大的提高，但如果在东西均临道路的小地块，增加围合度实际上利用了道路的面积作为日照的间距用地，是可以增加密度的。如用地为大地块，采用单一的围合方式对提高密度意义不大，采用多重围合的方式则能有效提高居住密度。基于上述两种情况，围合的方式也是目前常用的提高密度的方法之一。必须指出，采用东西向的布局是建立在大量使用空调的基础上，对节能是不利的，因此如何考虑合理的遮阳措施，需要更加深入研究。

（4）实际应用的注意点

1）城市内分区域对待

从城市整体密度来看，根据对广州的分区的居住密度的调研，128 个小区的居住平均容积率（总建筑面积 / 总用地面积）为 1.81。对比上表对应的数值低很多，总体密度还有较大提高的空间。但居住密度的分布形态呈现不均衡的特点，主要表现为，广阔郊区的平均容积率为 1.5 ~ 2.0，居住密度过低，而城市中心区平均容积率超过 5.3，部分小区达到 10.0 以上，居住密度明显过高。目前的市场化趋势是加剧这种分化，而不是缩小两者之间的差距，使得城市土地集约化成为泡影。因此建议以数学模型分析的数据为依据，结合"多核心"的城市空间结构调整，提高郊区居住密度，控制中心区居住密度，从而提高整体密度。

2）防止过高密度

目前，广州居住建筑一般在 33 层以下。广州旧城区的越秀和东山区，由于建设用地多数在 3000 ~ 8000m²，为了建设更多的住宅面积，建筑多用满铺的手法，建筑密度和容积率都很高。近年来内城所建的 39 个小区平均容积率超过 5.3，69.2% 小区居住密度超过 5.0，密集程度较高。本来，旧城改造的目的是为了改善恶劣的居住环境，但却走向了更密集的极端。

城区的过分拥挤与过分利用各种手段提高密度有关，譬如过多采用"井"形 1 梯 8 户，甚至达到 10 户、12 户的住宅户型，导致部分北向的住户终年没有日照，难以达到健康的要求，同时还带来通风不良、视线干扰，甚至是疾病传染的问题，2003 年的"非典"问题就是一个警示。广州日照充足，居民对日照的要求不高，但终年没有日照带来的环境问题也是十分严重的。因此，密度的提高不能以牺牲健康为代价。

3）注意不同模式的结合采用

在 1980 ~ 1990 年代，围绕着提高密度采用高层或低层方式进行过激烈的辩论，张开济主张在北京用低层高密度方式是具有现实意义的。但对于其他地区，高密度采用哪种模式关键在密集的"度"的问题，即所讨论的模式最终能达到的容积率。以广州为例，在满足日照的情况下，如果采用低层住宅，采用大进深和多户的方法（直至 1 梯 6 户），其居住密度可以达到某个临界点。综合上面所有的数据，此临界数值在 2.0 ~ 2.8 之间。在此数值以下，多层方式在经济成本和环境质量上的优势明显。当容积率超过此值，通过高层低建筑密度的形式来缓解高密集带来的压力是适宜策略，也是现实的办法。由于我国特殊的人口和土地的国情，高层住宅在大城市市区十分普遍，并逐步向郊区发展。采用高层还是低层居住方式，不应绝对化对待，宜采用多层与高层，点式和半围合的结合方式，增加居住形态的多样性。

7.1.5 应用展望

密度是个可以量化的指标，数学模型是一种有效和便捷的研究方法，只要获得足够的参数，通过计算机就可迅速地描绘密度的变化曲线，可用作量化的工具，使得城市规划活动更接近客观和科学。提高密度的方法是多样的，通过数据化的分析可以区别出不同手段的效能差异，为提高居住密度的手段选用提供理论的依据。

在保证日照要求的前提下，密度是存在极限的，居住密度只能在一定合理范围内调整。我们提倡节约土地，适当提高居住密度，但同时必须避免高密度对城市生态、居住健康和环境质量等方面的破坏。

提高密度是一个综合化和系统化的过程。经过 20 多年的建设，住宅类型已经呈现百花齐放的局面。高层低密度成为大城市的主流，多层高密度也在中小城市广泛应用，围合和半围合的居住方式在南方城市出现。因此，提高居住密度是一个综合性的问题，并不是依靠改变单个变量就可以解决的，只有通过系统化和综合化的方法，对进深、层数和建筑形态进行整合，结合地域气候、文化背景和经济支付能力的实际情况，才能在保证环境质量的前提下合理、有效地提高居住密度。

7.2 紧凑型居住空间多样化的分析与建议

近年来，我国城市化迅速，住宅建设量大，建设周期短，城市居住空间存在千篇一律和单调乏味的缺点。于是，居住空间的多样化成为良好社区的追求目标，一方面，居住空间的多样化，可形成丰富的居住环境和景观，改善高密度的城市环境，另一方面，居住空间的多样化带来人群的多样化、文化的多样化，有利于营造良好的社区邻里氛围。

在住区规划时，规划师一般重点考虑两方面问题。第一，放置尽量多的住宅，高效地利用可贵的土地，这就是我们的紧凑化原则。第二，尽量布置不同类型住宅，以满足不同人群的需求，塑造多样的居住空间，这就是多样化思想。传统的方法是通过多方案比较来实现，但由于实际工程比较复杂，规划师把工作量耗费在重复修改和计算中，并且由于工程时间短，一般设计师难以应付多样化的要求，这些环节都有待改进。

7.2.1 居住空间的紧凑化方程

在同一条件下，住区紧凑度是可以做量化评价和比较的。比如，可采用容积率来衡量，从这个角度来看，住区的紧凑度是绝对的。另外，住区紧凑度和当时当地背景条件相关。评价时需要综合分析各种因素，如所处时代、人口和土地条件等，这是随条件而变化的。不同国家情况不尽相同，对容积率数值的敏感程度是不同的，因此，住区的紧凑化是相对的。

居住空间的紧凑化可以理解为，在当时经济、技术条件下，住宅土地被充分、全面地利用。其主要涉及两个重要条件：（1）当时的经济、技术背景。即任何对紧凑化的评价都应以当时背景为基础，以当时适宜的技术为标准。比如近代广州的竹筒楼，采用当时技术成熟的 3～4 层的砖混结构。而目前，广州 18～32 层的钢筋混凝土住宅被认为是性价比较高的住宅类型。由此可见，容积率作为评判住宅紧凑度的标准时，应该加上时代背景因素。比如 2.0 的容积率数值在近代广州建筑的技术背景下可称为较紧凑的容积率数值，但在当代仍然是"松散"的居住形态。因此，紧凑化必须把当时的层数和户型面积考虑入内。（2）土地被充分利用。在规划时，每寸土地应赋予用途，如果存在某块土地，它既不建造住宅，也不作为日照的遮挡地，显然存在浪费，即空间的紧凑化程度不高。当然，土地充分利用也包括混合和多功能使用等，同一块土地可以单一地建设住宅，也可以底层安排日照采光要求不高的商业空间，在其上安排日照要求一般的办公空间，其上再安排日照要求严格的住宅，这显然比单一功能利用方式更紧凑。但由于混合使用多应用于商住综合楼，为了计算方便，本书只针对纯住宅区，暂不考虑功能混合的情况。

每一种住宅户型在一定层数条件下，根据日照间距和防火间距要求可画出其占用地和日照影响土地的范围。由于我国目前住宅以南北向居多，而东西向相对较少，在西向住宅占比例不高的情况下，东西向住宅日照间距空地可利用南北向的日照间距用地，从而增加容积率。因此，计算时不用考虑其阴影用地，如图 7-10 所示。影响日照阴影大小的相关因素，如户型的特征和层数相关，可以通过计算机输入计算而得。居住空间紧凑化是在满足日照下，尽量紧密布置住宅，充分利用土地，可采用的手法是比较多的，包括调整层数、户数和围合等。但无论如何，土地要么用于住宅的基地，要么用于日照间距。紧凑化的目标是充分利用土地，减少无用空地的百分比，直至为零。即空地率为 0，土地被 100% 利用时，空间紧密程度最高，即 $Y=\sum_{i=1}^{n}z_i$，其中，Y 为用地面积，Z 为住宅占的总用地面积（含建筑占地、日照阴影、防火间距占地）。这个方程式以紧凑化为前提，可称为居住空间紧凑化方程。

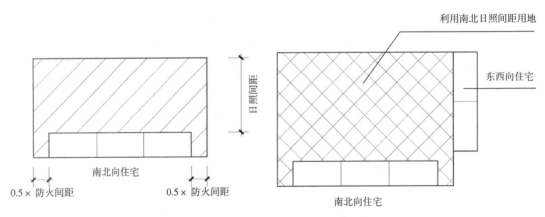

图 7-10　单元住宅总占地面积计算示意

来源：笔者分析．

需要指出的是，此公式的难点在于日照间距的确定。一般来说，南方的部分城市的规划管理是通过日照间距来进行的，比较容易计算，如广州。但北方城市需要对周边建筑进行整体的日照模拟分析，日照间距和住宅布局相关。在具体操作的时候可通过局部模拟或工程经验来确定日照间距。笔者在多项小区设计中通过这样的方法进行微观调整，最后亦可满足日照要求，具有可行性。

7.2.2 居住空间的多样化分析

多样化是良好社区特征之一。城市生态方面，多样化是物种保护的重要方向。在新城市主义、精明增长等规划理念，多样化都是可持续社区重要的保障。居住空间的多样化内涵比较广，即包含形态的多样化、空间类型的多样化和文化多样化等等。社区的多样化根本在于人群的多样性，良好的社区应该提倡不同阶层居民混合居住，避免造成住宅出现阶层化。空间类型的多样化，可以带来人群的多样化，进而促进文化的多样化，具有重要的意义。因此，本书讨论对象限定在住宅空间类型多样化。

一般而言，高收入家庭要求面积较大、环境较好的居住单元，而中下层收入阶层要求的面积一般比较小，质量要求相对低些。对于规模较大的住区，为了达到多样化目的，应该尽量提供多种大小不一的居住单元面积，以满足不同收入的家庭的需求，也应提供不同环境质量的住宅类型，如多种层数、多种密度的住宅，避免单调化和绝对化。居住空间类型多样化反映在具体空间特征上，如户型种类、面积大小、层数类型、容积率差异和价格差异等等。很明显，住宅的特征越多，差异越大，其多样化程度越高。其中，户型特征包括单元面积 H_i 和层数 S_i。H_i、S_i 基本反映住宅的档次，比如高档住宅，一般单元户型面积 H_i 较大，层数 S_i 较小，开发强度不大，外部环境较好，多用多层或别墅的形式。平民化的住宅，户型面积 H_i 较小，层数 S_i 较大，容积率较高。一般来说，H_i 和 S_i 的类型越多，不同阶层居民混合居住的程度越高，小区的多样化就越高。如果从紧凑化的方程来看，i 的数量越多，意味着多样化程度越高。

7.2.3 紧凑型居住空间多样化模型

在普通的居住区规划里，存在两种工作方式。第一种是地块的容积率是确定的，可以用多种住宅空间类型来实现多样化。另一种是地块的容积率是不确定的，可以通过多种住宅类型来实现不同容积率。第一种工作方式一般是规划局已经确定了该地块的开发强度，开发商一般采用最大的指标数值，这在实际工程中十分常见。第二种容积率不确定，容积率根据实际情况而定，用来比较不同开发强度下的空间形态，用于前期研究比较多。

我们可以根据以上的分析，把各种因素量化，并建立数学关系，形成图 7-11 的数学模型，使得居住空间多样化的研究可在模型中重复进行。模型的目标是多样化，因此在应用时重点考虑增加住宅类型数 i 和相应地调整各种住宅类型所占的比例 K_i。

对于第一种情况，地块容积率是确定的。第一步，各种住宅特征参数通过计算机输入。第二步，输入类型数值 i 和住宅所占比例 K_i 数值。由于只指定了用地面积和容积率，

于是存在方程 $f(Y)=R$，结合紧凑化方程，可得到两个一次方程，能对两个未知数求解。所以，在输入自变量 K_i 时，只能输入（$n-2$）个，余下两个 K_i，K_i 须由计算机通过程序求解而得。比如，住区共有 10 种住宅类型，我们可制定 8 种住宅比例，余下 K_9 和 K_{10} 的百分比值通过计算机对两个方程式求解而得。以上两方程对 K_{n-1}、K_n 求解，存在三种情况：（1）K_{n-1}、K_n 有解，俱为正值，于是，实现容积率要求。（2）K_{n-1}、K_n 出现负值，说明在设比例式前面 8 种的参数和占比例已导致容积率超出我们所指定值，可调低自身住宅系数或各住宅比例。（3）K_{n1}、K_n 无解，即说明 K_1 至 K_8 及相应参数过小，导致无论如何都不能满足容积率要求，需要调高自身住宅系数或各住宅比例。

第二种情况，用地容积率是不确定的。第一步，各种住宅特征参数通过计算机输入。第二步，输入类型数值 i 和住宅所占比例 K_i 数值。由于只指定了用地面积，没指定容积率，根据紧凑化方程，只能获得一个关于 K_i 的一次方程。所以，在输入自变量 K_i 时，只能输入（$n-1$）个，最后一个 K_n 须由计算机通过程序求解而得。如果 K_n 为负值，说明前面设的 $n-1$ 个 K_i 值，已导致容积率超出我们所需求的值，则调整各住宅比例 K_i 值，直到 K_n 为正值，进一步可计算出相应容积率。

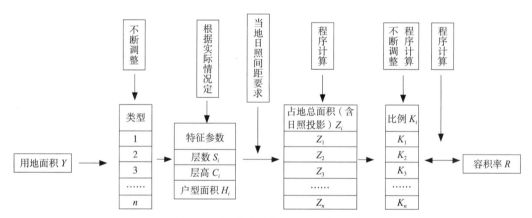

图 7-11　紧凑型居住空间多样化模型
来源：笔者分析

可见，无论第一种容积率确定的情况，还是第二种容积率不确定的情况下，利用简单的计算编程，都可以实现。通过模型的优点在于可以不断地增加住宅类型和调整所占的比例，以达多样化的目的，大大简化规划的工作。比起传统式利用多方案比较的方法，可节约大量工作量，并能精确表达出住区的多样化程度，达到规划设计的意图。

7.2.4　紧凑型居住空间多样化评价

根据以上的分析，类型 i 是影响居住区多样化的主要因素。i 值越多，证明小区的居住空间类型越多，居住空间多样化程度越好。因此，住宅的类型是判断居住空间多样化的一个重要衡量指标，要提高住区的丰富性和多样性，应提高 i 的数值。另外，类型参数差异性，也是居住空间评判因素，如每种户型面积差异太小，入住人群往往处于同一阶层，不能达到混合居住目的，其多样化程度不高。这种特征上的差异性可用户型面积的标准差 h 来衡量，h 值越大，则其户型面积多样化的程度越高。层数的差异性也是衡量居住空间多样性的标准，可用层数的标准差 c 来衡量。c 越大，住宅类型的层数相互之间差异越大，居住空间形态多样化程度越高。尽管密度和容积率的差异也是影响多样化的重要因素，但由于在紧凑化的条件下，户型面积和层数基本也反映了密度和容积率的情况，并且小尺度的密度或容积率难以界定和计算，因此不必对建筑密度和容积率进行评价，以避免重复。通过分析，可归纳出紧凑型居住空间多样化评价的三个指标：住宅类型的种类、套面积的标准差及层数标准差。

7.2.5　模型的实际应用

按普通路网规划，小区规模一般在 3 ~ 10hm^2 左右，设计师不可能一下子设计很多的户型，并布置于地块。一般从简单布局开始，不断修改，以达到空间多样化的目的。这时，通过多方案的对比是实际工程的常用方法。但这种方法的缺点是时间耗费多、工作量大。一些设计师为了节省劳动量，设计的住宅空间多样化程度往往不足。并且，对于一些用地规模较大的前期研究，不可能通过方案对比方式来确定容积率或空间丰富程度。比如，用地超过 100hm^2 的时候，一般只能通过经验来控制，为了适应容积率的要求，必然修改多次，准确度不高，往往出现前期研究和后期深入设计出入比较大的情况。如果合理地应用以上模型，可改善这样的情况，大大减少工作量，增加准确度，其具有简单直接的优势。我们通过以下一个项目例子来说明我们对此模型的利用。

（1）项目概况

住区项目位于某城市边缘区，用地面积为 295hm^2，容积率约为 2.0。项目研究目标是对这个大型住区进行前期分析，以满足未来开发要求。其中一个重要内容是对住区密度分配和居住形态多样化研究，下文就利用模型对此进行分析。

我们未采用模型的工作方法时，对居住空间多样化难以把握。初次规划的户型采用两户（195m^2）、三户（278m^2）和四户（380m^2）等三种。住宅层高以 18 层为主，部分 32 层。由于住宅类型数不多、层数变化较少，空间多样化程度明显不足，形态较为单调。于是，为了吸引不同阶层居民混合居住，增加人群多样性，我们先通过计算机编程构建模型，然后不断增加住宅类型，相应修改各种参数，达到空间多样化的预期成果。

（2）应用本模型的步骤

第一步：地块分类与开发强度的空间分配

由于用地比较大，共有 15 个地块，用地面积由 2hm^2 到 50hm^2 不等，较为复杂。我们首先对用地周边环境进行分析，根据自然条件和城市现状进行密度分区。北面为城市方向，于是，用地北面设置高容积率住宅区，布置 30 层、面积较小的高层公寓，满足办公和 SOHO 等功能要求。东南面临近自然山体，用地东南角设置 6 ~ 11 层的低容积率住宅。其余用地根据情况设置中高容积率住宅，以18层为主。容积率分配见图7-12。规划希望通过这种高低错落的层数设置，在不同地段形成不同强度的居住区，以增加居住空间多样性。

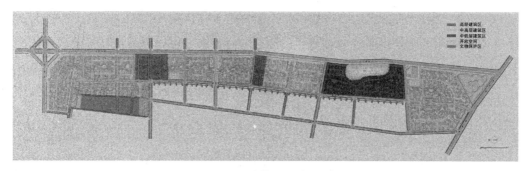

图7-12 地块强度的划分

来源：笔者分析

第二步：通过excel把住宅参数与指标建立关联

考虑到容积率可以适度变化，我们采用上述第二种容积率不确定的方法。建立模型时，住宅参数设置比较细，以便深入细节。参数包括户型种类、层数、层高、日照系数、标准层面积和每层户数等。输出数据包括每地块和总用地的经济技术指标，包括容积率、建筑密度、人口密度、所需停车位和户型比例等。

第三步：输入和调节住宅种类及相应的参数

不断增加类型数值 i，调节相应的参数，及时增加住宅类型，并保证容积率在2.0值域上下浮动。同时，及时观察户型比例以及各地块的经济指标，结合商业策划的要求及时调整各参数。

第四步：根据分析结果规划初步方案

通过不断调整，令总容积率在2.0左右，并使得建筑密度符合当地规范。于是，可以以此为基础进行初步方案规划。由于规划过程中，会出现一些调整，也可以结合已建立的模型进行计算，以便迅速发现其中的问题。经过比较和分析，可得到满意的规划方案。

（3）应用的结果

规划调整后，户型类型增加到25种，面积在 120 ~ 700m² 不等。层数也由原来的两种扩展到 6 ~ 32 层，共8种。主要参数见表7-4。以居住空间的多样化评价3个指标即住宅种类、套面积标准差和层数标准差来看，差异化在增大。从模拟的结果来看，群体空间的丰富程度大大增加，见效果图7-13。同时，通过模型我们也可以随时了解到方案各户型比例，有助于开发商的市场前期策划。

本次项目基本采用上述思路，但在分析过程中根据遇到的问题进行调整和修正，取得较为理想的效果，说明上述模型的可行性。可见，采用本模型，通过非常简单的方法，在较短的时间就能改进设计，节约了大量工作，有助于改进规划师的工作。

图 7-13 通过本模型增加居住空间多样性
来源：笔者分析

分析的结果 表 7-4

地块序号	地1	地2	地3	地4	地5	地6	地7	地8
规模（hm²）	13.7	12.5	13.5	13.5	4.9	17.0	8.8	17.3
容积率	2.3	1.9	2.0	2.4	2.5	2.3	2.3	1.8
住宅类型 i	3	6	6	4	7	4	2	5
层数	18～25	11～20	18～25	17～19	15～19	16～29	18	18～30
地块序号	地9	地10	地11	地12	地13	地14	地15	
规模（hm²）	15.7	20.4	21.2	19.3	51.0	36.8	29.6	
容积率	1.8	2.1	2.2	1.9	1.3	1.9	2.4	
住宅类型 i	3	4	5	5	12	9	6	
层数	18～30	18～30	16～30	18～30	4～18	18～32	18～32	

来源：笔者工程实践

7.2.6 应用展望

基于我国的国情，规划师一直重点考虑如何在有限的土地资源下，实现较高的开发强度和丰富的居住形态，这确实是个难点，但并不意味着它是不可调和的矛盾。我们如果能通过合适的途径，就可以达到我们所预期的目标。上述的多样化模型就提供了新的方法，也为实现紧凑型居住空间的多样化提供了有效的工具。它大大简化了工作程序，在规划实践中，它能在短时间内达到所需要的多样化目的，节省了工作量，具有较广的应用前景。

7.3 紧凑型居住空间模式的分析与建议

7.3.1 紧凑型居住空间模式的分析

我国国土辽阔，南北东西的城市差异很大，各个城市的资源与经济条件千差万别，对应用何种方式进行住宅建设一定要明确在何种密度的条件下，否则并无意义。同样，在空间形态上，各城市也会根据自身条件采用适宜的策略。目前，广州的紧凑型居住空间较常见的模式有三种：（1）低层（多层）高密度：包括老城区近代或新中国成立初期建设的住宅和郊区住宅；（2）高层高密度：1980～1990 年代兴建较多，在新城市中心、CBD 商贸区比较多；（3）高层低密度：当前在城市新区建设较多，能较好满足各方面要求。

（1）低层（多层）高密度

低层高密度在文化保护区或者在郊区是一种常见的模式。不少建筑师从传统城市肌理、院落空间和天井空间寻求新型的居住空间模式。利用低层方法可避免高层住宅的负面影响，在舒适性和人性化上具有优势，其能实现的容积率值很有限，也存在不少的功能问题。当容积率超过 2.0，这种模式难以实现良好的通风和采光，并且，在高地价的区域可行性较低。极端的例子是城中村，广州现存城中村 138 个，住宅如果以 3 层为主，则容积率在 2.3 之间，如果以 5 层计算，建筑密度可以达到 90%，容积率则在 3～5 之间，这比一些新建的高层小区还要高。城中村住宅建筑间隔一般在 1～2m，如果加上阳台，实际密度更大，几乎是连成一片。从实际建成效果来看，城中村居住环境非常恶劣，明显地存在通风、采光等各种问题，根本不能满足基本的健康要求。消防也存在大量的隐患。可见，通过低层建设高容积率住宅，引发的环境问题比较突出。所以，低层高密度仍须保证一定合理开发强度，并不能采用过大的容积率，以保证较高的居住环境质量。在倡导低层化时，建筑师常常会忽略经济对容积率的要求。按目前地价，低层高密度在城市中心区发展必然会造成单位面积的售价过高，实际建设可能性很小。因此，低层高密度在市中心并不具备可行性，可以考虑在郊区的低地价地段发展。

（2）高层高密度

高层高密度模式在经济上具有优势，能实现较高的容积率。在 32 层的情况下它可以实现 5.0～6.5 的容积率。1990 年代后，高层高密度住宅广泛建设，主要分布在广州旧城区和新城市中心，如上下九路的荔湾广场、天河北等住宅群。但存在不少通风和采光问题，其负面影响也同样明显。除了特殊的地段，本书不建议过多开发。

（3）高层低密度

相对而言，高层低密度的模式通过增加层数提高容积率，可获得较少建筑覆盖率，增加绿化面积，取得良好的景观、通风和采光，比低层高密度和高层高密度要合理一些。并且，高层低密度具有容积率高、居住环境较好的优点，适合我国的人口和土地的特殊国情，是大中城市住宅建设的主流模式。

7.3.2 紧凑型居住空间模式的选用

谈到紧凑型居住空间模式的选用，我们需要回顾以前一场很有意义的争论。1970 年代末期，城市住宅的高密度发展引起了建筑师和住宅研究者的关注，大家认同城市住宅需要适度向高密度发展，但对于实现高密度的手段却存在分歧，主要围绕着两种模式进行争论，即高层低（建筑）密度和低层高（建筑）密度。第一种主张考虑到我国人多地少，对高层低密度采取积极支持的态度，认为在容积率不断加大的情况下，住宅只有向三维发展，才能获得较低建筑密度，提高居住环境质量。第二种主张以张开济为代表，赞成低层高建筑密度，认为高层住宅存在造价高、建设周期长、维护费用高和资源消耗高的缺点，对城市整体发展不利，他主张通过小天井和加大进深来实现更高的居住密度。在这种思想指导下，在 1950 ~ 1960 年代，上海建筑师对节约用地提出了一些实践性的建议，如对房屋的间距、层高和建筑高低层组合的研究，提出了合院式、大进深和锯齿等平面形式。同济大学建筑系的朱亚新建筑师通过采用住宅北部层层跌落的方式，缩小住宅间距，达到一定的节地效果。

但是，这场关于密度的争论，明显忽略了市场经济所带来的影响。经过了 20 多年的变化，我国住宅建设面临着新的问题。在市场化的今天，采用何种模式仍是经济规律在起主导作用，这不是建筑师或规划师所能决定的。实际上，以上三种模式各存优缺点，而并不存在某种模式一定优于另外模式的情况，它们只是现实某种条件的反映，如所处城市位置、经济承受能力和容积率要求等等。总之，居住空间采用哪种模式，其前提就是本地块的开发强度要求。

所以，三种模式的探讨要基于明确的容积率值。如果开发强度标准不一致，对比其优劣则毫无意义。就广州的情况，从容积率划分的角度，住宅建设可以采用不同的应对策略。当中低容积率即 1.0 ~ 2.0 时，一般是郊区住宅，地价较低，可采用多层或联排的低成本开发方式，如广州的祈福新村或凤凰城。但由于开发强度较低，不宜过多使用。当容积率为 2.0 ~ 4.0 时，住区主要采用高层低密度。比如，广州东圃等地方，高层低密度是最佳选择。因为，如果采用低层高密度，即使应用所谓的小天井或院落方式，住区也很难满足通风采光等方面的要求，难以符合国家对住宅的硬性指标。因此，容积率在 2.0 ~ 4.0 的住宅区强调低层高密度是不现实的。当容积率在 5.0 ~ 6.5 之间，多为城市中心区住宅，只能提高层数来提高容积率。当层数超过 32 层时，层数对提高容积率的作用已经微乎其微，只能通过加多户，这样一来必然造成建筑密度的上升，最终演变成为高层高密度的模式。

广州高密度居住模式的选择应从理性出发，根据所需要的开发强度而定。目前，广州住宅开发强度普遍较高，低层住宅已经不能适应集约化的发展需求，高层住宅是大城市主要居住方式，这是由城市人口和土地的特殊情况所决定的。比较现实的方法是在提高开发强度的同时，尽量减低建筑密度，增加环境舒适度。综合而言，高层低密度成本低，环境质量好，能实现较高的容积率，仍是最优的居住空间模式。

但是，对于广州这样的大城市，住区建设在适当提高开发强度的同时，应该保证居住空间多样化。所以，我们对空间模式的选用可以坚持这样的原则：以高层低密度为主，抑制高层高密度的发展，适度鼓励低层高密度的发展。在实际应用时，住区建设宜采用多种空间模式结合，可采用"高层为主，多层结合"的混合模式。中心区或者边缘区应大力推广高层住宅，集约发展。郊区住宅可适当发展多层高密度，形成多种空间共存的形态，增加广州居住空间的多样性。

7.4 紧凑型居住空间院落体系的分析与建议

为了改善空间紧凑化带来的各种负面因素，很多建筑师从传统院落中吸取经验，应用到现代高容积率住宅设计中。在多层或低层的住区中，他们以多重院落进行空间组织，改善通风和采光等环境。在国内高层住宅广泛应用的背景下，一些建筑师大胆地把院落空间垂直利用，形成空中多重院落，为改善高层住宅的不足作出有益的尝试。

7.4.1 我国青年建筑师的探索

我国一些青年建筑师尝试把传统合院的模式运用于高层住宅，以寻求新的居住模式。青年建筑师余健尝试一种高层院落空间的概念设计，设置了高层住宅的空中平台，每层平台涉及 4 ~ 8 户，围合而成空间庭院，设置 2 ~ 4 户共享的平台，突出了空中院落的构思[2]。但造成分摊面积过大，"建筑面积为 120m²+10m² 庭院"，这样一来，购房者增多分摊面积，却只能与人共享，所占比例并不小。建筑师顾非运用类型学的方法尝试把传统的庭院和天井的元素运用于现代居住空间当中，通过对传统居住文化的类型学分析，比如"胡同"和"巷子"等，把"院""庭"或"天井"融入现代建筑中，在一个联合设计中利用"凹"字形的空间形态，通过简单形体"L"形进行错位，排列组合，通过网络化的结构把其"编织"到一起，形成一个现代的居住空间，并寓意传统的院落和里弄等元素[3]。王子平等建筑师建议在高层住宅中引入"居住下垫面"的空中平台，目的是提供一个供人们交流的平台花园，增进相互之间的邻里感并提供一种半私密的空间，在高层建筑中不断组合形成较丰富的外观形态。他应用亚历山大模式语言的分析，认为 8 ~ 12 户能有效地维持邻里关系。他认为当超过 12 户时，超出人的感知能力，邻里交往的氛围便会下降[4]。这些不同角度的概念设计通过引入院落来改善高容积率住宅的环境质量，对广州的住宅建设具有一定的参考意义。

7.4.2 策略建议：探索具有地域特色的前院后庭院落

本书第 4 章对柯里亚、库哈斯和 MVRDV 的研究和实践进行了总结，其对于广州的住宅建设有借鉴意义并不仅仅在于提供的数据和几种常见的空间模式，更包括他们在极限条件下所激发的创意，最重要的是他们在观念上启发我们根据不同的居住密度探讨相应的居住模式。他们的探索也说明了现代高容积率居住建筑也能应用天井和院落等元素，传承传统的居住文化，改善居住环境的质量。

　　尽管在高层住宅建筑空间里，我国建筑师真正成功运用院落的并不多，并不具有普遍性，但以上不同建筑师的探索给予我们新的启发。从以上的分析来看，在高容积率住宅中引入院落，能有效改善高容积率居住环境的不足，具有一定的可能性。但也不可避免遇到一些困难。比如，存在一定的采光和通风问题，一些房间不能符合国家的标准。同时，在高层住宅中，大量挖空，增加交往平台，实际上等于增加了不属于住宅套内的分摊面积。在高昂房价的今天，较难实现。这也就注定了前面所提到的青年建筑师提出的模式在实际推广时会困难重重。

　　可见，在住宅中设计中设置院落是一个新的尝试，但也要注意一些潜在的问题。（1）应保持适当户数与院落相连，不能太多也不能太少，太多则成为人员流动的地方，太少则缺乏必要的人气。（2）必须以其他公共活动结合起来，这种公共活动必须同日常生活习惯结合起来。比如设置花园走道，由于每户居民都必须经过，可以提高其使用效率，也提高了人们偶然相遇的机会。如果高层的公共空间仅仅为了交流，提供一个独立而安静的地方，由于高层居住居民的防卫心理，居民很少有目的地在这种花园中活动。他们更愿意待在家里或去公共公园，于是，这些地方反而会变成卫生和犯罪的死角。因此，交往的院落单独设于一角，即使再漂亮也难以吸引人。（3）面积不宜过大。毕竟高层建筑造价不菲，过大的面积必然分摊至每户，从而使实用率变小。因此在高层院落中，小而精的模式较为实用。

　　基于地域文化，广州的设计师结合南方的房地产市场，考虑了以上的各种问题，成功地把空中花园运用于高层住宅，进行了一定的创新。目前，广州不少新建住宅开始建设空中花园和空中院落，设置入户花园、户外空中花园和大阳台等，逐步被市场所接受，主要包括以下几种空间类型。

　　（1）入户花园。高层住宅的一些地方由于空间狭窄，用于室内空间只起到过道作用，不如扩大处理，作为入户花园，化消极成积极，物尽其用。一般在入户处做成内阳台，种植绿化，形成小花园，面积 $10m^2$ 左右，占总面积不大，居民可以接受。如广州白云区的云山诗意等楼盘广泛应用这种方法，受住户广泛欢迎。这种做法之所以能推广，原因有三：一是高层住宅一般为一梯多户，在入口地方按传统方法只能做过道，采光通风不佳，通过改作平台，可以改善通风情况，调节室内微气候；二是与传统居住的户前花园相适应，符合居民居住习惯；三是面积不大，在规划鼓励下，可按1/2面积计算，成本较低。可见，广州这种前庭后院的模式不会大量增加无用的居住建筑面积，但又能使得消极空间变成宜人的花园，在实际销售中颇受欢迎，具有广泛推广前景。

（2）住宅户型在一些户型拼接的地方，出现一些缝隙空间，如不加以利用，也存在浪费。于是不少住宅采用化消极为积极的方法，建设空中花园，用于邻里的交流。如广州南国奥园的一梯两户的空中平台，效果不错。

（3）不少住宅把阳台扩大处理，设计成错层式的空中花园平台，种植绿化，使用户获得良好的视野，形成后院式的空中平台。

无论是在住宅布局上的空间围合，还是在高层住宅引入空中花园、入户花园和绿化大阳台等等，这些手段都致力通过类似于院落的方法来改善高密度住宅的环境质量。在广州，这类空间大量应用亚热带植物，多采用通透的空间模式，具有明显的岭南地域特色。这种模式植根于地方气候，适应当地市场，具有土生土长的特点，具备强大的生命力，是改善紧凑型居住空间环境的有效途径。因此，建议把半围合的院落、户前空中花园、入户花园和阳台花园进行系统的整合，进行系统的景观设计，形成"公共–半公共–半私密–私密"的多层次垂直院落体系，在高密度环境中重现花园围绕居住空间的新模式，以便改善高容积率居住空间的环境质量。

实际上，笔者在工程实践中也不断地应用这种空中花园来改善高层住宅缺乏绿化的缺点，并取得较好的效果。图 7-14、图 7-15 是实际工程的带空中院落的户型设计，入户花园和户外大平台紧密地和住宅入口、起居室、餐厅结合，并种植绿化，在住宅的外围形成院落空间。居民生活在其中，被绿色花园所包围，居住环境十分宜人。

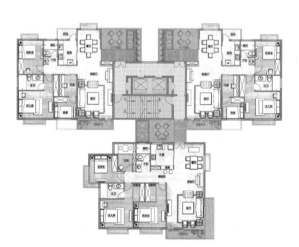

图 7-14　空中院落设计之一
来源：笔者工程实践

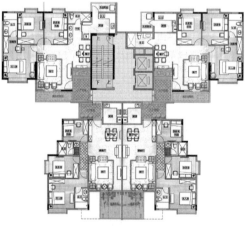

图 7-15　空中院落设计之二
来源：笔者工程实践

7.5　本章小结

本章主要从微观层面多纬度地研究紧凑型居住空间的优化策略，主要从居住空间本身的组成要素来展开研究，考虑了进深、层高、布局方式和院落等方面的要素，主要包括以下内容：

（1）本章通过数学模型研究不同空间要素对住宅容积率的影响，对几种提高居住密度（容积率）方法的效能进行比较和排序，根据结果建议各种方法的适用范围，纠正了一些传统的观念。通过实际调研进行检验，指出提高居住密度的注意点，比较了提高居住密度的方法和手段。

（2）本章以紧凑化为前提，多样化为目标，建立相应紧凑化方程式，进而构建紧凑型居住空间多样化模型。并以此为基础，提出了紧凑型居住空间多样化评价标准。结合住区规划实践指出，此模型具有准确、快速和节省工作量的优点，在推进紧凑型居住空间的多样化方面具有较广的应用前景。

（3）本章对比紧凑型居住空间不同模式之间的优缺点，建议广州居住空间紧凑化应采用多元混合模式，提出"以高层低密度为主，抑制高层高密度的发展，适度鼓励低层高密度的发展"的空间模式选用原则。

（4）本章总结我国建筑师对空中院落的理论研究和概念设计，分析当前广州住宅空中花园的实践经验，提出通过构建具有岭南特色的空中院落体系来改善紧凑型居住空间环境。

注释：

[1]　舒平 . 中国城市住宅层数解析 [D]. 天津大学博士论文，2003.

[2]　余健 . 空中院落——高密度趋势下多层院落住宅的研究 [J].http：//www.ionly.com.cn/nbo/7/71/.

[3]　顾非 . 住宅设计中类型学方法的探索——谈类型学的方法在一次联合设计中的运用 [J]. 建筑学报，2005（4）.

[4]　王子平，王竹 ."居住下垫面"在高层住宅中的应用 [J]. 建筑学报，2005（10）.

第8章 居住空间紧凑化开发强度控制

城市规划是通过制定相关法则，采用一定的控制手段，保障城市建设按照预定的目标来发展。城市要有序和健康地发展，取决于两个关键的环节，规则制定的合理性和规则执行的规范性。在市场化的推动下，广州住房建设的主体已经由政府转到开发商的手上。总体来说，开发商对待住宅投资比较谨慎，只有通过规划、消防和园林等各部门的批准才能正式开工建设。从这个角度来说，大多数的住宅开发行为仍然是按照政府制定的规则进行的。实际上，城市空间的任何改动都必须通过政府相关部门的批准，城市建设控制权仍然牢牢把握在政府的手中。因此，城市出现了交通堵塞和郊区过度蔓延等问题，单依靠开发商与设计者的自律来解决并不太可能。此时，政府的控制与管理行为成为关键性因素。可见，合理指标的制定和有效的规划控制是保证城市居住空间有序发展的重要条件。本章就对这些问题展开分析，目的是为实现居住空间紧凑化提供一定的制度保障。

8.1 住宅开发强度的内在形成机制分析

一般来说，要制定适合的开发强度管理政策，前提在于寻找合适的开发强度数值。如果政府定的开发强度太低，一些房地产商可通过其他途径获取更大的指标，增加炒卖土地的概率。而开发强度太高又可能造成实际开发实现不了，使得管理条例成为一纸空文。对政府管理而言，制定合适的开发强度比较关键。

住宅开发强度与复杂的背景条件相关，包括城市人口、土地、经济、气候和住宅建造条件等，成为许多城市规划和商业决策的敏感性因素。理论上，住宅开发强度存在合理值域。目前，较多研究从经济学角度分析利润和成本的得失来确定"最佳"开发强度，以充分发挥土地的经济价值，较缺乏从宏观的整体机制上分析合理住宅开发强度的确定问题。因此，本节希望从多层次的系统角度去探讨住宅开发强度确定机制，并通过此机制发现一些城市规划容易忽略的问题。

在人口密度、建筑密度和层数等反映开发强度的指标中，容积率的意义比较全面，也是多方面共同关注的焦点。容积率的定义非常简单，即建筑面积/用地面积，它反映居住空间的三维开发强度，被广泛应用于城市规划和建筑设计的指标控制，很多国家和地区都通过容积率来控制住宅开发强度。

实际上，容积率不仅反映了二维平面上的建筑密度，也反映了三维的住宅层高和层数对居住空间的影响，它与居住空间的紧凑化关联最为密切，在开发强度的管理中起到关键性的作用。于是，本节就开发强度的形成机制展开系统的分析时，容积率是我们分析的重点。

8.1.1　开发强度形成机制分析

住宅开发强度的确定涉及较多的因素。城市中任何变动都可能对开发强度产生影响。总体来说，住宅开发强度的确定包括宏观层次的形成、中观层次的调节、微观层次的修正等三个层次的内容。从程序上，首先，宏观条件，包括城市的用地、人口和经济发展阶段决定了这个城市的平均开发强度。其次，级差地租、规划政策和空间结构把开发强度在城市空间上进行分配与调节，造成开发强度在空间分布出现差异。最后，住宅的空间形态和居住文化对其进行修正，使最终的数值变得可行。

整个住宅开发强度的形成机制并非线性和单一的，而是循环、互动和开放的过程（见图 8-1），即某一方面的调整都必须把信息反馈到各个方面。比如，根据人口与土地确定的平均开发强度，在微观实施上可能由于层数过高、经济支付能力低而变得不现实，只能通过适当扩展土地以获得可行的开发强度数值，这必然影响到平均开发强度的确定和开发强度的分配。因此，在确定的过程中，反馈和检讨的循环机制是最佳的确定开发强度的方法。以下主要论述开发强度确定机制中几个重要环节，以容积率为主要分析对象。

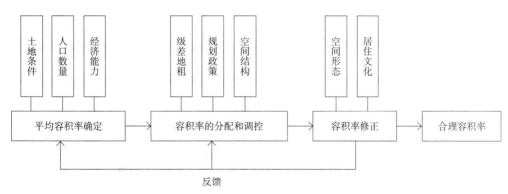

图 8-1　住宅开发强度的形成机制
来源：笔者分析

（1）平均容积率的形成

根据容积率的定义，住宅容积率的计算公式可以转变为：（人口 / 用地）× 人均居住面积，从这个含义来说，容积率涉及三个因素，即一个区域的人口、土地及人均居住面积。不同的城市背景条件形成与之相对应的住宅容积率。根据实际情况，平均容积率可以分为以下几个类型：1）人口多、土地少、经济发达地区，比如中国香港和新加坡。香港总面积为 1098.51km²，人口为 684.55 万，山地占主体，建成区仅占 15.6%，平均密度为 6231 人 /km²。人口多、土地少的情况决定其只能取用高容积率的模式[1]。由于经济发达，有能力支持高层住宅，多数住宅在 30 ～ 50 层之间，容积率在 10.0 ～ 6.0 之间，是极度拥挤的城市。如 1972 年后，香港先后建设的 11 个新市镇，平均居住密度达到 1800 人 /hm²[2]。新加坡人口与土地情况不如香港严峻，具体容积率数值比香港低。住宅层数多为 10 ～ 13 层，少数为 4 层和 20 ～ 25 层，居住净密度一般为 800 ～ 1000 人 /hm²，容积率一般为 1.6 ～ 2.3，政府规定的容积率一般不能超过 3.8[3]。2）人口少、土地多、经济发达地区。如欧美城市的人口密度较小，导致住宅容积率不高。由于经济发达，居住形态的可选择范围较大。欧美地区也曾发展高层高容积率住宅，在 20 世纪 70 年代，典型的塔楼已经达到 360 人 /hm²，但并不是很成功，很快转向郊区化的低容积率住宅。目前，美国以郊区住宅为主体，容积率在 0.2 ～ 1.5 之间。而英国的居住密度一般在 100 ～ 230 人 /hm² 之间，250 ～ 500 人 /hm² 可算高容积率住宅。近年来，紧缩城市理念建议提高居住密度，如卢埃林·戴维斯 1994 年发表报告认为，200 人 /hm² 是可能的最高密度，地球之友提供的可居住持续密度是 275 人 /hm²，这些数据显然比东亚的城市要低 [4]。3）人口多、土地多、经济欠缺发达的地区，多采用适度的容积率数值。如中国西北小城市住宅容积率一般在 1.0 ～ 2.5 之间。印度也面临人口多、土地少的问题，但经济能力难以支持高层住宅。因此，住宅一般采用多层高密度的适中容积率模式。从当地的经济能力考虑，低层高密度住宅具有更多的优点。表 8-1 给出部分地区的居住密度和容积率的对比。

不同地区的容积率数值对比　　　　　　　　　　　　　　　　　　　表 8-1

区域	内容	居住密度（人 /hm²）	容积率	来源
英美国家	伦敦平均值	168	0.50 ～ 0.84（估算）	Newman and Kenworthy
	洛杉矶平均值	60	0.18 ～ 0.40（估算）	同上
	维持公交最低值	100		《地方政府委员会可持续住宅区指南》
	维持电车最低值	240		同上
	可持续发展数值	275		"地球之友"推荐
	中高数值变化范围	168 ～ 500	0.50 ～ 2.50（估算）	见本表注释
新加坡	1970 年代平均值	1000	1.60 ～ 3.80	见参考文献 3
香港特区	九龙实际密度	5000	6.00 ～ 10.00（估算）	见本表注释
广州	天河北住宅群		6.50	根据笔者调研资料整理。包括广州市近年建设的小区，分郊区、新城市中心、旧城区和边缘结合区 4 个区域，8 个住宅群，共 148 个小区
	越秀（含东山）		5.39	
	荔湾		3.65	
	海珠区（工业大道）		3.68	
	芳村区住宅群		2.67	
	天河东圃		2.75	
	番禺区（华南板块）		1.36	
	白云南湖		1.41	

注：此表的数值英美部分来自《营造 21 世纪的家园——可持续的城市邻里社区》P159，详情见参考文献。

（2）开发强度的调节

平均开发强度确定后，在城市空间上对开发强度的调控和分配主要体现在三个方面：

1）级差地租的调节

在市场条件下，城市不同地段的开发强度并不一样。在级差地租调节下，开发强度在空间上进行再分配。根据经济学原理，"最佳"的开发强度由边际收益递减和边际成本递增的原则确定。一般来说，地租越高，容积率就越高，反之，容积率就越低。城市中心区域的土地稀缺，土地价格上升，最佳容积率上升，而在郊区，土地价格低，最佳容积率较小。因此，在无干预的理想条件下，居住密度从内到外不断递减，在空间上是一条递减的曲线。但这条递减的曲线建立在平均容积率的基础上，即城市住宅的总容量是维持不变的，如图8-2所示。

2）规划政策的调控

对开发强度进行规划调控主要体现在城市分区密度数值的控制上。为了防止过度追求利润破坏居住环境，多数城市开发强度采用分区限制住宅最高容积率和最高建筑密度的方法。比如，北京出台对容积率的限制措施，分不同区域进行最高数值控制，以减低内城的压力。由于按目前的调控方法，容积率的空间分布经过调整后，在城市中心区和城市边缘起到有效的限制作用，容积率的变化曲线变成部分折线，出现"门槛"的现象。但远郊由于住宅普遍低密度发展，容积率的限高措施可能起不到有效的调节作用，如图8-2所示。

3）空间结构的调节

城市空间结构直接对住宅开发强度进行重组和调整，影响整个城市的住宅容量。城市空间结构的分类较多，但总体上可分为单中心、多中心和网络式这三种典型模式，它们对住宅开发强度产生不同的调节作用。

上文的分析建立在单中心的理想模型基础上，与我国目前大多数城市同心圆空间结构相适应。但单中心结构的城市带来城市无序扩张问题已引起重视，随着我国进入后工业社会，城市逐步向多中心发展。目前，中国各大城市也不约而同提出"多中心"的城市布局，这对住宅开发强度的分布产生积极的影响。

从城市空间结构角度，多中心的空间结构实现的居住容积率比单中心结构更优化和合理。城市的空间效率往往取决于开发强度的峰值点，而不是平均值。比如，对于交通问题，某区域产生交通堵塞时，即使其他区域能保持顺畅，整个城市也会因为某区域的堵塞点而减低效率。在城市土地变化稳定的情况下，城市的同心圆空间结构推高中心的开发强度峰值点，产生过度拥挤现象，整体的城市效率不高。但此时的平均开发强度仍然很低，很多土地还没有得到充分的利用。如果采用多中心的城市结构布局，使各种峰值点能维持合理的水平，就能避免这种现象。由于郊区及边缘区形成了新的中心，提高了整体开发强度，可以在高容积率时保持良好的城市环境。在开发强度的空间分布上，多中心结构的开发强度分布形成波浪式的结构，见图 8-3，即其曲线围合面积比图 8-2 的面积高，能实现更大的城市容量。多中心的布局在抗风险，提高城市效率，增加城市空间容量和改善环境质量上比单中心更有效。

未来社会高度信息化发展，人们传送信息高度自由，城市任何角落获得信息与反馈信息机会平等，工作地点不再依赖城市中心，城市不需要像 CBD 一样集中办公和交换信息的区域，中心也就随之消失，城市演变成网络式的空间布局。由于不存在中心点，城市各部分的效能平均，整体效率大大提高。此时，某区的住宅开发强度的高低不再与中心的距离相关联，而取决于自身的需要，住宅开发强度的空间分布不再存在大的差异，分布曲线变成随意的、不规则的折线（图 8-4）。

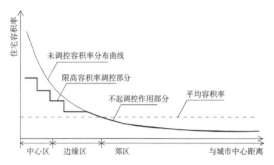

图 8-2 单中心空间结构以及规划对容积率调整

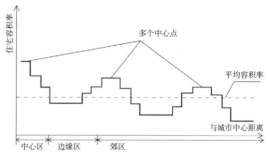

图 8-3 多中心空间结构下的容积率分布

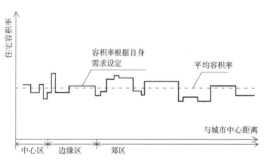

图 8-4 网络型空间结构下的容积率分布

以上 3 图来源：笔者分析

从城市结构来看，如果保持一定的平均容积率，网络式的空间结构的环境质量优于多中心的空间结构，多中心的空间结构又优于单中心的空间结构。因此，城市的"最佳"开发强度的数值也随空间结构而变化。比如在香港特区，采用多中心的城市空间结构，在住宅容积率平均超过 6.0、人口密度在 1800 人 /hm² 的情况下，通过各方面的努力，仍能保持交通畅顺和较好居

住环境。但内地一些城市住宅开发强度不高，由于采用了单中心的结构，出现交通大规模的堵塞和环境质量急剧下降等现象。这固然有其他的因素影响，但至少可以说明的是，把现在城市产生的环境质量下降的问题归结于容积率或密度过高，而忽略空间结构的调整，理由是不充分的。

（3）开发强度的修正机制

1）住宅空间元素的修正

一定数值的开发强度存在多种建筑形态，并和当地气候、人均收入和居住文化等关联，

表现在以下几方面。居住模式:如高层低密度、低层高密度等。空间布局:即点式、联排、围合等。层数:高层、多层、低层等。日照间距:南方和北方要求存在差异。比如,由于通风要求不一样,北方城市多应用围合模式,南方多采用行列式。在日照方面,北方的日照间距要比南方的要求高。这些细小的因素都会对合理的住宅开发强度产生影响。

2)居住文化的修正

居住文化可对开发强度产生修正作用。从文化背景的差异来看,东方文化比西方文化更能接受高容积率的环境。比如,亚洲地区包括中国、新加坡、印度和日本等,居民一直有喜爱热闹环境的传统,在传统生活中形成一种与拥挤相对应的调节机制,甚至于某些地方把拥挤热闹当成一种文化,多数人不反感高密度的居住环境。如柯里亚在孟买推行高密度的模式,采用混合居住方式,就考虑了传统的居住文化。他注重群落及合院式的组团空间,通过院落加强场所感,增进邻里交往。他深入研究印度传统的居住空间,提炼一种"对空空间"高密度的空间原型,运用在新的住宅建设中。又如,欧美国家的居民生活富裕,较为崇尚独立的生活,以独立和半独立别墅的居住文化为主,高容积率住宅显然不适合这些国家的居住文化。可见,居住文化会不同程度地影响到开发强度的选择。

8.1.2 开发强度确定的注意点

(1)对最低开发强度进行限制

在宏观方面,认清我国人均耕地少、人口多的基本国情。目前,在城市开发中,政府热衷于低强度的郊区开发,显然和建设节约型的社会相悖。低容积率住宅在郊区迅速蔓延,已经产生空气污染和侵占农田等负面作用。实践一再证明,大面积的绿化不等于生态,低容积率不等于高环境质量。我们在郊区所倡导的"绿色"家园和"绿色"社区的低密度开发方式是建立在对土地低效率利用的基础上,本质上是违反生态原则的。目前,规划控制只对城市住宅容积率的最高数值进行限制,而忽视低容积率住宅的调控,可能会鼓励城市住宅向过低容积率方向发展。因此,地块开发强度的最低数值也必须进行一定的指标限制。

(2)不应过度追求级差地租带来的暂时利益

在城市中心,适当提高地租可增加政府收入,进而完善基础设施,改善城市环境,这无可厚非,但如果过度追求级差地租带来的暂时利益,造成城市交通和人口过度集中,可能导致坏境质量的卜降,降低城市效率,得不偿失。因此,在旧城区和城市中心区的容积率确定应该从城市整体出发,平衡经济和环境效益,而不是只看到高容积率带来的那部分经济利益,而忽视其对整个城市效率的负面影响。正如前文所分析的结论一样,中心区和旧城区应立足于减低住宅的容积率。

(3)不存在绝对合理的开发强度值域

在理论上,城市住宅存在合理的开发强度,但其值域是因条件而相对变化的。比如6.0的容积率究竟是合理还是不合理的域? 2.0是否一定比6.0更合理? 对内地大多数城市,6.0

的容积率明显过高，不具有现实性，可归为不可持续发展的指标。但在香港，6.0 的容积率仍属中等，具有明显的生态性，而 2.0 的容积率反而由于侵占更多的土地而变得不"合理"。同样，城市人口密度不能作为判断城市环境质量好坏的绝对依据[5]。因此，合理的容积率值域会随区域条件而变化，并非绝对的，在这个问题上切忌"一刀切"。

（4）住宅开发强度应结合城市空间结构进行调整

住宅开发强度合理值域也随着城市的空间结构而变化。多中心和网络式的空间结构明显优于单中心的空间结构。比如，采用单中心的"摊大饼"模式，平均容积率在 2.5 时已经产生许多环境问题，而采用多中心的结构时这种"拐点"的数值可能提高至 3.0，如果是网络式的空间布局可能达到 4.0。因此对开发强度不应就数值谈数值，应结合城市空间结构的调整来考虑。

8.2 广州城市住宅开发强度的管理现状

每个国家的城市背景条件和社会制度不尽相同，面临的主要矛盾都不一样。住宅开发强度制定具有一定的地域特点，控制体系应根据自身条件而定。开发强度的制定和管理是城市规划的主要内容，也是控制城市发展的重要手段。如果不能科学和有效地控制开发强度，城市可能出现空间混乱，造成资源浪费。

当然，要实现良好的居住空间形态，需要对开发强度进行多维度的研究，制定合适本城市的合适指标；也要采用适合国情的控制手段和方式，对容积率和建筑密度等指标进行科学调控，使得居住空间能有序扩张，最终实现紧凑和集约的空间形态。

8.2.1 紧凑化强度控制方法的借鉴

（1）土地供应控制

香港特区人口多、土地少，十分注重土地供应和住宅容积率的选择。土地供应考虑长远的规划，一切管理工作采用科学方法，建立在系统和准确的住房需求预测之上，以保证城市能可持续发展。由于香港土地非常有限，容积率制定和土地定量供给的工作非常仔细和谨慎。土地供应采用数学模型方法，通过计算机的模拟来实现整个住房量的预测，然后根据已制定的容积率，推算土地的供应量，其控制流程如图 8-5 所示。香港对土地进行有效的管治及供给，能很好地控制居住空间布局和密度分布形态。同时，香港对土地拨划和密度控制以法律的形式进行规范操作，保证其效率。其土地和容积率管理的主要内容包括以下几方面：1）住宅供应量的预测，计算未来 10 年住宅总体需要，考虑人口增长和市场需求等多方面因素带来的增量，如新增住宅、衍生的住宅和其他住宅，共同构成住宅总供给量。2）根据总量区分公营和私营两种。住宅供给分成公营住宅和私营住宅，并进行与市场相关的研究。3）提出不同的比较方案，通过讨论形成基本方案。按发展的经验、地价、土地等综合因素共同确定住宅的土地供应量、密度和容积率等。4）进行反

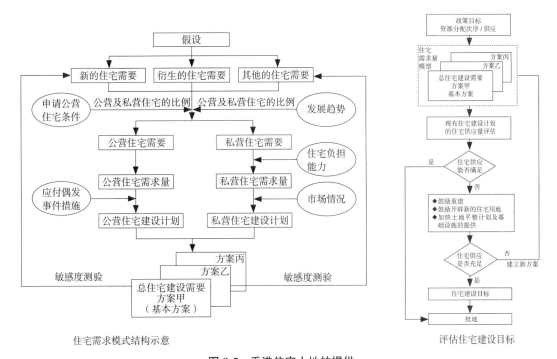

住宅需求模式结构示意   评估住宅建设目标

图 8-5 香港住宅土地的提供

资料来自：刘鉴明．香港住宅用地的提供．城市规划，1996（6）

馈及敏感度测验。把不同方案交给相关部门及公众讨论，反馈意见[6-7]。相关部门通过实行规范的流程，能使每块土地最大限度地使用，同时又能保证住房量供给数量满足实际需求，避免供求关系出现紧张。同时，这套预测方法也充分考虑中期、长期和短期的需求，并采用动态的模式，在建设中不断调整，以适应社会和经济的发展。

（2）开发强度控制

土地的开发强度控制与管理可采用密度分区和法定图则的方法。密度分区是根据已编制的总体规划，把城市分成密度不等的几个区域，市中心的密度比较高，郊区比较低，见图 8-6。在深圳，法定图则是"密度控制的核心，起到规划管理的纽带作用"[8]。法定图则是指"对规划区内指定片区的土地利用性质、开发强度以及公共配套设施、道路交通、市政设施、城市设计等方面做出控制和引导规定，经过法定程序批准后成为具有法律效力的规划文件"[9]。

另外，地块的容积率除了服从密度分区的限制和控制性规划或法定图则要求之外，还根据建筑的层数进行密度的控制，容积率的上限根据层数而定，层数越高，容积率的上限越高，如香港就采用这样的方法，见图 8-7。

（3）制定合适的管理机制

香港在确定与城市发展相关的容积率问题上，政府通过一定的机制实行公众咨询，吸纳各方面的意见，保证公众参与度。各种团体和个人可持有不同的观点和看法，都能

地積比率上限 ——— 都會區

發展密度分區	地區種類	地點	最高地積比率
R1	目前的發展區	香港	8、9、10
		九龍及新九龍	6、7.5
		荃灣、葵涌及青衣	8
	新發展區及綜合發展區		6.5
R2			5
R3			3

地積比率上限 ——— 新市鎮區(荃灣除外)

發展密度分區	最高地積比率
R1	8.0
R2	5.0
R3	3.0
R4	0.4

地積比率上限 ——— 鄉郊地區

發展密度分區	最高地積比率	最高發展用地比率[1]	典型總層數
RR1	3.6	-	12層
RR2	2.1	-	6層
RR3	-	0.75	泊車處以上3層
RR4	-	0.4	泊車處以上3層
RR5	-	0.2	泊車處以上2層
鄉村	3.0[2]	-	3層

图 8-6　香港密度分区控制一

来源:香港规划署,摘自刘骐嘉,胡志华,李兆磷.立法局秘书处资料研究及图书馆服务部,1997,6

住宅樓宇的密度控制:發展密度第一區的地區

大廈(x)之高度(米)	地盤上蓋面積所佔百分比			地積比率		
	A類用地	B類用地	C類用地	A類用地	B類用地	C類用地
x ≤ 15	66.6	75	80	3.3	3.75	4.0
15 < x ≤ 18	60	67	72	3.6	4.0	4.3
18 < x ≤ 21	56	62	67	3.9	4.3	4.7
21 < x ≤ 24	52	58	63	4.2	4.6	5.0
24 < x ≤ 27	49	54	59	4.4	4.9	5.3
27 < x ≤ 30	46	52	55	4.6	5.2	5.5
30 < x ≤ 36	42	47.5	50	5.0	5.7	6.0
36 < x ≤ 43	39	44	47	5.4	6.1	6.5
43 < x ≤ 49	37	41	44	5.9	6.5	7.0
49 < x ≤ 55	35	39	42	6.3	7.0	7.5
55 < x ≤ 61	34	38	41	6.8	7.6	8.0
x ≥ 61	33.33	37.5	40	8.0	9.0	10.0

備註: 「A類用地」　指不屬於B類或C類的用地,而且鄰接一條或多條闊度不少於4.5米的街道。

「B類用地」　指位於兩條闊度均不少於4.5米的街道交接處。

「C類用地」　指位於三條闊度均不少於4.5米的街道交接處。

資料來源: 香港法例《建築物(設計)規例》附表1

图 8-7　香港住宅密度控制二

来源:摘自刘骐嘉,胡志华,李兆磷.立法局秘书处资料研究及图书馆服务部,1997,6

通过民主的方式表达，并作为反馈的意见真正写入检讨报告中。这具有积极的作用，一方面可通过检讨的形式完善方案中不合理的部分，吸纳更多专业人员意见，满足不同阶层人士的要求。另一方面，可向公众解释方案，使得密度的确定更能符合各方面的要求，便于政策的推广。

在追求市场公平竞争的同时，香港政府保持中低收入安居要求，以求保证土地使用的公平性。香港把住房分公营和私营两部分。其中公营住房由政府控制建设租给私人使用，保证了中低收入居民的住房要求，从稳定社会和经济来看，具有积极的意义。公屋的零地价及政府对密度、层数和容积率的控制，能使公屋的租金维持在最低水平，满足中低层居民的需要。对于私营住宅，实行公开招标的方法，"价高者得"，如果拍卖价达不到政府给出的底价，土地被回收，这种方法能有效保证土地基本价格。基于昂贵的地价，开发商对项目考虑得更加周全，尽可能提高居住环境的质量，但竞标的土地底价过高也导致私有的住宅价格昂贵。[10]

香港采用这样的控制模式在城市建设中发挥了重要的作用。由于土地有限，在制定具体条例的时候，综合考虑了土地供应量和开发强度的关系。为了适应其特殊的人口和土地关系，先制定具有一定环境保障的高容积率标准，进而求出所需的土地量。香港采用高容积率的居住模式目的在于使土地供给能符合长远的城市发展要求，土地分阶段定量供给比土地开发强度更重要。因此，香港对内地城市宝贵的借鉴经验并不仅是高密度居住的形态，更重要的是其土地供给和强度制定过程的科学性和定量化方式。

在欧美地区，城市研究者密切关注土地利用与城市空间总体结构以及基础设施的分布等问题。一般来说，如果存在较为完善的土地市场，地区城市人口密度与地租成正比，符合传统的理论分析。而在土地市场不完善的地区，这种关系则变得十分不明确，如波兰首都华沙[11]。欧美一些城市的开发强度通过分配体系进行控制。为了充分利用公共设施，实现良好交通效果，城市由外到内，住宅容积率分布采用逐步增加的方法。比如，汉堡市依靠快速铁路交通为中心建立密度分配模式，越靠近中心的居住密度越高，分为核心区、中间区和边缘地区：核心地区离车站近，可建设商业金融等公建及高密度的居住建筑，距离车站为300m以内，步行5分钟，容积率为1.3，住宅布局集中；中间地区距离车站为300～600m，容积率为0.9，可用多层与高层结合；边缘地区距离车站＞600m，容积率为0.3～0.6，可采用独立住宅或联排住宅。[12]

8.2.2 广州开发强度控制的现状

广州采用类似香港的强度控制方法。住宅开发强度制定与控制采用密度分区和指标控制结合的方法。

在宏观城市规划层面，通过对城市各要素，如空间布局、产业分区和人群分散与集中等方面的分析，编制城市总体规划，以实现良好的城市空间结构，保障城市的健康发展，提出大致的强度分布设想。宏观层面的住宅开发强度的控制多以密度分区形式出现，即对城市生态、文物保护和基础设施综合考虑下，形成不同密度的区域，如《广州市城市规划管理技术标准与准则——城乡规划篇》把广州的城市密度分为三个区。根据城市规划及管理情况，执行不同于所在密度分区的控制标准，"包括《广州市城市规划条例》第六十四条所规定的重要地区和县级市内市总体规划的重要控制区，以及因涉及重大公众利益，根据城市规划确定需要进行特别控制的地区（含不可建设区）"[13]。

在中观层面，通过控制性详细规划进一步明确地块的开发强度，主要以技术指标进行控制，包括容积率、建筑密度、建筑层数和绿地率等指标，进一步对地块的开发强度进行细化，以便进入可操作层面。在微观层面，广州对容积率的管理也是按照住宅的层数和周边的道路条件进行控制，见图8-8。

广州市单体建筑的建筑密度及容积率最大限值表

地形分类				四面临 16m 及上6m 以上道路	两面成三面临16m 及上 16m以上道路	一面临 16m及上 16m 上道路	不临 16m 及上 16m 以上道路
建筑密度容积率							
建筑类别							
公共民用建筑	10 层和 10 层以上、高度30m 以上	1 区	建筑密度	40	37.5	35	32.5
			容积率	12	10	8	6
		2 区	建筑密度	40	37.5	35	32.5
			容积率	11	9	7	5
		3 区	建筑密度	35	32.5	30	27.5
			容积率	10	8	6	4
	9 层和 9 层以下、高度30m以下	1 区	建筑密度	45	42.5	40	37.5
			容积率	4.5	4.3	4	3.8
		2 区	建筑密度	45	42.5	40	37.5
			容积率	4	3.8	3.6	3.4
		3 区	建筑密度	40	37.5	35	32.5
			容积率	3.2	3	2.8	2.6
居住民用建筑	10 层和 10 层以上、高度30m 以上	1 区	建筑密度	37.5	35	32.5	30
			容积率	8	7	6	5
		2 区	建筑密度	37.5	35	32.5	30
			容积率	7	6	5	4
		3 区	建筑密度	35	32.5	30	25
			容积率	6	5	4	3
	9 层和 9 层以下、高度30m以下	1 区	建筑密度	42.5	40	37.5	35
			容积率	4	3.8	3.6	3.4
		2 区	建筑密度	42.5	40	37.5	35
			容积率	3.8	3.6	3.4	3.2
		3 区	建筑密度	40	37.5	35	32.5
			容积率	3.2	3	2.8	2.6

图 8-8　广州住宅开发强度控制

资料来自广州规划局，转引自李翅. 走向理性之城——快速城市化进程中的城市新区发展与增长调控. 中国建筑工业出版社，2006

广州开发强度的管理控制通过这样由宏观、中观到微观的规划和管理的方法，实现对住宅开发强度的控制，使城市住宅能按预定的目标发展。

8.2.3　广州开发强度控制的相关问题分析

从广州的实际情况出发，一些与密度相关的规划管理还可以进行改善。下面就从几个和本书内容密切关联的几个方面进行分析。

（1）关于开发强度的确定

容积率影响广泛，是一个很重要的因素。首先，对开发商来说，它是获得市场利润的关键。其次，对政府部门来说，它是税收、基础设施投入以及城市整体生态的重要影响因素。可见，如何确定合理的开发强度十分关键。

在实际的过程中，开发强度往往凭规划师的经验而定，有时甚至依据行政长官的意愿而定，带有不确定性和不科学性。比如，规划师确定容积率的时候，对新区容积率的确定多采取参考对照的方法，从其他城市或从自己城市其他区域进行借鉴，综合各种因素确定其控制值域。这种方法缺乏对土地自身容量的研究，具有一定的主观性，由于忽略对土地自身价值的深度思考，可能会出现与实际偏离的情况。

在此过程中，城市人口增长可通过预测模型进行分析，但仍然不能做到完全准确；城市土地尽管比较缺乏，但还是有比较大的扩张空间。于是，采用按土地供应量与住宅需求量推算来确定容积率，往往没有充分发挥土地的价值。一些政府为了卖地获利，郊区的住宅开发强度标准可能定得比较低，变相地进行"圈地"，出现土地使用的浪费现象，造成郊区住宅低强度发展，城市空间进一步蔓延。

（2）关于开发强度的管理控制

在地块开发强度的控制方面，广州采用以高度、密度分区、容积率与层数相结合的方式进行控制。一方面，可保证不同区域密度分布的梯度特征；另一方面，可保证不同强度下的环境舒适性。在微观层次，在一定环境质量的保证下，住宅层数越高，其能实现的容积率则越高。通过对层数及容积率对应的关系来控制开发强度，能避免层数过低而容积率过高的情况，可保障城市住区维持一定的环境质量。但是，这种方法可能会造成土地不合理利用的现象，主要表现在局部地段土地利用过度或者利用率不高。比如，内城区出现土地负荷过度的现象，郊区土地则利用率不够。另外，按《广州城市规划管理办法实践细则》，高密度区住宅项目的容积率可以达到 5 ~ 8 之间，显然，居住空间过于拥挤。另外，目前一些城市并不限制郊区住宅开发强度的最低数值，房地产商就可能建设大量的低容积率住宅，浪费土地资源。

从开发强度管理控制程序和容积率控制方法的分析可知，住宅开发强度的控制应该先确定合适的容积率，再根据需求确定土地的供应量，而不能因为可建设的土地较多，就以提高居住环境质量为理由降低土地的利用强度。这就是本书一再强调的居住空间应该适当紧凑化发展的理念。

（3）关于"极限"的思考方式

在制定指标时，我们需要采用"极限"的思考方式。比如，城区住宅容积率的控制，假设提出不超过9.0的容积率的限制，在考虑实际问题时就要按照这个极限值来分析可能出现的问题。在市场化的前提下，内城的住宅开发总是趋向更高的容积率，在法规的允许下，开发商总希望能充分利用上限或下限指标。再如，对郊区住宅容积率的控制，假设我们预定的容积率不能超过3.0，那么按照极限原则来考虑，必须考虑3.0或接近0这两个极限的数值。于是，0这个数值提醒我们要注意可能会出现土地被低效率利用，造成城市的蔓延。实际上，广州郊区住宅建设确实出现了这种情况。

（4）关于开发强度控制过程中的弹性问题

在现行的体制中，一些项目一再突破既定的限制，最明显的就是内城容积率在商业影响下不断提高。在对待控制弹性问题上，我们应该给予管理者更大的弹性，还是进一步收窄"权力"呢？尽管基于行政管理，放权和增加弹性能够发挥基层规划人员的主动性。但鉴于国内体制的不完善，可能助长社会贪污腐败的产生，进一步可能造成密度管理的失控。并且，城市规划的控制是由宏观到微观多个环节组成，假设每个环节都仅存在一定的弹性，累加起来可能最终的控制效果与原来设想的偏差较大。因此，在可能的情况下，开发强度的控制必须减少每个环节的弹性，以免和规划目标出现较大的偏差。但是，这必须要建立在制定合理的管理规则和合理的开发强度指标的基础上。

（5）关于日照间距的管理方法

开发强度和住宅日照间距管理关系密切。广州采用日照间距系数的管理方法，能保证部分住宅具有一定的日照时数。但房间的日照时数除了和间隔有关，还和住宅布局有关。通过日照分析可知，广州采用1H的间距，如果是围合式布局，仍有部分住宅难以满足要求。何况在多户的情况下，一些北面住宅根本不能获得日照。在实际建设中，日照管理的不足为容积率超标提供了便利。在1980～1990年代，广州一些开发商为达到更好的投资回报，住宅建设参照香港的高层高密度模式，过度追求高密度，导致了部分住宅日照不足。规划师师雁研究广州的情况，提出采用最小地块和容积率奖励的管理方法，建议提供合理的数据库来管理间距，通过对周边的建筑高度的影响分析，确定最佳的满足日照方案，避免系数法的缺陷，并引用高效的分析软件，加强城市规划编制、控制之间各部门的联系和协调，来改善目前的不足[14]。可见，广州住宅建设要实现良好的密度管理秩序，必须改善目前日照间距管理方法。鉴于目前日照分析软件的普及化，建议广州参照北方城市的方法，同时采用日照间距系数法和日照软件分析法进行控制，以有效保证日照满足每户要求。

8.3 广州居住空间紧凑化规划控制的初步建议

一般来说，每个城市对居住空间进行规划时，不会提出建设交通堵塞和拥挤不堪的城市目标，都期望通过规划能促进城市健康有序地发展，但从实际情况来看，并不尽如人意。城市在预定的法则中建设，但其结果却是出乎我们的预期。既然我们的目标没有错，也不能把责任推给遵守法则的开发商和设计师，那么哪里可能出现差错呢？从城市规划的运行机制来看，两个地方可能出现了问题，第一个，可能是我们制定的规划方案和规则脱离了实际，另一个，可能在规则的执行过程中出现了问题。实际上，在对基层管理者的访谈中，常常听到他们抱怨上面给下来的开发指标不符合实际，在操作的过程中难以执行。这说明两个问题，"不符合实际"说明我们应该更加合理地制定开发强度指标，"难以执行"则启发我们重新反思规则执行过程中的管理问题。

居住空间紧凑化规划控制主要包括开发强度管理方法、开发强度制定和土地供应等三方面内容，三者关系密切，不能孤立看待，需要综合考虑。结合上面的分析，本节对广州住宅开发强度的控制提出以下几点建议。

8.3.1　多维度确定住宅开发强度

城市规划应该综合考虑各种因素，合理确定开发强度，不能只根据可提供土地量制定开发强度，避免土地被低强度利用。可行的方法是在适当紧凑思想的前提下，综合考虑未来住宅需求、可建设土地规模和土地合理容积率等因素，研究土地容量及合理强度。比如，新加坡采用较为科学的策略，它根据地域的容量、地貌和日照确定适宜的开发强度，进而确定合适的土地供应量，促使土地能被充分利用，集约化发展，在实践中取得较好的效果。又如，香港特区采用较高的容积率指标是建立在对土地合理容量评估的基础上，适合其城市人口和资源条件，总体是合理的。

从城市经济学的角度，在土地价格一定的情况下，住宅容积率存在一个合理的数值，使得开发获得的利润最高，其主要由住房开发的边际成本和边际收益所决定。根据经济学的边际收益递减的理论，随着容积率的上升，边际成本会不断增加，比如建房的土建费用、管理费用的增加。但边际收益却不断减少。在某点，两者获得平衡，这时获得的利润最大，这便是住宅开发最佳容积率点。最佳容积率的提高主要来源于两方面的因素，一是快速城市化和经济发展共同推高城市住宅的需求量，市场兴旺、购买者多和购买能力强，共同推高边际收益；二是边际成本降低，如物价降低和成本减少等等。仅仅从经济的角度，在开发成本（如建造、税收）以及居民收入稳定的情况下，住宅容积率主要由地价决定[15]。目前，广州土地通过拍卖的形式出让，城市中心区地价十分高。广州2006年的土地拍卖，都是以超高价格卖出，这就造成城区的住宅容积率偏高，实地调研的结果也证实了这一点。而在郊区，很多农田或闲置的土地由于没有经过规划，没有体现自己的价值，在土地出让的时候，一般价格比较低，就造成容积率比较低，存在土地低强度开发的浪费现象。

必须要清醒地认识到，从级差地租的角度来分析的"最佳"容积率，只是反映土地利用的一个侧面。经济利益的最大化并不等于环境效益的最大化。比如，房产商主要考虑对土地的物尽所用，寻找最佳的容积率，实现最大的经济收益，结果是只注重经济效益而忽略社会、安全等综合环境方面的问题，最终会导致"城市病"的产生，造成居住环境质量的下降。

鉴于此，建议通过多维度的方法来确定合理的开发强度，分别从限制性因素、发展性因素和舒适性因素来确定相应的开发强度，再根据城市不同区域的条件确定采用何种开发强度，形成开发强度分配方案和密度管理方法。第一，根据限制性因素，如基础设施容量、水资源容量、环境保护和建筑极限层数等因素，取各因素的最小数值，可以确定城市住宅的极限开发强度数值 A。第二，根据发展性因素，如城市发展需求、人口的增长和人均居住面积的提高等因素，结合城市紧凑化的可持续发展的原则，确定紧凑化的开发强度数值 B。第三，根据居住空间的舒适性因素，如环境的舒适要求、居民的心理感受、居民文化背景等因素，通过社会调查和问卷访谈，确定舒适性开发强度数值 C。通过对比这些数值，我们可以形成以下策略。首先，考虑城市的发展，我们建议采用紧凑化数值 B。然后把紧凑化数值 B 与极限数值 A 和舒适性数值 C 对比。当出现紧凑化数值 B ＞ 极限数值 A 时，说明城市土地比较缺乏，土地只有超出极限使用值才能满足城市发展要求，这时城市开发强度不得不采用极限数值 A，如广州的老城区、香港特区以及新加坡等地方的容积率控制往往充分利用土地及基础设施的极限能力。当舒适性数值 C ＞ 紧凑化数值 B 时，说明居民能接受更高的开发强度，这时可建议采用舒适性数值 C，以使土地能更高效利用，并提高环境质量，但现实中这种情况很少。多维度的开发强度确定方法见图 8-9 所示。

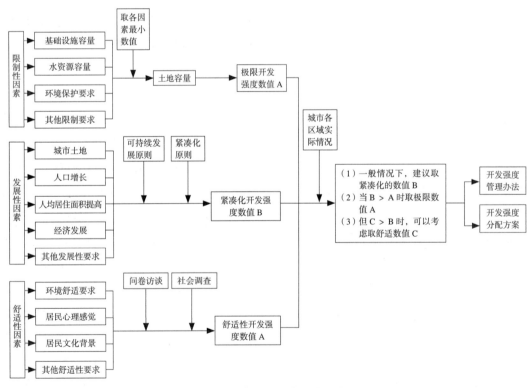

图 8-9　多维度确定开发强度的方法
来源：笔者分析结果

8.3.2　建立科学的住宅土地供应模型

2006年，为了打击房地产的投机行为，广州推出2006～2010年的土地供应和住房建设规划，对住房量进行了规划，迈出了重要一步。但是从这次规划也看到，基本都是以2.5的住宅容积率数值来确定土地供应规模的（见第2章的数据），不是十分科学。可见，对土地和住房供应程序科学化的工作仍然有待进一步的深入。香港特区在这方面做得比较成功，有几个原因：其一是香港土地比较少，规划部门建立的土地数据比较全面；其二是采用了科学的模型测算程序；其三是城市发展比较缓慢，外来人口比较少，人口统计制度比较健全，房产市场容易预测；其四是供应模型经过多年的调整，不断进行了修正，计算数据能逼近真实。

广州作为南方的大城市，城市急速发展，拥有大量的外来人口，不确定因素较多，情况更为复杂。但广州也可以借鉴香港的经验，结合国内的规划体制，建立科学的土地供应程序，可通过类似的程序和方法建立预测模型。当然，这种模型的建立不是一下子可以实现，在开始几轮可能出现数据分析偏差的情况，但经过多轮的数据积累和修正，可以形成有效和成熟的土地供应模型。同时，土地的供应不能和开发强度的制定分开，两者应该同时协调考虑。在此过程中，应对未来住房的需求准确预测，先根据人口确定需要住宅数量，再根据合适的开发强度确定土地供应量。并且，规划师在用地比较宽松的条件下，应自律地应用适度紧凑化的原则，适当提高开发强度，节约地供应土地，以保证城市的可持续发展。土地供应的方法见图8-10所示。

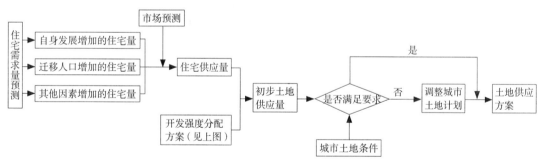

图8-10　住宅土地供应的模型建议
来源：笔者借鉴香港土地供应模型建立

8.3.3　建立动态的多方协作机制

目前，在制定住宅的开发强度指标的过程中，普遍存在的问题是缺乏有效的反馈和公众参与的机制，缺乏多学科的共同协作，也缺乏充分的讨论和细致的工作，使得制定的发展策略难以高效率执行。

因此，建立规范的密度制定、管理和检讨机制，才能实现居住空间的紧凑化，保持良好的环境，但这个过程比较复杂。首先，它可能需要一个以城市规划为首的专门机构进行长期的跟踪研究，以形成数据库和经验的积累。其次，这个过程是一个动态开放的过程，需要及时分析实践过程反馈过来的信息，并作出相应的调整。最后，它需要多部门和多学科的协作，这不是几个设计单位，也不是几个人所能完成的，需要土地、经济、规划和建筑等多部门进行协调。因此，需要建立一个以规划为首的多部门协作机制，形成一个有效的反馈和循环机制，才可能改善目前方法的不足。

鉴于现状，所有相关的部门都来参与这个过程并不现实，可行途径是在分析的过程中，相关部门、专业人士和公众能适时地提出意见。因此，我们应该把开发强度制定、土地供应等问题的讨论公开化，吸取其他专业人士或团体的建议，扩大公众参与度。可采用"规划－方案－检讨－反馈"方式，使得开发强度的制定能满足各方面的要求，避免指标由于随意性造成脱离实际的情况，减少弹性过大问题。采用这样多方协调的方式，一方面可以有效和及时地吸收多方面意见；另一方面可以避免投入过多人力，提高工作效率。多方协调机制见图 8-11 所示。

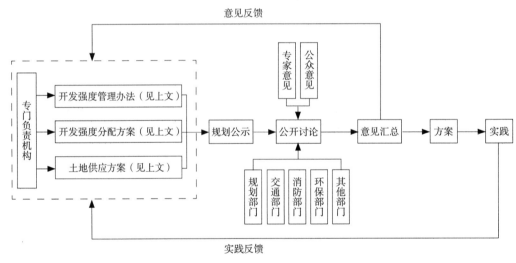

图 8-11 多方协调机制
来源：笔者分析结果

8.4 本章小结

本章系统地研究城市住宅开发强度形成的内在机制，指出它由三个环节决定：在宏观层面，经济、人口和土地确定平均开发强度；在中观层面，级差地租、规划控制和城市空间结构对开发强度进行再分配和调整；在微观层面，住宅空间形态和居住文化对开发强度进行修正。通过完整机制的分析指出在开发强度确定中存在的问题，并指出其中注意点：应对最低开发强度进行限制；不应过度追求级差地租带来的暂时利益；不存在绝对合理的开发强度值域；住宅开发强度应结合城市空间结构进行调整。

本章主要分析居住空间紧凑化的开发强度的管理和控制方法。研究了不同城市对住宅开发强度的控制方法和程序，指出通过建立规范的开发强度控制与管理机制的重要性，以便准确预测住宅需求量，有序和节约地提供住宅用地。本章通过对广州目前强度控制现状的分析，指出了当前对开发强度的管理和控制存在的问题。本章分析了开发强度的确定、开发强度的管理和控制、开发强度分析的"极限"原则、开发强度控制的弹性问题、日照间距的管理方法等方面的内容。

本章针对广州的情况，提出以下三方面建议。

（1）多维度确定住宅开发强度：分别从限制性因素、发展性因素和舒适性因素确定相应的开发强度，再根据城市不同区域的条件确定密度管理方法和开发强度分配方案。

（2）建立科学的住宅土地供应模型：借鉴其他地方的经验，结合国内的规划体制，建立科学的土地供应程序。

（3）建立动态的多方协作机制：把开发强度制定和管理、土地供应等问题的讨论公开化，吸取其他专业人士或团体的建议，扩大公众参与度。

注释:

[1] 费移山，王建国.高密度城市形态与城市交通——以香港城市发展为例 [J]. 新建筑，2004（05）.

[2] 刘少瑜，徐子萍.高层住宅居住环境质量———次对香港高层住宅居住环境质量的调查 [A]. 论文集编委会 .21 世纪中国城市住宅建设——内地·香港 21 世纪中国城市住宅建设调研论文集 . 北京：中国建筑工业出版社，2003：261.

[3] 张磊.面向 21 世纪的亚洲热带大城市——新加坡建筑师郑庆顺的亚洲热带城市概念评述 [J]. 规划师，2002（9）.

[4] 大卫·路德林，尼古拉斯·福克著 . 王健，单燕华等译.营造 21 世纪的家园——可持续的城市邻里社区 [M].北京：中国建筑工业出版社，2005：152-160.

[5] 丁成日.中国城市的人口密度高吗？[J]. 城市规划，2004（08）.

[6] 聂兰生，邹颖，舒平等 .21 世纪中国大城市居住形态解析 [M].天津大学出版社，2004：73.

[7] 刘燮明.香港住宅用地的提供 [J]. 城市规划，1996（6）.

[8] 周丽亚，邹兵.探讨多层次控制城市密度的技术方法——《深圳经济特区密度分区研究》的主要思路 [J]. 城市规划，2004（12）.

[9] 薛峰，周劲.城市规划体系改革探讨——深圳市法定图则规划体制的建立 . 城市规划汇刊，1999（5）：59-61.

[10] 部分材料参考自聂兰生，邹颖，舒平等．来源同 [2]：73-77.

[11] 来自丁成日．来源同 [2].

[12] 卢为民．大都市郊区住区的组织与发展——以上海为例 [M].东南大学出版社，2002：71.

[13] 资料来自广州规划局.

[14] 师雁．改善城市建筑间距管理的任务与对策 [J].规划师，2004（02）.

[15] 林坚．地价·容积率·城市规划 [J].北京规划建设，1994（04）.

第9章　紧凑化设计导则与应用

9.1 基于广州的紧凑化设计导则

在本研究的最后，通过对全书的系统总结，得到居住空间紧凑化的设计导则，见表9-1（观点主要来自第5～8章的研究结论）。这对广州或其他大城市的住区规划和住宅设计起到一定的借鉴作用。同时，这个导则的因子也可以进一步利用AHP方法来建立居住空间紧凑度的评价模型。

居住空间紧凑化设计导则 表9-1

层次目标	因子	具体策略
宏观层次：实现合理的紧凑型空间结构	1. 建立城市整体视野，实现居住密度均衡分布	（1）以居住密度为指标，对居住密度实施合理协调和监控。 （2）通过多种手段实现密度平衡分布，内城立足于减少密度，郊区适当提高开发强度，两者协调发展。 （3）注重空间结构的调整，建立"多中心＋网络"式的居住空间结构
	2. 多中心的空间结构调整	（1）划分合理的边界：限制高容积率住宅大规模发展，保护区内文物，保护区内的自然、山体和河流资源，保护耕地不受侵占。 （2）以轨道交通为中心建立边界：结合交通站点，以地铁口为中心建立住宅的增长边界，保护山野、绿化和农田。 （3）边界间绿化隔离：采用组团的模式，每个组团保持适当的规模，以绿化进行隔离。 （4）离敏感点容积率递减：实行离中心距离越近，容积率越低的递减控制措施。 （5）边界内集群发展：改变原来的点式、线式的非理性的布局，采用"面"的集群模式，以改善场地狭窄和环境质量下降等问题。 （6）边界内功能混合：强调多元文化、多样功能以及多类型的空间的混合，提高住区的归属感
	3. 提高郊区强度，增加住宅总量	（1）根据全书的分析，建议适当提高郊区住宅容积率。 （2）郊区住宅容积率在2.0～3.0之间较为适宜。 （3）提高郊区开发强度与减低内城密度相结合
	4. 减少城区密度，改善居住环境质量	（1）内城区减少密度，增加开阔空间。 （2）尽量避免把大型的城市功能设施设置于内城。 （3）建议利用相互联合的方法加强住宅区的整合。 （4）采用首层架空和设置空中花园等手法
中观层次：加强城市整合，缓解紧凑化压力	1. 加强居住空间和城市的整合	（1）空间一体化：加强住区公共空间和城市空间的整合，实现一体化。 （2）功能的适当混合：采用通过空间横向叠加和垂直叠加方法，实现功能混合。 （3）密度体验与空间模式的多样化：在合理地保持高密度基础上，鼓励多种住区密度共存，丰富居住环境。 （4）公交主导下的交通多元化：建立大容量的公交体系，遏制私人交通的发展，建立舒适的步行系统，多种交通工具协调发展，注重人性化。

层次目标	因子	具体策略
中观层次：加强城市整合，缓解紧凑化压力	1. 加强居住空间和城市的整合	（5）建立开放的人性化小尺度街区：保持一定的社区规模；减少郊区住宅的用地规模；采用较小的路网和街区；采用小地皮和半开放的开发模式；鼓励大社区应该对外开放，组团考虑封闭管理。 （6）亚热带植物的运用：采用"见缝插针"的策略；保证各住户在绿化上的均好性；种植覆盖率高的行道树、架空绿化、垂直绿化、室内绿化、阳台绿化和屋顶绿化，建立多层次的绿化体系；加强绿化垂直化应用
	2. 建立"中介"空间体系，适当实施空间驳接，减低环境压力	（1）以中介空间整合城市实体功能：多层的骑楼、走廊和平台等把同一区域不同建筑单元的空间相连，以中介空间把高密度居住、办公和休憩功能整合而形成一体。 （2）以中介空间体系整合住区交通：地面和地下可考虑机动交通，二层连廊步行可在骑楼中发生，减少地面的人车混杂，增加行人的安全舒适性，营造适宜的空中步行体系。 （3）以中介空间体系整合生态资源：可把中介空间的遮阳、通风、降温结合起来，与亚热带植物结合，成为绿色住区减压器。 （4）以中介空间整合住区街巷体系：扩高骑楼空间和拓宽骑楼尺度，扩展为多层的骑楼空间，形成立体步行系统，通过元素驳接与传统的街巷系统进行呼应。 （5）加强中介空间与立体绿化的整合：结合中介空间体系，在骑楼、架空空间、廊道和灰空间等地方种植多种类的植物，加强植物的垂直利用。 （6）加强城市规划的管理鼓励和政策：可允许骑楼建于人行道上，或者骑楼以上的建筑面积在容积率计算上适当进行减免，鼓励发展商把沿街土地设计成公共空间。 （7）高密度区域适当实施空间驳接，改善场地空间缺乏的缺点
微观层次：多手段提高紧凑度，改善环境质量	1. 选择合理空间模式	（1）倡导低层高密度住宅：中低容积率即1.0～2.0时，可采用多层或联排的低成本开发方式，但由于开发强度较低，不宜过多使用。 （2）限制高层高密度住宅：一般应用于中心区附近，不宜过多使用。 （3）推广高层低密度住宅：通过层数的增加可以提高容积率，获得较少建筑覆盖率和增加绿化面积，获得良好的景观、通风和采光等。 （4）多种模式混合：可采用"高层为主，多层结合"的混合模式
	2. 改变空间参数，合理提高紧凑度	（1）增加层数：在中高层（20层）以下能有效提高密度。 （2）减少单元户数：多户数方式带来日照不足、视线污染和噪声干扰，在经济允许的情况下，尽量减少户数。 （3）增加围合：能有效提高容积率，不增加造价，空间氛围好，容易形成邻里氛围。 （4）增加进深：超过一定层数才能有效提高密度，低层住宅时无意义，收效不高。 （5）综合运用各种手法：宜采用多层与高层，点式和半围合的结合方式，增加居住形态的多样性
	3. 增加紧凑型居住空间的多样性	（1）提高户型面积标准差：尽量采用面积差异大的户型，保证不同人群的混合居住。 （2）提高层数标准差：采用多种层数的住宅，丰富居住空间形态。 （3）增加住宅类型的种类：吸引不同阶层的居民混合居住，形成和谐社区
	4. 构建院落体系，改善微观环境质量	（1）应用空中院落：通过空中花园改善紧凑化带来的绿化不足，通过院落实现传统的居住空间形态。 （2）应用入户花园：高层住宅的一些地方由于空间狭窄，用于室内空间只起到过道作用，不如扩大处理，作为入户花园，化消极成积极，物尽其用。 （3）应用阳台花园：把阳台扩大处理，设计成错层式的空中花园平台，种植绿化，使用户获得良好的视野，形成后院式的空中平台。 （4）加强亚热带植物的应用：在住宅花园种植多种亚热带植物，改善微气候。 （5）强调空中院落系统性：把半围合的院落、户前的空中花园、入户花园和阳台花园进行系统的整合，进行系统的景观设计，形成"公共－半公共－半私密－私密"的多层次的垂直院落体系

续表

层次目标	因子	具体策略
强度控制与管理：强调管理与检讨机制，合理确定住宅容积率	1. 合理确定住宅开发强度	（1）建立合理的开发强度确定机制。 （2）限制住宅最低开发强度。 （3）不应过度追求级差地租带来的暂时利益。 （4）不存在绝对合理的开发强度值域。 （5）住宅开发强度应结合城市空间结构进行调整
	2. 实现合理监控和管理	（1）多维度确定住宅开发强度：分别从限制性因素、发展性因素和舒适性因素确定相应的开发强度，再根据城市不同区域的条件确定采用何种开发强度，形成密度管理方法和开发强度分配方案。 （2）建立科学的住宅土地供应模型：借鉴其他地方的经验，结合国内的规划体制，建立科学的土地供应程序。 （3）建立动态的多方协作机制：把开发强度制定、土地供应等问题的讨论公开化，吸取其他专业人士或团体的建议，扩大公众参与度。 （4）改善当前密度管理的具体方法：采用"极限"的思考方式；减少控制过程中的弹性；改善日照间距的管理方法

资料来源：笔者根据全书分析编制

9.2　基于导则的概念方案探讨——"亚热带中小尺度混合住区"

上节对本书的主要结论进行了总结，得出了基于广州现状的居住空间化策略，最终目的是为了指导实践。本来，通过案例的分析能使研究更加明了，并可以检验其可行性。但在这些导则之中，有些策略是从已建成的住区建设中进行理论的总结而得，可以在实例中找到相应的例子，有些策略通过计算、分析和推理而得，还未在实际的设计中体现。因此，很难找到与此导则一致的案例。但是，我们可以通过一种接近于实际的概念设计，来分析这些可行性。

于是，本节采用图则对比的研究方法，比较传统住区设计手段与本书的导则的差异，主要通过图纸的方式来展开分析。本段的概念设计参考了前人的工作，包括库哈斯、MVDRV、韩晓晖（1999）、L. 马丁和莱昂内尔·马奇（1972）等人的研究方法以及成都市东部新区起步区方案 A 关于网络城市分析（见城市环境 2004 年第 03 期）。因此，在表达方法、手段和基本的理念有小部分的类似。除此之外，本设计的概念主要是根据本书的研究结论和广州的实际情况提出，反映本导则提出的部分思想。本概念设计也充分考虑广州的岭南地域特色，以"亚热带中小尺度混合住区"作为设计的主题。

与上文对广州居住空间的研究采用的"宏观－中观－微观"的由大到小的分析方法不一样的是，本概念设计采用从"微观－中观－宏观"的由小到大的分析方法。设计从细小尺度开始着手分析，再逐步扩大到中、大尺度。微观尺度内容包括小地块的多类型空间组合，中观尺度的内容包括中介空间与功能混合，宏观尺度的内容包括强化边界的网络住区。主要的概念见图 9-1 ~ 图 9-27。

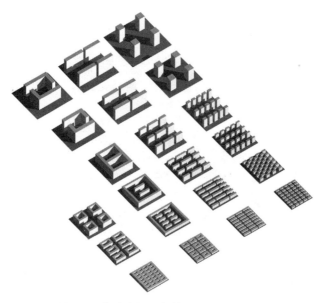

图 9-1　各种空间组合模式下的空间形态

9.2.1　微观尺度：小地块的多类型空间组合

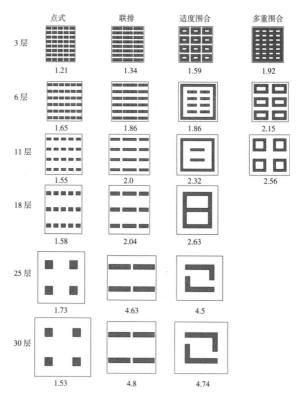

图 9-2　平面组合模式下的容积率

从中可见，在一定容积率的条件下，采用低层的住宅能实现良好的环境质量。但超过一定的容积率的时候，适当采用高层住宅才能提高环境质量。从空间多样化出发，应该鼓励采用多种的空间组合，以避免户外空间及城市轮廓线过于单调

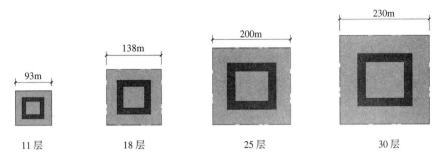

图9-3 围合空间与路网分析

上图是按照日照间距1：1计算而得，考虑土地可以充分利用，在18层时路网最小为138m，25层时为200m，30层时为230m。目前，广州18层的住宅适用范围比较广，25～30层的住宅也比较常见。考虑到提高容积率的弹性可能，路网在140～250m之间可满足基本的空间围合要求

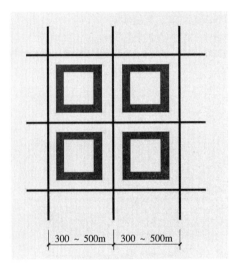

图9-4 现状的路网

现状的路网一般是在300～500m之间，地块在8～25hm²，根据本书的调研，住区存在路网过疏、规模过大的问题

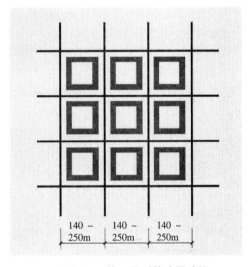

图9-5 基于导则的路网建议

基于导则，建议增加路网的密度，减少路网的间距。考虑到如果地块过小，可能造成浪费，根据图9-3围合空间与路网分析，本概念设计建议路网缩小到140～250m之间。

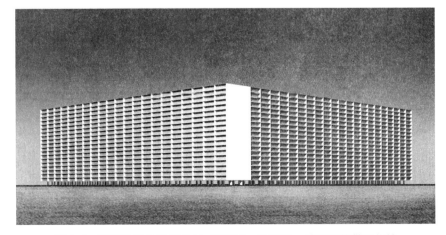

图9-6 现状的居住空间单元：物质的、功能的、缺乏亚热带绿化的

图 9-7 导则建议的居住空间单元：有院落、有植物

目前，广州住宅设计的入户花园和大阳台手法比较流行，建议把半围合的院落、户前的空中花园、入户花园和阳台花园进行系统的整合，形成"公共－半公共－半私密－私密"的多层次的垂直院落体系。并建议在居住空间中大量运用亚热带植物

9.2.2　中观尺度：中介空间与功能混合

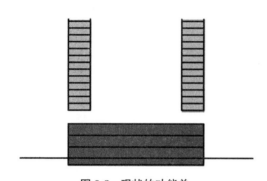

图 9-8　现状的功能单一

功能单一难以提高开发强度，也难以满足功能的多样化要求

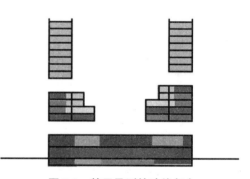

图 9-9　基于导则的功能复合

适当的功能混合可以提高地块的开发强度，满足多种功能要求，减少工作与居住的距离

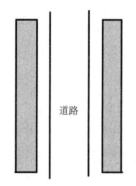

图 9-10　现状的道路边界

只解决交通功能，过于商业化和僵化

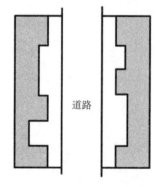

图 9-11　基于导则的道路边界

空间的变化吸引更多人的逗留，注重人性化的界面

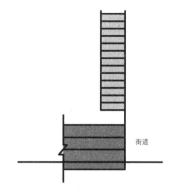

图 9-12 现状强调沿街商铺的界面

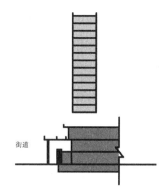

图 9-13 导则建议的骑楼中介空间

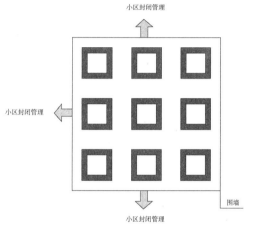

图 9-14 现状的封闭管理

围墙式封闭的管理割裂了居住空间与城市的联系，
造成交通堵塞和缺乏街道空间等问题

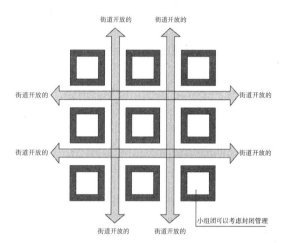

图 9-15 导则建议的半开放管理

结合实际情况，住区完全开放不太现实，
可采用大住区开放，小组团封闭的半开放管理模式

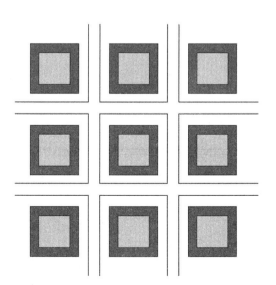

图 9-16 现状孤立的高密度住区

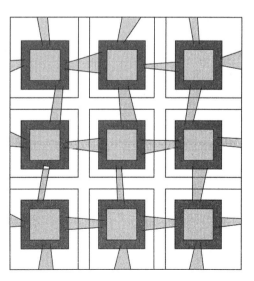

图 9-17 导则建议的一体化空中花园

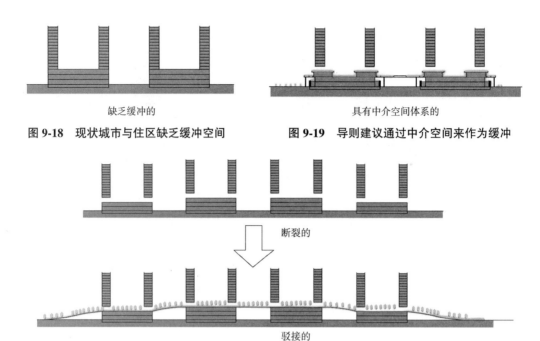

缺乏缓冲的

具有中介空间体系的

图 9-18 现状城市与住区缺乏缓冲空间　　　　　**图 9-19 导则建议通过中介空间来作为缓冲**

断裂的

驳接的

图 9-20 空间的驳接

上图：现状缺乏驳接 下图：导则建议通过驳接实现一体化

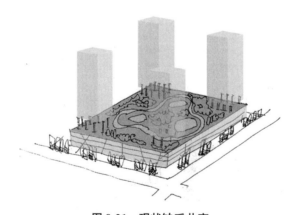

图 9-21 现状缺乏共享

在问卷访谈中，高容积率住宅评价比较低的是缺乏绿化、户外场地和体育设施等

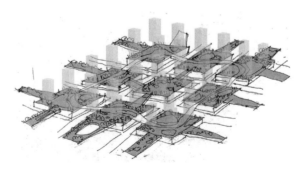

图 9-22 导则建议相邻住区功能共享

通过共享可以解决场地不足、户外空间狭窄的缺点，也会提高公共设施的利用效率

9.2.3 宏观尺度：强化边界的网络空间

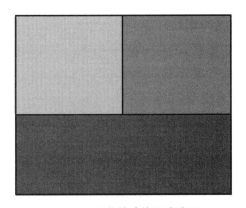

图 9-23 现状的功能明确分区
现代主义住区规划强调功能明确分区，以获得安静的小区环境，但也带来多样性的缺乏和人气不足

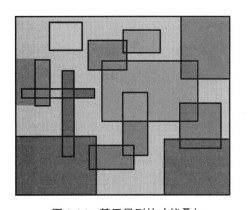

图 9-24 基于导则的功能叠加
通过适当的功能叠加能增加住区的多样性和便捷性，对建设和谐社区有利

图 9-25 现状的居住空间是自由扩散的

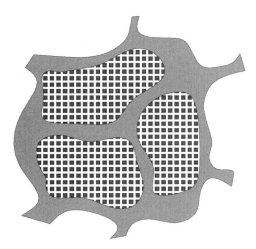

图 9-26 导则建议采用强化边界的增长方式，避免郊区无序扩张

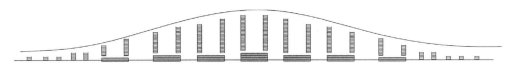

密度两极分化、周边蔓延的

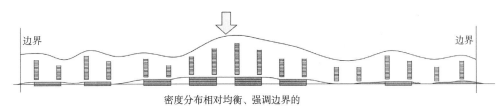

边界　　　　　　　　　　　　　　　　　　　　　　边界

密度分布相对均衡、强调边界的

图 9-27 密度分布
上图：现状的密度分布是两极分化的；下图：导则建议的密度分布是适当均衡，注重提高郊区的开发强度，减少内城的建筑密度

9.3 基于导则的实例分析与评价

本小节将会选一些调研的实例，基于以上的设计导则，对其进行评价。目的在于应用研究成果来改善目前的住区规划和住宅设计。所选的都是城市中比较典型的，能反映广州住区建设普遍特征的住宅，包括郊区和城市中心区的住宅楼盘，评价时注重与本书的想法结合，根据居住空间紧凑化的理念，既说明其优点，也会指出其中不足之处。

9.3.1 广州凤凰城小区

广州碧桂园凤凰城小区建于 2003 年。目前，大部分住宅建成并已入住，它位于广州东部广园东路旁，距离广州市区大约 30 分钟车程，总用地面积约为 1.2 万亩，容积率约为 0.6，是广州典型的郊区大型住宅区。小区用地背靠山体，用地内天然湖星罗棋布，周边为未开发的田野或山体，自然生态环境优美。小区配有中学、小学、幼儿园。建有五星级酒店，占地 7 万 m²，总建筑面积为 17 万 m²。配有图书馆、歌剧院、影剧院以及医院等。在小区大门口前建有 2 万 m² 的商业购物中心和公共车站，设有楼车和市区联系。开发主要以低强度的高档别墅住宅为主，住宅类型主要为三层左右的独立、半独立和联排住宅，也开发部分多层、小高层公寓，面向的顾客为富裕阶层。规划采用组团的空间结构，保留了区内的部分山体和绿化，交通方式以私人小汽车为主。住宅和公共建筑采用欧陆风格。效果图见图 9-28 ~ 图 9-31。[1]

在宏观层面来看，这类大规模的低密度住宅在广州也存在一定的数量，与此类似的还有祈福新村等住宅楼盘。它们的存在能满足部分居民的需要，由于密度小和绿地多，自然环境质量较高，这和北美的一些郊区住宅颇为相似。

图 9-28 广州凤凰城小区总平面
资料来源：小区售楼书

图 9-29 建成卫星图
来自：google earth（2005）的截图

图 9-30　模型鸟瞰
来自：笔者摄影

图 9-31　建成实景
来自：笔者摄影

从紧凑化的理念来看，广州碧桂园凤凰城小区存在郊区住宅普遍存在的问题：（1）开发强度过低，土地利用效率不高，造成土地使用的浪费，不利于城市土地集约化利用。（2）鼓励了私人交通的使用。居住区作为一个独立的区域，没有和城区结合一起，尽管入口处也设有通往城区的公共交通，但线路较少，始发的班次不足，实际出行不便，多数居民采用小汽车出行。（3）远离城市就业点，多数居民在广州市区上班，增加了城市交通压力。（4）缺乏必要的功能混合，人群特征单一，人气不足，邻里氛围缺乏。（5）规模过大并封闭管理，割裂了城市与住区的关系。

当然，开发这种住宅作为一种市场行为，可满足部分市场需求，从多样化的角度来看，也可丰富城市的居住空间。但是，一个人口多、耕地少的国家，应该抑制这种住宅发展，以保护环境。即使从市场角度考虑需要少量建设，也要充分考虑与城市的结合，并减少其规模和数量，以保护耕地，实现可持续发展。况且，从社会和谐角度来看，这种富人单独聚居的方式也可能引发某些社会问题。总之，这类型的住宅区不宜过多开发。

9.3.2　广州万科四季花城小区

广州万科四季花城小区位于广州市西槎路出口金沙洲，处于南海和广州之间，距离广州市商业中心荔湾区上下九路 7 km，距离广州市行政核心区 10 km，车程在 15 分钟范围之内，也是一个大型的郊区楼盘。规划和景观由美国 SWA 和 SOW 公司设计，建筑由澳大利亚 DBI 、香港兴业和广东省建筑设计研究院联合设计。小区总占地面积约 4.97 万 m^2，总建筑面积约 4.97 万 m^2，容积率约为 1.0，总居住户数约为 3900 户，建筑类型包括多层、小高层、景观洋房和联排住宅等，层数以多层（5-6 层）为主，包含部分低层（3 层左右）半独立住宅，远期规划有高层住宅。小区于 2003 年开始建设，目前部分住宅建成投入使用。见图 9-32 ～图 9-34。[2]

小区远离城市，周边自然环境舒适，规划中保留了用地内的湖泊和山体，绿化率达到 45%。从紧凑化的观念来看，四季花城的开发强度只有 1.0，也具有大规模和低密度的

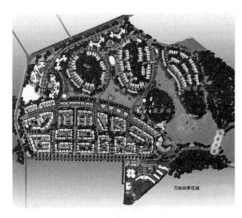

图 9-32 广州万科四季花城小区总平面
资料来自：小区售楼书

图 9-33 建成卫星图
来自：google earth（2005）的截图

图 9-34 建成实景
来自：http://www.vanke.com/

特征，在交通、路网、配套、社区和邻里方面其中存在的问题与广州碧桂园凤凰城小区一样，这里不再赘述。

除了存在以上郊区住宅共同的缺点，从紧凑化的角度考虑，四季花城还有自身的一些优点。比如，小区运用院落和围合的概念，通过小尺度的住宅群落组合，采用多层来达到强度的要求。居住空间采用一些东西向住宅进行围合，形成规模不大、尺度舒适的内部院落，营造了一种适宜的邻里气氛。但对于东西向住宅的遮阳问题，未见有效的解决措施。小区的规划设计采用明确的组团方式，在组团内进行人车分流，也为以后建立半开放的社区提供了条件。比如，可以考虑大区开放管理，院落组团封闭管理。住宅并未采用广州目前广泛采用的欧陆风格，而是采用现代主义设计，立面设计平实但富有细部变化，颜色丰富，营造了较为温馨的居住环境。

9.3.3 广州凯旋新世界小区

广州凯旋新世界小区位居天河中心区中轴线珠江新城 CBD 东侧，南临珠江，北为珠江公园，东邻广州赛马场，西为珠江新城，地处城市中心，区位条件比较优越，属于城区住宅。小区用地面积为 11 万 m²，建筑面积为 29 万 m²，容积率约为 2.6。功能除住宅外，还有公寓和预留商业等。小区采用适当的功能混合，包含住宅、商圈、公寓三种建筑类型，里面配套设施有儿童活动中心、健身中心、幼儿园、中学、网球场、小学、洗衣店、会所、银行、医院、游泳池、停车场、超市和市场等。住宅的层数为 6～25 层，公共建筑以低层为主，住宅以高层为主。建筑的高度南低北高，与开阔的珠江江面相呼应。用地被规划路分成三个大区，北南两侧为居住区，中部地块设有大型广场。三地块通过天桥和平台进行驳接，互联互通，形成一个开放的整体空间。小区的整体布局以南北轴线为中心线，采用围合的布局方式，32 栋建筑沿中心广场和绿地进行排列。在空间结构上，三个地块不是单独围合，而是进行统一考虑，通过抬高 5m 的空中平台，形成 450m×150m 的中央大型广场和公共绿化，并向珠江开放。在围合的过程中，适当采用了东西向的住宅图 9-35 ~ 图 9-38。[3]

图 9-35　广州凯旋新世界小区总平面
资料来源：小区售楼书

图 9-36　建成卫星图
来自：google earth（2005）的截图

图 9-37　平台实景
来自：笔者摄影

图 9-38　道路与平台的关系
来自：笔者摄影

从紧凑化的角度来看，广州凯旋新世界小区的每块用地在 3 万 m² 左右，路网合适；容积率为 2.6 左右，属于中高容积率住宅；从实际的空间效果来看，由于采用了东西向住宅的围合布局方式，外部空间比较开阔。就此项目来看，还可以适当提高容积率。总体来看，凯旋新世界小区营造了一个较为舒适的城市住区环境，它具有以下的优点：（1）采用了围合布局，获得了开阔的中央绿化，加大了视线的舒适度。（2）通过户型扭转和变化，避免部分住宅直接东西向，在获得良好的景观的同时防止了西晒。（3）采用"高台"的建筑方法，通过局部平台的驳接，把三块用地结合在一起，有效地改善高容积率住宅场地不足和外部空间狭窄的缺点。（4）利用平台进行了人车分流，使得小区获得安静的花园。这些做法都和上文的导则相吻合。但是，在构建社区的时候，也存在以下的缺点：（1）住区采用围墙式的封闭管理方式，空间过于封闭和独立，不利于资源共享和增加社区活力。（2）缺乏街道的设计，较少考虑与城市的关系，并未形成人性化的街道系统。

9.4　本章小结

本章总结了上文的分析，导出基于广州现状的居住空间紧凑化的策略框架，并形成设计导则。

通过概念设计的方法，更进一步阐明本书观点。概念以"亚热带中小尺度混合住区"为主题，以图纸的方式展开分析。在微观尺度，分析了小地块的多类型空间的组合；在中观尺度，分析了中介空间与功能混合；在宏观尺度，分析了强化边界的网络型居住空间形态。

基于设计导则，本章以紧凑化为前提，对广州一些住宅开发的实例进行分析和评价，包括郊区和城市住宅。其中有些理念符合本书的紧凑化观念，值得推广，但也有些存在很多不足，可以结合本书的紧凑化设计导则进行改善。

注释：

[1]　本处使用的部分材料来自于楼盘的销售书，以及 http：//gz.focus.cn/ 网上说明．

[2]　资料来源同上．

[3]　资料来源同上．

结　论

一、问题与背景

改革开放将近 30 年，我国住宅业蓬勃发展，住宅建设取得了令人瞩目的成绩。同时，我国也面临人均土地相对少和人口较多的不利局面。目前，中国的人口数量占世界 20%，耕地面积只占世界 7%，人均耕地面积为联合国粮农组织确定标准的 58.8%，土地资源相对短缺。此外，在今后一段时间内，我国城市化进程将不断加快。由于人口基数大，城市化增长率高，大量的农村人口将拥向城市。这种急促的城市发展引发诸多问题，包括城市的盲目扩张、土地低效率使用、能源消耗过大和环境污染等。总之，巨大的住宅需求量、迅猛的城市化、人均短缺的土地资源、严峻的环境治理背景和居住空间持续郊区化等因素促使我国大城市住宅建设必须走"节约"型可持续发展的道路。

广州是一个具有两千多年历史的城市，它的居住空间经历了近代的低层高密度、改革开放前的多层高密度、当前高强度和低强度两极分化等三个阶段的演变历程。在人口变化、居住郊区化、土地政策和城市规划等多因子的推动下，居住空间形态呈现出容积率不断上升、空间利用紧凑化和住宅类型多样化等特点。目前，在大规模和快速的住宅建设热潮中，广州城市空间进一步扩张，城市住区建设存在侵占农田等不良现象。

1990 年代以来，可持续理论提出了需求和限制的对立统一的观点。当前面临的困境使人们重新思考城市的发展模式，无节制的消费终会导致整个城市生态崩溃。适度消费将是国内住宅发展的主流。基于可持续发展的原则，广州的住宅建设应该以节约土地、减少能耗和减少污染为原则，在维持一定的环境质量下，适当提高住宅容积率，避免大规模的郊区低密度蔓延，以实现居住空间的集约化。

目前，广州居住空间紧凑化发展面临着新挑战，包括：郊区蔓延造成局部低密度发展；内城过高密度导致环境质量下降；脱离城市的居住模式产生新问题。

二、理论与实践

在理论研究方面，从 1920 年代的现代主义对居住空间的物质功能的关注，到 1970 年代后现代主义对场所、文化和社会的关注，再到 1990 年代以来的可持续理念，居住区规划设计思想发生了转变。目前，可持续思想深刻地影响着我国城市住宅的建设。近年来，新城市主义、精明增长和紧缩城市的理念提出了居住空间紧凑化的新方法，包括郊区紧缩化、公交优先、居住多样化、节约资源、营造邻里社区和基础设施先行等等内容。另外，社会学、行为心理学和城市经济学等其他学科对紧凑化进行研究，侧重于与密度关系密切的健康、安全、社会心理和文化等等方面的分析。于是，本书总结上述理论对本课题研究的启示，包括：（1）建立宏观整体的可持续发展观念；（2）注重住区的人性化与多样化；（3）注重微观层面密度与空间形态关系；（4）强调保持合理居住空间紧凑度，防止开发强度过高。

在实践方面，不同地区根据自身条件对居住空间紧凑化进行探索。欧美国家的高容积率住宅经历由兴盛到衰落的起伏过程，在经历郊区化过度分散化后，重新提出建设紧凑住区。香港是个典型的高密度城市，居住空间具有明显的紧凑化特征，在高密度居住空间设计方面经验丰富。东南亚和南亚等亚洲其他城市也提出建设高密度城市，其紧凑住区建设注重与地域气候和地域文化的结合。这些不同城市的经验对广州居住空间紧凑化有重要的借鉴作用，其成功经验包括：（1）居住空间紧凑化应注重系统性和多层次性；（2）宏观层面，建立区域整体的发展视野；（3）中观层面，注重居住空间与城市空间的有机整合；（4）微观层面，采用小中见大策略，注重回应地方气候；（5）开发强度控制方面，建立完善的立法和城市管理制度。其中，也有不少失败的教训，包括：（1）过低密度难以实现集约化，过高密度降低环境质量等；（2）缺乏人性化和多样化难以建立良好社区；（3）缺乏功能的混合难以形成反磁力新城；（4）不能应用僵化的空间模式，而应充分考虑居民的行为模式和文化背景。

三、策略与建议

在综合研究居住空间紧凑化的理论和借鉴不同城市的实践经验的前提下，本书研究广州居住空间紧凑化的策略与建议。以宏观整体为研究的视角，通过对居住空间的尺度划分，在宏观、中观和微观三个不同层面展开分析，并对开发强度的控制方法进行研究。在宏观和中观层面采用"调研－分析－策略"的实证方法，结合数据统计展开研究。在微观层面，主要通过建立数学模型的定量方法进行研究。本书主要的、具有一定创新的工作包括以下几个方面。

1. 宏观层面的研究

通过实地调查和数据分析，分析了广州居住密度（容积率）在城市空间分布的现状，探寻其规律性，分析其存在的问题。通过对广州148个小区调研和统计，分析了广州居住密度、用地规模等方面的问题。数据分析表面：随着用地规模增加，住区的居住密度减低，两者变化关系成"L"曲线状；随着居住小区离城市中心的距离增大，居住密度出现递减的趋势。居住密度在城市空间分布上存在一定的混乱情况，主要体现在内城过高和郊区过低，紧凑型居住环境质量不佳。

通过实地调研发现，高容积率住宅分布特征可分为新城中心集群分布、旧城区散点分布、沿珠江两岸线性分布、沿交通干道线性分布等几种典型模式。反映城市高容积率居住空间缺乏边界扩张，并过分依赖城市中心等不良现象，加大了居住空间环境的压力。

从区域整体出发，本书提出的宏观层面有效应对策略包括：

（1）通过密度的均衡分布，实现良好的居住空间结构。

（2）强化边界增长，实现居住空间紧凑化。

（3）城区减少密度，改善居住环境质量。

（4）郊区提高强度，增加城市住宅总量。

另外，本书通过多方面的分析建议广州郊区紧凑化的住宅容积率在 2.0 ～ 3.0 之间。

2. 中观层面的研究

中观层面通过对不同容积率的街道活动情况的统计、问卷访谈和实景对比的方式展开研究。实地调研表明，广州的住区普遍缺乏与城市空间的整合，导致环境质量下降。通过问卷的 15 项因子的调查发现，居民对中高容积率（12 ～ 18 层）住宅的环境质量的评价最高，高容积率（19 ～ 32 层）其次，第三为中容积率（7 ～ 11 层），低容积率（1 ～ 6 层）为最差。认为比较不满意的是绿化、离学校距离、户外开阔度、户外活动场地和体育设施等 5 方面。

通过实地的调研，研究广州紧凑型居住空间的特征，发现目前紧凑型居住空间缺乏和城市整合的问题，指出加强居住空间整合是改善紧凑型居住环境的重要举措。于是，本书研究了居住空间与城市整合方法，分析了空间一体化、功能的适当混合、密度体验与空间模式的多样化、公交主导下的交通多元化、开放的人性化小尺度街区、亚热带植物的运用等多个方面的内容，并提出了适当的策略建议。

从城市角度研究高容积率居住空间的整合措施，提出建构亚热带居住空间的"中介空间"的体系，以提供一种适应当地气候的缓冲空间体系，改善高密度居住环境质量。

提出通过"空间驳接"来改善居住空间紧凑化带来的户外空间狭小、绿地缺乏和活动场地不足的缺点，减低居住空间紧凑化带来的负面影响。最后，选取广州天河北住宅群进行实例研究，论证其可行性。

3. 微观层面的研究

微观层面的研究主要包括以下四方面的内容。

（1）通过建立数学模型分析不同空间要素对住宅容积率的影响，发现了一些与传统不同的结论。结果表明：调整布局方式是节省和有效的手段；在层数较低时增加层数、层数较高时加大进深（或增多户数）提高密度的效果次之；在层数较高时增加层数和采用单一围合方法提高密度的效果最弱；在层数较低时，通过多户的变相加大进深方式不能有效提高居住密度；通过功能混合，可以适当提高地块的综合容积率。

（2）建立居住空间紧凑化的多样化模型。以紧凑化为前提，居住空间多样化为目标，建立相应方程式，进而构建紧凑型居住空间多样化模型。提出增加多样性的方法。此模型具有准确、快速和节省工作量的优点，在推进紧凑型居住空间的多样化方面具有较广的应用前景。

（3）通过对广州的实际情况分析，提出"以高层低密度为主，抑制高层高密度的发展，适度鼓励低层高密度的发展"的空间模式选用原则。

（4）针对广州的现状，提出通过微观的院落体系，把半围合院落、户前空中花园、入户花园和阳台花园进行系统的整合，形成"公共–半公共–半私密–私密"的不同层次的空中院落体系，以改善高容积率的居住环境。

4. 开发强度控制

分析城市住宅开发强度的确定机制，指出它由三个环节决定：在宏观层面，经济、人口和土地确定平均开发强度；在中观层面，级差地租、规划控制和城市空间结构对开发强度进行再分配和调整；在微观层面，住宅空间形态和居住文化对开发强度进行修正。通过完整机制的分析指出开发强度确定中存在的问题并提出相应的策略建议。

通过对广州目前开发强度控制方法的分析，指出当前对开发强度的管理和控制存在的问题。并在开发强度的确定、开发强度的管理控制、"极限"的思考方式、控制过程的弹性问题、日照间距的管理方法等方面进行了思考。最后，本书提出解决问题的初步策略建议，包括以下三方面。

（1）多维度确定住宅开发强度：建议分别从限制性因素、发展性因素和舒适性因素确定住宅开发强度，再根据城市不同区域的条件确定密度管理方法和开发强度分配方案。

（2）建立科学的住宅土地供应模型：建议借鉴其他城市的经验，结合国内的规划体制，建立科学的土地供应程序。

（3）建立动态的多方协作机制：建议把开发强度的制定、土地供应等问题的讨论公开化，吸取其他专业人士或团体的建议，扩大公众参与度。

四、研究展望

在本书结束之际，笔者深感居住空间紧凑化是个值得深入探讨但又是十分复杂的课题。限于自身能力，本书所涉及的内容还是十分有限，有待于进一步研究。尤其从社会学角度的社区建构和模糊数学的定量分析、评价还是比较缺乏。这些可以深入研究的内容包括：（1）结合提出的设计导则，利用数学模型系统评价居住空间紧凑度；（2）土地容量与居住形态的相关性的研究；（3）东西方文化影响下的高密度居住形态研究；（4）紧凑住区的社区组织问题等。

附录：本研究已经发表的论文

本书是由博士论文改写出版，因此部分内容已经在期刊发表，特此声明。已经发表的内容如下表。

已发表的论文情况

序号	作者	题　目	发表或投稿刊物名称、级别	发表的卷期、年月、页码	相当于本书的哪一部分（章、节）
01	独立署名	几种提高密度的方法的量化评价	《城市规划》（核心期刊）	已发表	相当 7.1 节
02	独立署名	广州居住密度的现状及其应对策略	参加第五届中国城市住宅研讨会，获得由香港中文大学和建设部联合颁发的优秀论文奖	发表于《第五届全国城市住宅研讨会论文集》. 北京：中国建筑工业出版社，2005：563-569	相当 5.1、5.3 节
03	独立署名	城市住宅容积率的确定机制	《城市问题》（核心期刊）	发表于 2006 年 10 月号：6-13	相当 8.1 节
04	第一作者	构建岭南城市的中介空间系统	《新建筑》（统计源期刊）	已发表	相当 6.4 节
05	独立署名	空间"驳接"——一种改善高密度居住环境质量的途径	《华中建筑》（统计源期刊）	发表于 2006 年第 12 期：112-115	相当 6.5 节
06	第一作者	浅析强化边界的高容积率居住空间	《规划师》（统计源期刊）	发表于 2007 年第 4 期：87-90	相当 5.1.2、5.3.2 节
07	独立署名	Model of Diversity of Compact Living Space Based on Floor Area Ratio	2016 第三届土木工程国际学术会议	发表于 2016 年 12 月	相当 7.2 节
08	独立署名	Analysis on the Change of the Residential Area's Floor Area Ratio–Taking Guangzhou as an Example	2016 第三届土木工程国际学术会议	发表于 2016 年 12 月	相当 1.2 节

参考文献

[1] （美）克里斯·亚伯著，张磊等译. 建筑与个性：对文化和技术变化的回应 [M]. 北京：中国建筑工业出版社，2003.

[2] （美）肯尼斯·弗兰姆普敦著，张钦楠译. 现代建筑——一部批判的历史 [M]. 北京：生活·读书·新知三联书店，2004.

[3] （美）琳达. 格鲁特. 建筑学研究方法 [M]. 北京：机械工业出版社，2005.

[4] （美）伊利尔·沙里宁. 城市：它的发展、衰败与未来 [M]. 北京：中国建筑工业出版社，1986.

[5] （瑞士）W·博奥席耶编著，牛燕芳，程超译. 勒·柯布西埃全集 1-8 卷 [M]. 北京：中国建筑工业出版社，2005.

[6] John Punter，于立，叶隽. 控制城市形态的可持续发展原则 [J]. 国外城市规划，2005（06）.

[7] 巴古德，余庆康. 住房设计城市形态与能承受的开发——未来住房前景展望 [J]. 国外城市规划，1995.

[8] 陈海燕，贾倍思. 紧凑还是分散. 城市规划 [J].2006（05）.

[9] 陈海燕，贾倍思，S·加内桑. "紧凑居住"：中国未来城郊住宅可持续发展方向 [J]. 建筑师，2004（107）.

[10] 陈清，李建军. 住宅外部空间与社区文化网络 [J]. 广州大学学报（自然科学版），2003（01）.

[11] 陈顺清. 容积率的确定及其对土地开发效益的影响 [J]. 武汉城市建设学院学报，1995（02）.

[12] 陈伟. 基于宏观调控对上海土地需求的量化研究 [J]. 城市规划，2005（10）.

[13] 陈卫，孟向京. 中国人口容量与适度人口问题研究 [J]，市场与人口分析，2000.

[14] 陈文刚. 荷兰当代建筑师的密度实践——以其建筑作品为例 [D]. 华中科技大学硕士论文，2005.

[15] 成都市东部新区起步区方案 A 的网络城市分析，成都市东部新区起步区（I 区）城市设计 [J]. 城市环境 2004.（03）.

[16] 达良俊，王雪莹，汪军英. 省地宜居型住宅 [J]. 城市问题，2006（02）.

[17] 大师系列丛书编辑部. 瑞姆·库哈斯的作品与思想 [M]. 北京：中国电力出版社，

2004.

[18] 大卫·路德林，尼古拉斯·福克著，王健，单燕华等译.营造21世纪的家园——可持续的城市邻里社区 [M].北京：中国建筑工业出版社，2005.

[19] 戴逢，段险峰.城市总体发展战略规划的前前后后 [J].城市规划，2003（01）.

[20] 戴志中，刘晋川，李鸿烈.城市中介空间 [M].南京：东南大学出版社，2003.

[21] 丁成日.中国城市的人口密度高吗 [J]，城市规划，2004（08）.

[22] 董爽，袁晓勐.城市蔓延与节约型城市建设 [J].规划师，2006（05）.

[23] 杜春宇.密度的研究——南京老城住宅区人口密度与环境状况关系分析 [J].华中建筑，2004（06）.

[24] 方可.探索北京旧城居住区有机更新的适宜途径.清华大学博士学位论文 [D]，1999.

[25] 方翔.对板式高层住宅建筑设计的探讨 [D].北京工业大学硕士学位论文，2003.

[26] 费移山，王建国.高密度城市形态与城市交通——以香港城市发展为例 [J].新建筑 [J]，2004（05）.

[27] 付予光，孔令龙.谈控制性详细规划的适应性 [J].规划师，2003（08）.

[28] 高蓉，杨昌鸣.城市高密度地区公共空间的人性化整治 [J].中外建筑，2003（03）.

[29] 广州市政协城建资源环境委员会.从防治非典看城市建设与管理.市政协十届二次常委会议专题调研报告.

[30] 郭磊.紧凑城市.国外城市规划 [J].2006（01）.

[31] 郭谦.重现街巷景观——倡导加快进行广州街巷体系研究 [J].新建筑，2002（5）.

[32] 韩冬青，冯金龙等编.城市·建筑一体化设计 [M].南京：东南大学出版社，2004.

[33] 韩笋生，秦波.借鉴紧凑城市理念实现我国城市的可持续发展 [J].国外城市规划，2004（6）.

[34] 韩晓晖等.居住组团模式日照与密度的研究 [J].住宅科技，1999（9）.

[35] 何深静，刘玉亭.邻里作为一种规划思想其内涵及现实意义 [J].国外城市规划，2005（03）.

[36] 贺勇.适宜性人居环境研究——"基本人居生态单元"的概念和方法 [D].浙江大学博士论文，2004.

[37] 黄昕姵.城市发展与住宅建设相关性初探——对城市居住空间规划与设计问题的理论思考 [D].东南大学硕士论文，2004.

[38] 简·雅各布斯著，金衡山译.美国大城市的死与生 [M].南京：译林出版社，2005.

[39] 蒋竞，丁沃沃.从居住密度的角度研究城市的居住质量.现代城市研究 [J]，2004（07），

[40] 金涛，吴莉娅.保罗·索勒瑞.紧凑型人居模式评析 [J].现代城市研究，2006（04）.

[41] 景国胜，王波.广州市居民出行特征变化趋势分析 [J].华中科技大学学报（城市科

学版）, 2004（02）.

[42] 敬东. 城市经济增长与土地利用控制的相关性研究 [J]. 城市规划, 2004（11）.

[43] 凯伦, 刘立欣, 陈卓伦. 广州围合式住宅组团风环境初探 [J]. 热带建筑, 2005（02）.

[44] 克里斯·亚伯著. 建筑与个性——对文化和技术的回应 [M]. 北京: 中国建筑工业出版社, 2003: 237-262.

[45] 李滨泉, 李桂文. 在可持续发展的紧缩城市中对建筑密度的追寻——阅读MVRDV[J]. 华中建筑, 2005（05）.

[46] 李翅, 尹稚. 新区发展的基本理念及空间增长模式探讨 [J]. 城市规划, 2005（07）.

[47] 李翅. 走向理性之城——快速城市化进程中的城市新区发展与增长调控 [M]. 北京: 中国建筑工业出版社, 2006.

[48] 李红卫. 广州城市土地供应与规划管理策略研究 [J]. 城市规划, 2002（05）.

[49] 李萍萍等. 从云山珠水走向山城田海 [J]. 城市规划, 2003（01）.

[50] 李强, 张海辉. 中国城市布局与人口高密度社会 [J]. 战略与管理, 2004（03）.

[51] 李素花. 浅谈城区的垂直绿化 [J]. 科技情报开发与经济, 2004（10）.

[52] 李文翎, 谢轶. 广州地铁沿线的居民出行与城市空间结构分析 [J]. 现代城市研究, 2004（04）.

[53] 李振, 周春山, 张静静. 广州城市发展与规划 [J]. 规划师, 2004（07）.

[54] 梁鹤年. 精明增长 [J]. 城市规划, 2005,（10）.

[55] 廖伟平. 重植物造景创人居环境 [J]. 中山大学学报论丛, 2005（04）.

[56] 林炳耀. 城市空间形态的计量方法及其评价 [J]. 城市规划汇刊, 1998（03）.

[57] 林坚. 地价容积率城市规划 [J]. 北京规划建设, 1994,（04）.

[58] 林琳, 薛德升, 廖江莉. 广州中心区步行通道系统探讨 [J]. 规划师, 2002（01）.

[59] 刘珩. 密度的第二性 [J]. 时代建筑, 2003（2）.

[60] 刘华钢, 广州城郊大型住区的形成及其影响 [J]. 城市规划汇刊, 2003（05）.

[61] 刘健. 基于区域整体的郊区发展——巴黎的区域实践对北京的启示 [M]. 南京: 东南大学出版社, 2004.

[62] 刘捷. 城市形态的整合 [M]. 南京: 东南大学出版社, 2004.

[63] 刘骐嘉, 胡志华, 李兆磷. 充分善用土地——香港经验. 香港立法局秘书处资料研究及图书馆服务部, 1997.

[64] 刘术红, 吴家友. 城市自由出行社区规划研究 [J]. 辽宁交通科技, 2004（09）.

[65] 刘先觉. 现代建筑理论——建筑结合人文科学自然科学与技术科学的新成就 [M]. 北京: 中国建筑工业出版社, 1999.

[66] 刘燮明. 香港住宅用地的提供 [J]. 城市规划, 1996（6）.

[67] 刘志玲. 城市空间扩展与"精明增长"中国化 [J]. 城市问题, 2006（05）.

[68] 卢为民.大都市郊区住区的组织与发展——以上海为例 [M].南京：东南大学出版社，2002.

[69] 吕俊华等编著.1840—2000 中国现代城市住宅 [M].北京：清华大学出版社，2003.

[70] 吕萌丽.居民环境态度影响下城市居住区绿地的合理规模 [J].规划师，2006（05）.

[71] 论文集编委会.21 世纪中国城市住宅建设——内地·香港 21 世纪中国城市住宅建设调研论文集 [C].北京：中国建筑工业出版社，2003.

[72] 罗彦，周春山.50 年来广州人口分布与城市规划的互动分析 [J].城市规划,2006（7）.

[73] 马强，徐循初."精明增长"策略与我国的城市空间扩展 [J].城市规划，2004（03）.

[74] 迈克·詹克斯，伊丽莎白·伯顿，凯蒂·威廉姆斯编著.周玉鹏等译.紧缩城市——一种可持续的城市形态 [M].北京：中国建筑工业出版社，2004：80-88.

[75] 毛蒋兴，闫小培.城市交通系统与城市空间格局互动影响研究 [J].城市规划，2005（05）.

[76] 毛蒋兴，闫小培等.20 世纪 90 年代以来我国城市土地集约利用研究述评（J）.地理与地理信息科学，2005（3）.

[77] 毛蒋兴，阎小培，王芳.高密度土地开发对交通系统的影响 [J].规划师，2004（12）.

[78] 毛蒋兴，阎小培.广州城市交通系统与土地利用协调研究 [J]，规划师，2005（08）.

[79] 聂兰生，邹颖，舒平等.21 世纪中国大城市居住形态解析 [M].天津：天津大学出版社，2004.

[80] 聂梅生.关于节能节地型住宅的思考 [J].中国建材科技，2006（03）.

[81] 潘国城.香港的高密度发展 [J].城市规划.1996（06）.

[82] 潘海霞.容积率超标建设现象及应对策略探讨 [J].城市规划，2003（08）.

[83] 彭高峰，蒋万芳，陈勇.新区建设带动旧城改造优化城市空间结构 [J].城市规划，2004（02）.

[84] 钱本德.矩形点式住宅的紧凑长宽比 [J].住宅科技，1994（03）.

[85] 钱本德.住宅紧凑外形探讨 [J].住宅科技，1994（08）.

[86] 秦佑国.居住密度与人居环境的思考 [J].建设科技（建设部），2004（02）.

[87] 沈克宁.城市建筑乌托邦 [J]，建筑师 2005（8）.

[88] 沈玉麟编.外国城市建设史 [M].北京：中国建筑工业出版社，1993：278-285.

[89] 师雁.改善城市建筑间距管理的任务与对策 [J].规划师，2004（02）.

[90] 施衡.极限——MVRDV 的概念及研究 [J].城市建筑，2004（03）.

[91] 施梁.城市居住用地发展研究.东南大学博士学位论文 [D]，2000.

[92] 舒平，胡建新.当前城市住宅用地分析.建筑学报，1998（22）.

[93] 舒平.中国城市住宅层数解析 [D].天津大学博士论文，2003.

[94] 宋启林.从宏观调控出发解决容积率定量问题：城市土地利用与城市规划研究之二

[J]. 城市规划，1996（02）.

[95] 孙晖. 如何在控制性详细规划中实行有效的城市设计 [J]. 国外城市规划，2006（04）.

[96] 陶希东. 国外新城建设的经验与教训 [J]. 城市问题，2005（06）.

[97] 汪光焘. 建设节约型社会必须抓好建筑"四节"——关于建设节能省地型住宅和公共建筑的几点思考 [J]. 建设科技，2005（09）.

[98] 王安. 适宜生长的集镇居住建筑设计初探——以川渝丘陵地区为例 [D]. 重庆大学硕士论文，2004

[99] 王峰. 私人小汽车的发展对城市交通的影响与对策 [J]. 规划师，2002（11）.

[100] 王丽洁. 对生态住区的实态调查与探讨 [D]. 天津大学硕士论文，2004.

[101] 王鹏. 城市公共空间的系统化建设 [M]. 南京：东南大学出版社，2002.

[102] 王群. 密度的实验 [J]. 时代建筑，2000（02）.

[103] 王珊，何剑民. 试论规划审批中的容积率管理 [J]. 国土资源导刊，2006（01）.

[104] 王彦辉. 走向新社区——城市居住社区整体营造理论与方法 [M]. 南京：东南大学出版社，2003：194-195.

[105] 魏清泉，韩延星. 高密度城市绿地规划模式研究——以广州市为例 [J]. 热带地理，2004（02）.

[106] 吴恩融，吴蔚. 浅析高密度城市环境中的天然采光设计 [J]. 照明工程学报，2003(01).

[107] 吴海花. 楼距过密影响生活，建筑间距法律是否该修改. http://www.soufun.com. 生活时报 2003 年 08 月 20 日.

[108] 吴明，何东升. 住宅建筑的间距计算 [J]. 城市问题，2004（06）.

[109] 夏海山. 城市建筑的生态转型与整体设计 [M]. 南京：东南大学出版社，2006.

[110] 肖诚. 欧美对居住密度与住宅形式关系的探讨 [J]. 南方建筑，1998（03）.

[111] 谢华. 新加坡"花园城市"建设之研究 [J]. 中国园林，2000（06）.

[112] 谢守红，宁越敏. 城市化与郊区化转型期都市空间变化的引擎 [J]. 城市规划，2003（11）.

[113] 谢守红，宁越敏. 广州城市空间结构特征及优化模式研究 [J]. 现代城市研究，2004（10）.

[114] 谢小萍，陆民，李文驹. 城市中心区高层低密度住宅发展现状及比较研究 [J]. 华中建筑，2004（05）.

[115] 徐磊青，杨公侠. 环境心理学 [M]. 上海：同济大学出版社，2004：159.

[116] 徐一大. 再论我国城市社区及其发展规划 [J]. 城市规划，2004（12）.

[117] 许晓利，苏维. 城市绿地空间的再创造——垂直绿化 [J]. 河北林果研究，2004（03）.

[118] 杨靖. 城市公共化的建筑空间探究. 新建筑 [J]，2004（2）.

[119] 杨松筠，陈韦. 对我国住宅合理密度的初探 [J]. 城市规划，2005（3）.

[120] 杨新和.城市住区设计中的建筑容积率研究 [D].西安建筑科技大学硕士论文，2004.

[121] 姚燕华,陈清.近代广州城市形态特征及其演化机制 [J].现代城市研究,2005（07）.

[122] 叶晓健.查尔斯·柯里亚的建筑空间 [M].北京：中国建筑工业出版社，2003.

[123] 于文波.城市社区规划理论与方法研究——探寻符合社会原则的社区空间.浙江大学博士论文 [D]，2005.

[124] 于振阳，王先.商品住宅的进深、面宽、开间与容积率 [J].建筑创作，2003（08）.

[125] 袁也利.容积率·高层建筑·居住区环境 [J].北京规划建设，2002.

[126] 曾菊新.现代城乡网络化发展模式 [M].北京：科学出版社，2001：41-45.

[127] 张宝鑫主编.城市立体绿化 [M].北京：中国林业出版社，2003.5-50.

[128] 张兵，赵燕菁.北抑南拓东移西调——走向跨越式成长的广州 [J].城市规划，2001（03）.

[129] 张捷.现代城市空间的演进与低密度住宅的存在 [D].天津大学硕士论文，2004.

[130] 张京详编著.西方城市规划史纲 [M].南京：东南大学出版社，2005：261-263.

[131] 张京祥，崔功豪，朱喜钢.大都市空间集散的景观机制与规律 [J].地理学与国土研究，2002（03）.

[132] 张开济.多层和高层之争——有关高密度住宅建设的争论 [J].建筑学报 [J]，1990（11）.

[133] 张磊.面向 21 世纪的亚洲热带大城市——新加坡建筑师郑庆顺的亚洲热带城市概念评述 [J]，规划师，2002（9）.

[134] 张路峰.城市的复杂性与城市建筑设计研究 [D]，哈尔滨工业大学博士学位论文.2005.

[135] 张骁鸣.香港新市镇与郊野公园发展的空间关系 [J].城市规划学刊，2005（06）.

[136] 张彧.小区土地利用"绿色"设计趋势 [J].新建筑，2003（02）.

[137] 章俊华.规划设计学中的调查分析法与实践 [M].北京：中国建筑工业出版社，2005.

[138] 赵春荣.广州城市空间结构的若干问题 [J].探求，2001（05）.

[139] 赵守谅.在经济分析的基础上编制控制性详细规划 [J].国外城市规划，2006（01）.

[140] 赵燕青.广州总体发展概念规划研究文本.中国城市规划研究院，2000-2001.

[141] 赵勇伟.中心区高密度协调单元的构建——一种整体适应的城市设计策略 [J].建筑学报，2005（07）.

[142] 周俭,蒋丹鸿,刘煜.住宅区用地规模及规划设计问题探讨 [J].城市规划,1999（01）.

[143] 周俭,张恺.优化城市居住小区规划结构的基本框架 [J].城市规划汇刊,1999（06）.

[144] 周俭编著.城市居住区规划原理 [M].上海：同济大学出版社，1999.

[145] 周丽亚，邹兵.探讨多层次控制城市密度的技术方法——《深圳经济特区密度分区研究》的主要思路 [J]. 城市规划，2004（12）.

[146] 周素红，闫小培.广州城市居住－就业空间及对居民出行的影响 [J]. 城市规划，2006（05）.

[147] 周霞.广州城市形态演进 [M].北京：中国建筑工业出版社，2005.

[148] 周一星，孟延春.北京的郊区化及其对策 [M].北京：中国科学出版社，2000.

[149] 邹经宇等编.第五届全国城市住宅研讨会论文集 [C].北京：中国建筑工业出版社，2005.

[150] 朱喜钢.城市空间集中与分散论 [M].北京：中国建筑工业出版社，2002.

[151] 朱旭玲.关于居住小区建设中有待解决的问题.中外建筑，2000（04）.

[152] 朱自煊.也谈北京住宅建设不能套用香港模式 [J].建筑学报，1998.

[153] 庄诚炯，刘冰，潘海啸.由 2.1 到 2.5[J].规划师，2002（11）.

[154] 卓刚.亚热带高层住区园庭立体化探索——以广州和平家园住宅小区为例 [J].新建筑，2004（05）.

[155] 卓健.速度·城市性·城市规划 [J]. 城市规划，2004（01）.

[156] 邹德慈.容积率研究 [J]. 城市规划，1994，（01）.

[157] 邹经宇，张晖.适合高人口密度的城市生态住区研究——关于香港模式的思考.新建筑 [J]，2004（04）.

[158] Bertaud Alain, Stephen Malpezzi. The Spatial Distribution of Population in 57 World Cities: the Role of Markets, Planning and topography（M）. The Center for Urban Land and Economic Research, The University of Wisconsin, 2014.

[159] Bertaud Alain. The Spatial Organization of Cities: Deliberate Outcome of Unforeseen Consequence（Z）? World Development Report 202, Dnamic Development in a Sustainable Wrld, Background Paper, 2003.

[160] Blower, A（ed.）.Planning for a Sustainable Environment, Earthscan, London, 1993.

[161] Breheny M..Centrist .Decentrisis and Compromisers: "Views on the Future of Urban Form", The compact city—A sustainable urban form?（Mike Jenks, et. Al, edt）E&FN Spon, 1996.

[162] George B. Dantzig, Thomas L. Saaty. Compact City: A Plan for a Liveable Urban Environment. Transportation Science, Vol. 9, No. 1（February 1975）, pp. 91-97.

[163] M. Breheny, T. Gent, and D. Lock. Alternative Develoment Patterns: New Settlements.Planning Research Programme, HMSO, London, 1993.

[164] Dunning, J. H. The Geographical Sources of the Competitiveness of Frms: Some

Results of a new Survey（J），Transnational Corporations，1996（5）：1-29.

[165] Elkin，T.，McLaren，D. and Hillman，M.. Reviving the City：Towards Sustainable Urban Development，Friends of the Earth，London，1991.

[166] McLaren，D.，Compact or dispersed? Dilution is no solution. Built Environment，18(4)，1992.

[167] Maas，W.，Rijs，J. van，Koek，R.. Farmax excursions on density . Rotterdam：010 Publishers，1998.

[168] Newman，P.，The compact city—an Australian perspective. Built Environment，18（4），1992.

[169] Newman，P. and Kenworthy，J. Cities and Automobile Dependence：An International Sourcebook，Gower Technical，Aldershot，1989.

[170] Newman，P. and Kenworthy，J. Gasoline consumption and cities —a comparison of US cities with a global survey. Journal of the American Planning Association，Vol.55，1989.

[171] Newman，P. and Kenworthy，J. Is there a role for physical planners? Journal of the American Planning Association，58（3），1992.

[172] OMA，Rem Koolhaas and Bruce Mau，S，M，L，XL. The Monacalli Press，New York，1995.

[173] Owens，S. and Cope，D. Land Use Planning Policy and Climate Change，HMSO，London，1992.

[174] Rem Loolhaas. Delirious New York：A Retroactive Manifesto for Manhattan，Thames and Hudson，London，1978.

[175] Willians K，Burton E and Jenks M. Achieving Sustainalbe Urban Form©. London and New York：E&FN Spon，2000.

[176] John Butlin.World Commission of Environment and Development，our Common future （M.）Oxford University Press，1987.

后 记

　　本书是在 2007 年本人的博士论文基础上修改而成，最近有幸得到国家自然科学基金的资助，得以出版。因此，特别感谢国家自然科学基金委员会！在本书的选题和写作的过程中，得到了很多老师、同学和朋友的帮助，在此表示衷心的感谢！

　　感谢导师肖大威教授多年来的关怀和和悉心指导，并提供良好的研究环境和创作条件！导师严谨的治学态度、渊博的知识、活跃的学术思想、执着的科研精神及高尚的做人原则，都给我留下了终生难忘的印象！

　　感谢父母多年的养育之恩，感谢父母一直以来对我生活的无微不至的关心和对我学业的无私支持！感谢弟弟陈昌钦硕士及其夫人余岚昌对我多年的帮助和支持！感谢姐姐陈秋英及姐夫朱康寿先生对我的关心和鼓励！

　　感谢潘忠诚教授、吴硕贤教授、吴庆洲教授、邓其生教授和刘管平教授的评阅和指导！感谢肖毅强副教授、孙一民教授、姜文艺老师的教诲！感谢方小山老师、遇大兴老师、许吉航老师、黄翼老师、张小星老师的帮助！

　　感谢同门师兄弟陈军、陈渔、傅娟、刘源、黄嘉颖、刘华刚、瞿雷、张文英、戚路辉、郭葆锋、邹东、霍光等博士的帮助！感谢吴铁流同学对本选题的建议及提供的外文资料！感谢郭钦恩、杨昕、马明华、叶青青、胡珊、包莹、谌珂、梁志超、黄朝捷、巫智勇、郑少鹏、张桦、陈乃华、何言珩、林敏知、丘伟坡、魏成、朱峰、杨荫庭、叶伟康、黄伟勋、黄凯新等同窗的支持！感谢曾俊燕、徐莹、李倚云同学在规划上的帮助！

　　特别感谢妻子林晓虹对我的关心和鼓励，本书的文字输入、英文翻译和问卷访谈都凝固着她的一份心血！

　　最后，感谢所有曾经关心过我、帮助过我的人！

陈昌勇

2016 年冬于加拿大卡尔加里大学